RPA 学习指南：使用 UiPath 构建软件机器人与自动化业务流程

Learning Robotic Process Automation

[英]Alok Mani Tripathi 著
李永伦 陈嘉芙 译

北京航空航天大学出版社

内 容 简 介

本书着重讲解 UiPath,帮助读者理解 RPA 基础可以操作并掌握高级实现技巧。读者将会从 UiPath 的界面开始学习其工作方式。熟悉这个环境后,将动手自动化不同的应用程序,如 Excel、Windows 和 Web 应用程序、屏幕和 Web 内容抓取、处理用户事件,以及理解异常与调试流程。学完本书后,读者不但可以构建自己的首个软件机器人,还能基于机器人部署的最佳实践创建各种自动化任务。

图书在版编目(CIP)数据

RPA 学习指南:使用 UiPath 构建软件机器人与自动化业务流程 / (英)阿洛克·摩尼·特里帕蒂(Alok Mani Tripathi)著;李永伦,陈嘉芙译. -- 北京:北京航空航天大学出版社,2020.4

书名原文:Learning Robotic Process Automation

ISBN 978-7-5124-3271-0

Ⅰ.①R… Ⅱ.①阿… ②李… ③陈… Ⅲ.①机器人—程序设计—指南 Ⅳ.①TP242-62

中国版本图书馆 CIP 数据核字(2020)第 025774 号

RPA 学习指南:使用 UiPath 构建软件机器人与自动化业务流程

[英]Alok Mani Tripathi 著

李永伦 陈嘉芙 译

责任编辑 剧艳婕

*

北京航空航天大学出版社出版发行

北京市海淀区学院路 37 号(邮编 100191) http://www.buaapress.com.cn

发行部电话:(010)82317024 传真:(010)82328026

读者信箱:copyrights@buaacm.com.cn 邮购电话:(010)82316936

涿州市新华印刷有限公司印装 各地书店经销

*

开本:710×1 000 1/16 印张:13 字数:277 千字

2020 年 4 月第 1 版 2020 年 4 月第 1 次印刷 印数:3 000 册

ISBN 978-7-5124-3271-0 定价:79.00 元

若本书有倒页、脱页、缺页等印装质量问题,请与本社发行部联系调换。联系电话:(010)82317024

英文原名:Learning Robotic Process Automation

北京市版权局著作权合同登记号 图字:01-2019-0096 号

译者序

2018 年末，我和北京航空航天大学出版社剧编辑交流新的写作计划。计划敲定后，我心血来潮到网上搜索了一下关于 UiPath 的出版物，结果找到了这本 Learning Robotic Process Automation。我看了一下该书的目录，感觉它已经涵盖了 RPA 的大部分基础知识，如果能够引进出版这本书的中文版，那么我后续写书可在内容构思上与之互补，针对初级到中级 RPA（Rototic Process Automation）开发，两本图书可以形成协同效应。我把这个想法和剧编辑交流，她对此表示认同，于是和本书的原出版社联系版权事宜，最终获得了其中文简体版的翻译授权。

版权问题解决了，另一个问题随之而来，我写的那本书原计划 2019 年 8 月底交稿，现在多了英文书的翻译工作，如何在不影响既定计划的情况下搞定这两本书呢？毫无疑问，这两本书会占用我所有的业余时间，我不希望绷得太紧，这会影响状态，继而影响两本书的质量。这个时候，我想到了在浙江大学上学的陈学妹，她做事严谨、理性、靠谱，虽然那时我们认识的时间不长，但我觉得和她合作翻译比较放心。事实上，她的确没有让我失望，也证明了我没有找错人。

在翻译过程中，我让陈学妹在自己的电脑上安装 UiPath Studio，对着书中的步骤自己操作一遍，有问题可以与我讨论，然后再做翻译。这样一方面可以让她“体会”书中的内容而不是单纯的“理解”，另一方面也可以让她思考和练习书中的内容而不是单纯的翻译。事实上，我们在自己操作的过程中，就发现不少原书内容和实际运行结果有出入的地方，于是通过译者注的方式在译文中指出，我希望读者在阅读过程中也能自己操作一遍，看看实际运行结果和自己想象的是否一致。

我和陈学妹各负责一半的翻译内容，翻译都完成之后，我们交换审校，各自以读者的身份阅读对方的译文。当碰到读起来不太通顺或者难以理解的译文时，我们会找到对应的原文，然后把原文、译文和修改意见一并发给对方，有时我们也会就某些翻译展开讨论，陈述彼此如何理解原文以及为何提出这样的修改意见。虽然已经尽量避免翻译造成的问题，但还是有可能存在疏漏之处，如果读者在阅读过程中发现问题，还望慷慨斧正。

在教育部高等教育司于 2019 年 12 月 19 日正式公布的 UiPath 公司支持的 2019 年第一批产学合作协同育人项目立项名单中,我看到北京航空航天大学和陈学妹就读的浙江大学也在其中。随着 RPA 的普及,RPA 人才需求将会激增,衷心希望未来看到更多的高校加入,也希望我编写和翻译的图书和后续文章能为国内 RPA 教育添砖加瓦。

李永伦

2020 年 2 月

前　言

现在的数字世界，企业正在寻求经济效益高的数字化交付。机器人流程自动化（RPA）是一项快速发展的技术，它通过模拟人类在计算机上的操作来帮助企业实现流程自动化，从而在保证质量的情况下更快地交付。很多公司正在引入这项技术。UiPath 是领先的 RPA 平台，也是自动化业务流程的最快方式。本书将带你踏上了解 RPA 技术，并学习构建机器人以实现自动化流程的旅程；让你为 RPA 的未来做好准备。

本书适合谁

本书适合任何想要开启 RPA 职业生涯的读者。C#、VB.NET 的基础知识是必需的。

本书涵盖哪些内容

第 1 章“什么是机器人流程自动化？”中，读者将了解自动化的历史和 RPA 的发展历程。什么类型的自动化可以归类为 RPA？未来的分析师预测了什么？谁是市场上的主要参与者？RPA 有哪些好处？本章会谈及所有这些内容。

第 2 章“录制和播放”中，读者将了解 UiPath 栈和流程设计器/Studio，并且会使用基于向导的工具来快速自动化常规任务。

第 3 章“顺序流、流程图和控制流”中，考察录制器生成的项目，并解释程序流（工作流）。读者将了解顺序流的使用和活动的嵌套，并学习使用工作流流程图和控制流（for 循环和决策）的构件。

第 4 章“数据操作”中，读者将了解通过变量使用内存的技术。读者将学习使用数据表存储数据以及在内存中操作数据的简单方式。本章也会演示如何使用磁盘文件（CSV、Excel 等）使数据持久化。

第 5 章“操控控件”中，读者将了解提取信息是 RPA 的主要功能，它可以实现 UI（User Interface）自动化。在幕后，很多技术协同工作是从 UI 无缝提取信息的。当常规 RPA 技术无法成功提取信息时,光学字符识别 OCR(Optical Character Recognition)技术就会用来提取信息。在本章中,读者将了解使用 UiPath 里的各种选择器来提取信息和操作控件。我们将使用一个浏览器应用程序来完成这个任务,并在每节中详细解释。最后,我们将一个 Windows 应用程序自动化。

第 6 章"通过插件和扩展驯服应用程序"中,读者将了解 UiPath 可提供很多插件和扩展来简化 UI 自动化。除了桌面屏幕的基本提取和交互,这些插件还允许用户直接与应用程序交互,或者简化 UI 的自动化。读者将了解这些插件和扩展的用法,每节都有例子和用例。

第 7 章"处理用户事件和助理机器人"中,读者将了解助理机器人的实用性。所有可以用来触发操作的监视事件本章都会涵盖,还会给出两个监视事件的示例。

第 8 章"异常处理、调试和日志记录"中,读者将了解异常处理技术、日志错误屏幕截图,以及找出其他有用的信息来帮助调试或报告。读者将学习如何调试代码。

第 9 章"管理和维护代码"中,读者将了解项目的组织、模块化技术、工作流嵌套,以及使用 TFS 服务器来维护源代码的版本。

第 10 章"部署和维护机器人"中,读者将了解发布实用程序和 Orchestrator 服务器,也将学习如何准备生产环境。

充分利用本书

对 C#、VB. NET 有基本了解,有一台可以安装 UiPath Studio 的笔记本电脑,再加上本书,读者就可以开始使用你的机器人制作流程了!

下载彩图

我们还提供了一个 PDF 文件,其中包含本书使用的屏幕截图/图表的彩图。读者可以从这里下载:https://www.packtpub.com/sites/default/files/downloads/LearningRoboticProcessAutomation_ColorImages.pdf。

使用约定

本书中使用了很多文本约定 CodeInText 用于表示文本中的代码、数据库表名、文件夹名、文件名、扩展名、路径名、虚拟 URL、用户输入和 Twitter 标识。举个例子,"在我们这个例子中,我们输入了 What's your name?"。

虽然我们已经尽了最大努力来保证内容的准确性,但错误仍会出现。如果读者在本书里找到错误并告知我们,我们会很感激的。

目录

第1章

什么是机器人流程自动化

如今，我们生活的每一方面都被自动化所影响，包括洗衣机、微波炉、汽车和飞机的自动驾驶模式，雀巢公司使用机器人在日本商店销售咖啡包，沃尔玛测试无人机在美国交付产品，银行使用 OCR 对银行支票进行分类，还有 ATM 等。

自动化(automation)这个术语起源于希腊单词，auto 意为自己，motos 意为移动。通常认为它是在 20 世纪 40 年代创造的，当时福特汽车公司的机械生产线越来越多地使用自动化设备。简而言之，自动化是一种可以处理从机器和计算机上的应用程序到商品和服务生产的技术。这有助于在没有人帮助或者很少有人帮助的情况下完成工作。

许多软件系统的开发是为了完成以前在纸上处理的业务，或者完成以前因为缺乏工具而完全无法完成的任务，如记账、库存管理和通信管理等。还有一种软件将这些系统和人们在工作流中联系起来，这种软件称为业务流程管理(BPM，Business Process Management)工具。这种软件是为记录系统、聘任制(engagement system)、洞察系统和创新系统等领域开发的。在现实场景中，这些领域的流程通常会重复进行。

在数字世界中，自动化和软件开发是两个不同的术语。然而，这两个术语很多时候会被混淆。如果工作流的一部分可以用编程在没有人为干预的情况下完成，就可以称其为自动化。例如，为了在支付系统中传递发票，ABC 组织的朱莉安女士需要检查货物是否已经交付并记录在库存管理系统中。这是一项烦琐的工作，因为针对每一张发票都要完成这项工作。此外，对于更大的组织，需要更多的人在计算机上进行这项检查。但是，应用程序开发人员杰克提出他可以使用数据库集成技术来集成这两个系统，他将编写一个程序，这个程序可以从库存管理系统中获取数据并自动检查应收账款。

开发一个库存管理软件系统称为软件开发，而编程一个步骤来实现无人为干预的效果称为自动化。本章将讲解自动化和机器人流程自动化的基本概念。

1.1 自动化的适用范围和技术

在用软件系统来完成特定任务的组织中，有各种正在使用的和可用的技术来实现步骤和流程的自动化。在我们研究这些技术之前,先看看什么可以自动化以及什么应该自动化。

1.1.1 什么应该自动化

在选择什么应该自动化时,有几个方面必须考虑。以下流程应该自动化:

- 重复的步骤;
- 耗时的步骤;
- 高风险的任务;
- 产出质量低的任务;
- 涉及多人和多步骤的任务;
- 其他应该自动化的任何事情。

我们已经知道什么应该自动化。现在问题来了,什么可以自动化?

1.1.2 什么可以自动化

为了自动化某些流程,它们需要具备以下特点:

- 定义明确且基于规则的步骤;
- 有逻辑性;
- 任务的输入可以传输到软件系统;
- 软件系统可以通过现有技术解析输入;
- 输出系统可访问;
- 收益大于成本。

1.1.3 自动化的技术

自动化的技术有很多种。在企业中,程序员多年来一直在使用它们来提高效率:

① 自定义软件:开发新软件来执行重复的任务;

② 运行手册:运行手册通常用于 IT 操作。它们是一组用于维护其他类型活动的命令或任务的汇集。运行手册还可以脱机工作,这通常称为运行命令来执行任务集;

③ 批处理:批处理文件过去非常流行,用于编译一系列可以通过单击或命令来运行的命令,也可以使用计划程序安排在特定时间下运行。

④ 包装器:包装现有的程序或托管客户端应用程序。包装器可以监视客户端应用程序的活动并根据规则执行操作。例如:

➢ 使用 Hummingbird 在大型机应用程序上进行验证;

➢ 托管在 Shell 网站中,执行导航和其他操作。

⑤ 浏览器自动化:Greasemonkey 和其他很多 Web 宏软件都能实现浏览器自动化。它们可以用于从网页中读取数据并保存到数据库,还可用于根据规则写入字段。

使用这种技术，整个网站都能改变，组件也可以从网站中添加或删除。有时候，这些Web宏软件也被称为Web脚本或Web注入。

⑥ 桌面自动化：传统的桌面自动化是指桌面上多个屏幕交织起来显示成单个屏幕。如果从一个屏幕到另一个屏幕有一些数据传输，则可以自动完成。最近，一些公司正在考虑将辅助机器人流程自动化用于桌面自动化。

⑦ 数据库和Web服务集成：在数据库集成中，可以直接在客户端数据库中读取或写入；在Web服务集成中，使用Web服务与客户端系统通信。

自动化技术如图1-1所示。

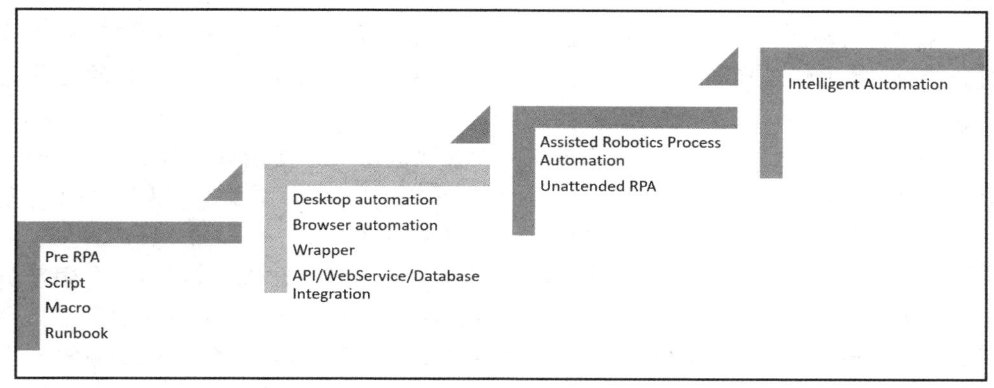

图1-1

1.2 机器人流程自动化

如今，自动化已经达到成熟阶段，其他一些技术也从中发展起来。机器人流程自动化（RPA）就是这样一个新兴转型的领域。RPA中的机器人是指模仿人为操作的软件程序。

简言之，RPA涉及模仿人为操作的软件的使用，同时也包括与计算机中应用程序的交互和完成基于规则的任务。这通常需要读取和键入数据，或单击现有的用于执行给定任务的应用程序。

此外，这些软件机器人也能基于数据和预定义的规则执行复杂的计算和决策制定。随着技术的快速发展和人工智能领域新成果的出现，可以使用State活动了：转移（transition）包含三个部分：触发器（trigger）、条件（condition）和操作（action），这使用户能为下一个状态添加一个触发器或者添加一个条件，让一个活动在此条件下执行。可以通过RPA来完成早期无法完成的任务。

RPA采用的一些技术如下：

- 机器学习；

- 自然语言处理；
- 自然语言生成；
- 计算机视觉。

有了上述技术，RPA 有时也被称为智能自动化。

RPA 的出现，使自动化任务变得更加简单。现在，我们只需要知道人为采取的步骤，并让机器人使用鼠标和键盘模仿计算机屏幕上的操作。这一点很重要，因为在大多数情况下，流程已经被定义，步骤已经被记录。人们也遵循相同的操作过程，这些过程定义了完成任务所采取的步骤。业务逻辑、数据验证、数据转换和数据使用已经被编码在人们用于完成任务的现有系统中。一个简单的例子，就是发票数据输入。

RPA 平台允许程序（也就是机器人）按照人们与任何应用程序进行交互的方式进行交互，因此可以通过录制这些步骤供以后回放，从而实现基于规则的工作自动化。

RPA 与传统自动化的一个重要区别是，软件机器人是使用说明性的步骤，而不是使用基于编码的指令进行培训的。因此，一个没有什么编程经验的人可以在这些平台上接受培训，从而实现从简单到复杂的流程自动化。

此外，RPA 软件和传统自动化不同，它能适应动态环境。例如，在检查公司新员工名单的电子表单时，如果表格中缺少 pin 码，在传统自动化中，软件将指出空白字段为异常，接着人们将查找相关的 pin 码并更正表格；然而，RPA 软件能够在没有人为帮助的情况下执行上述所有任务。从乏味、重复和大量的任务，到需要清晰地协同工作的多样化、复杂的系统，RPA 全都可以处理，同时兼具质量、准确性、生产率和效率，有更快的服务交付，当然，也有更低的操作成本。

随着 RPA 与行业的不断发展和整合，以前从事单调、重复任务的人现在可以从事具有更高价值、更高质量的活动，将乏味的任务留给软件机器人。

1.2.1 RPA 可以做什么

如今 RPA 已经成熟，不再是仅仅完成单调、重复任务的技术，它被视为一种转型技术，可以为采用它的组织带来巨大的价值。创建完整的审计线索的能力对于提高正在进行的工作质量和消除人为错误有着重大意义。一旦经过训练，这些机器人将一次又一次地以相同的精度执行任务。无论生成应用程序的技术是什么，这些机器人都能与应用程序交互。它们可以使用流行的 ERP 应用程序，如 SAP、Oracle 或 Microsoft Dynamics，还可以使用 BPM，比如 Pegasus 和 Appian。

基于.NET、Java、命令行或大型机终端构建的自定义应用程序很容易和 RPA 一起工作。随着 AI 技术的加入，RPA 现在能够从图像或扫描的文件中读取信息，并且还可以解释非结构化数据和格式。然而，大多数实现都是在结构化和数字数据上进行的。

1.2.2 RPA 的优点

如今，RPA 正被世界各地许多行业广泛接受。以下行业可以从 RPA 中获益良多：

- 业务流程外包（BPO）：有了 RPA 及其能降低成本的好处，BPO 部门现在可以减少对外包劳动力的依赖。
- 保险：从管理保险单到跨多个平台提交和处理索赔，这些必须在保险部门中处理的任务，其复杂度和数量为 RPA 技术的使用提供了理想的环境。
- 金融部门：从日常活动和处理大量数据到执行复杂的工作流，RPA 一直在帮助金融部门转变为高效和可靠的部门。
- 公共事业公司：这些公司（如天然气、电力和水力）处理大量的货币交易，可以利用 RPA 自动化各种业务，如仪表读数、账单处理和客户付款。
- 医疗保健：数据输入、患者安排，以及更重要的账单和索赔处理，都是可以使用 RPA 的重要领域。RPA 将有助于优化患者预约，向他们发送其预约的自动提醒，以及消除患者记录中的人为错误。这让工作者可更关注患者的需求，并改善患者的体验。

RPA 的优点如下：

- 更高质量的服务、更高的准确率：随着人为错误的减少和合规性的提高，工作的质量提高了很多。此外，尽管追踪人为错误很难，但在 RPA 中错误检测要简单得多。这是因为在自动化流程中的每个步骤都被记录下来了，这使得精确地定位错误变得更简单、更快速。减少或消除错误也意味着数据有更高的准确率，从而实现更高质量的分析，因此有更好的决策。
- 改进的分析：由于这些软件机器人可以用适当的标记和元数据来记录每个执行的操作，因此很容易获得其他分析数据。对收集的数据（如交易接收时间、交易完成时间）进行分析，可以对传入的数量和按时完成任务的能力做出预测。
- 降低的成本：如今，人们常常听到一个机器人相当于三名全职员工（FTE）。这基于一个简单的事实，即一名 FTE 每天工作 8 小时，而一个机器人可以无休止地每天工作 24 小时。提高可用性和生产率意味着操作成本大大降低。正在执行的任务的速度加上多任务化，可进一步降低成本。
- 提高的速度：机器人速度非常快，有时候必须降低执行的速度，以匹配机器人工作的应用程序的速度和延迟。速度的提高可以缩短响应时间和增加正在执行的任务的数量。
- 更高的合规性：如前所述，完整的审计线索是 RPA 的亮点之一，可以提高合规性。这些机器人在执行任务时不会偏离定义的步骤集，因此肯定会有更高的合规性。

- 敏捷性:减少和增加机器人资源的数量需要依据管理业务流程的数量,只需单击一下即可。可以部署更多的机器人以轻松地执行相同的任务。资源的重新部署不需要任何类型的编码或重新配置。
- 全面洞察:除了审计线索和时间戳,机器人还可以标记交易,方便以后在报告中使用,从而获得业务洞察。通过使用这些业务洞察,可以为业务的改进制定更好的决策。这些记录的数据还可用于预测。
- 通用性:RPA 适用于执行各种任务的行业,从小到大的业务,从简单到复杂的流程。
- 简单性:RPA 不需要预先的编程知识。大多数平台以流程图的形式提供设计。简单性使业务流程易于自动化,使 IT 专业人员可相对自由地开展更具价值的工作。此外,由于自动化是由部门或工作领域内的人员执行的,因此在业务部门和开发团队之间的信息转换中不会丢失任何要求,这或许在传统的自动化中会丢失。
- 可伸缩性:RPA 具有向上和向下的高度伸缩性。无论是需要增加还是减少虚拟劳动力,机器人都能以零成本或者最低成本快速部署,同时保持工作质量不变。
- 节省时间:虚拟劳动力不仅在短时间内可以精确地完成大量工作,还能以另一种方式节省时间。假如有任何变化,比如技术升级,虚拟劳动力能够更容易、更快地适应改变,这可以通过在编程中修改或引入新流程来实现。对人类来说,我们很难学会并接受新事物的培训——摆脱执行重复任务的旧习惯。
- 非侵入性:正如我们所知,RPA 像人类一样操作用户界面,这确保它能在不对现有的计算机系统造成改变的情况下执行操作。这有助于降低传统 IT 部署中出现的风险和复杂性。
- 更好的管理:RPA 允许通过集中式平台实现管理、部署和监视机器人,这也减少了管理的需要。
- 更好的客户服务:由于机器人可以全天候工作,产能便增加了,这使人们可以专注于客户服务和满意度。此外,以更快的速度向客户提供更高质量的服务可以大大提高客户满意度。
- 提高员工满意度:现在,随着重复、乏味的任务被虚拟劳动力接管,员工不仅可以减轻工作量,还能从事需要使用人类能力和优势的更高质量的工作,如推理或照顾顾客。因此,RPA 不会抢走工作,而是将人类从乏味、烦琐的工作中解放出来,让我们有机会从事更令人满足的工作。

RPA 的适用性遍及许多行业,如银行和金融服务、保险、医疗保健、制造业、电信、旅游和物流;在消费品、食品和饮料以及娱乐等行业也有所渗透。无论是什么行业或领域,都能看到 RPA 被高度采纳,如财务和会计、人力资源以及采购。大多数成功的实现都出现在行业特定的流程或领域特定的流程中，例如保险业中的索赔处理。

1.2.3 RPA的组件

任何机器人流程自动化平台都提供一些基本的组件，这些组件共同构建了这个平台。

RPA的基本核心组件如下(见图1-2)：

- 录制器；
- 开发工具；
- 插件/扩展；
- 机器人运行器；
- 控制中心。

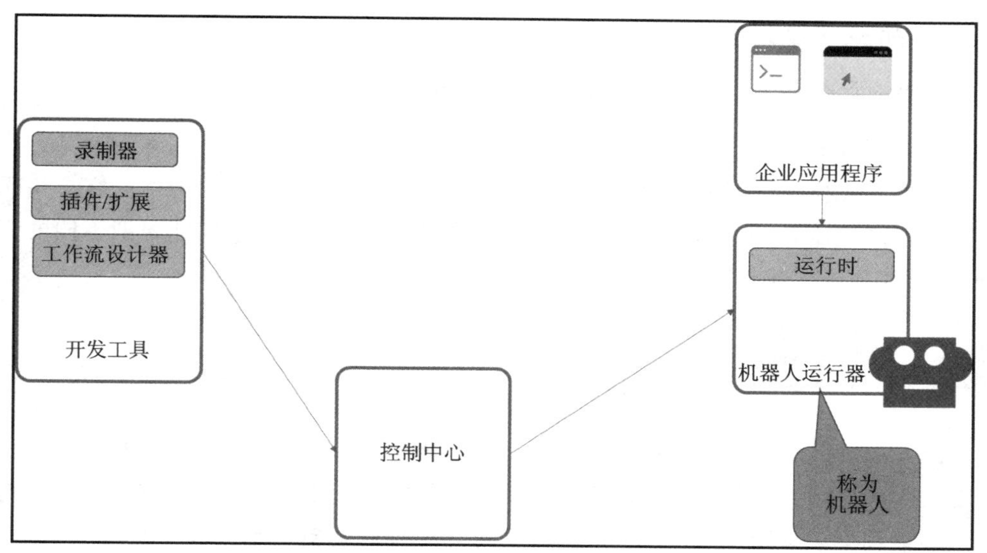

图1-2

1. 录制器

录制器是开发工具的一部分，开发人员用它来配置机器人。它像Excel中的宏录制器，任何平台中的机器人录制器都可以用来录制步骤。它录制UI上的鼠标和键盘的动作，用户可以重播录制，一次又一次地执行相同的步骤。这可以实现快速自动化。这个组件在RPA的普及中发挥了非常大的作用。我们将在第2章“录制和播放”中学习该组件的用途和用法。

2. 开发工具

开发工具是开发人员用于创建机器人配置或训练机器人的地方。使用开发工具能编码一组指令和决策制定的逻辑供机器人执行。一些平台提供了流程图功能，如 Visio，使得在流程中绘制步骤变得非常简单；而其他一些平台需要编码。对于大多数开发工具，为了商业开发，开发人员需要掌握相当多的编程知识，例如循环、if else 语句和变量赋值等。我们将在第 2 章“录制和播放”中详细研究 UiPath 的开发工具。

3. 插件/扩展

大多数平台提供了很多插件和扩展用于方便机器人的开发和运行。在很多应用程序中，如 Java 和 SAP，通过传统技术单独识别 UI 的控件并不容易。RPA 供应商开发了控件和扩展来解决这些问题。我们将在本书的后面部分了解 UiPath 平台的控件和扩展的重要性。

4. 机器人运行器

机器人运行器也被称为机器人，通过其他组件运行。

5. 控制中心

控制中心提供机器人管理功能，监视并控制机器人在网络中的操作。它可用于启动或暂停机器人，为其制订计划，维护和发布代码，将机器人重新部署到不同的任务，以及管理许可证和凭证。

1.3 RPA 平台

蓬勃发展的 RPA 供应商市场一直展现出持续和稳定的增长。虽然其最大的市场是美国，其次是英国，但亚太国家（APAC）的市场也展现出相当大的进步。成功的试点项目和早期采用 RPA 的客户满意度的提高将鼓励新的参与者采用这一技术。未来对 RPA 的需求会越来越大，在需要大规模部署的行业尤其如此。RPA 的主要市场是银行和金融、医疗保健和制药、电信和媒体以及零售。

下面介绍一些核心供应商的客户市场以及公司概况。

1. Automation Anywhere

Automation Anywhere 公司致力于帮助客户实现自动化业务流程。该公司专注于 RPA、认知数据（机器学习和自然语言处理）及业务分析。其机器人能够处理结构化和非结构化数据。该公司的系统有以下三个基本组件：

① 用于创建机器人的开发客户端；

② 用于部署机器人的运行时环境；

③ 用于处理多个机器人并分析其性能的集中式控制系统。

- 总部：美国加州圣何塞；
- 成立时间：2003 年；
- CEO：Mihir Shukla；
- 核心客户：德勒（Deloitte）、埃森哲（Accenture）、AT&T、通用汽车（GM）和摩根大通（JP Morgan Chase）；
- 按行业分类的收入来源：银行、金融服务和保险（BFSI）占其收入的一半以上，其次是医疗保健、通信和媒体等。

2. UiPath

UiPath 是一家帮助客户实现自动化业务流程的 RPA 技术供应商。其 RPA 平台由三部分组成：

① 用于设计流程的 UiPath Studio；

② 用于将 UiPath Studio 中设计的任务自动化的 UiPath Robot；

③ 用于运行和管理流程的 UiPath Orchestrator。

- 总部：罗马尼亚布加勒斯特；
- CEO：Daniel Dines；
- 核心客户：阿托斯（Atos）、安盛（AXA）、BBC、凯捷咨询（Capgemini）、CenturyLink、高知特（Cognizant）、Middlesea、OpusCapita 和 SAP；
- 按地区分类的收入来源：北美、欧洲大陆、英国和亚太地区（APAC）；
- 按行业分类的收入来源：BFSI（银行、金融服务和保险）、医疗保健、电信和媒体，以及零售。

3. BluePrism

BluePrism 公司旨在向企业提供适合其需求的自动化软件。BluePrism 旨在通过提供可扩展、可配置和集中管理的自动化软件来实现目标。它通过合作伙伴销售软件，其中一些合作伙伴是埃森哲、凯捷咨询、德勤、DigitalWorkforceNordic、HPE、HCL、IBM、TCS、马衡达科技公司（TechMahindra）、Thoughtonomy 和威普罗（Wipro）。

- 总部：英国；
- 成立时间：2001 年；
- CEO：Alastair Bathgate；
- 核心客户：纽约梅隆银行（BNYMellon）、RWEnpower 和 TelefonicaO2；
- 按地区分类的收入来源：超过一半的收入来自英国，其次是北美、欧洲大陆和 APAC（亚太地区）；

- 按行业分类的收入来源:BFSI(银行、金融服务和保险)、健康和制药、零售和消费、电信和媒体、制造业、公共部门、旅游,以及交通。

4. WorkFusion

WorkFusion 公司提供基于 RPA 和机器学习的自动化软件。它提供用于解决自动化大量数据的软件。WorkFusion 使人和机器能在管理、优化或自动化任务的同时协同工作。

- 总部:美国纽约;
- 成立时间:2011 年;
- CEO:Max Yangkelivich 和 AndrewVolkov;
- 核心客户:汤森路透(Thomson Reuters)、Infogroup、花旗银行(CitiBank)和渣打银行(Standard Bank);
- 按地区分类的收入来源:超过 80%的收入来自北美,其次是欧洲、亚太地区(APAC)和中东和非洲地区(MEA);
- 按行业分类的收入来源:约 90%的收入来自 BFSI(银行、金融服务和保险),其次是零售和消费。

5. Thoughtonomy

Thoughtonomy 公司提供有助于自动化业务和 IT 流程的软件。它使用 Blue Prism 和其他自动化软件,并且做了定制。

- 总部:英国伦敦;
- 成立时间:2013 年;
- CEO:Terry Walby;
- 核心客户:阿托斯(Atos)、富士通(Fujitsu)、萨拉东(CGI)、UniteBT 以及 Business Systems;
- 按地区分类的收入来源:约 70%的收入来自英国,余下的收入来自欧洲大陆、北美、亚太地区(APAC)以及中东与非洲地区(MEA);
- 按行业分类的收入来源:很大一部分来自第三方客户,其次是 BFSI、公共部门、电信、医疗保健、零售和消费。

6. Kofax

Kofax 公司的 KapowRPA 平台可以自动化并执行重复和基于规则的流程。它使用机器人提取和整合信息。该软件由用于部署和管理机器人的管理控制台、机器人性能及监控系统组成。该软件还可以将在工作量大的情况下应该先由机器人完成的高优先级的任务组合起来。然而,Kofax 的软件没有机器学习。

- 总部:美国加州尔湾;

- CEO：Paul Rooke；
- 核心客户：艾睿电子（Arrow Electronics）、科罗拉多的 Delta Dental（Delta-Dental of Colorado）、PittOhio 和奥迪；
- 按地区分类的收入来源：几乎一半的收入来自北美，其次是欧洲大陆、APAC 和 LATAM（拉丁美洲）；
- 按行业分类的收入来源：BFSI、零售、消费、旅游、交通、公共部门、制造业及医疗保健。

1.4 关于 UiPath

UiPath 总部位于罗马尼亚布加勒斯特，是一家帮助客户实现业务流程自动化的 RPA 供应商。该公司旨在消除重复和乏味的任务，让人们从事更具创造性和更鼓舞人心的活动。

UiPath 由 CEO Daniel Dines 创立。它在伦敦、布加勒斯特、东京、巴黎、新加坡、墨尔本、中国香港和班加罗尔都设有办事处，拥有从北美到英国，从欧洲大陆到亚太地区等遍布世界的客户，该公司去年在收入和劳动力方面都展现出显著的增长。如今，其软件被广泛用于自动化业务流程。不过，IT 行业也在逐渐接受 UiPath 的软件。UiPath 的主要客户包括 BFSI、电信和媒体、医疗保健、零售和消费以及制造业。

通过使用 UiPath 自动化软件，可以配置软件机器人来模仿在计算机系统用户界面上的人为操作。UiPath RPA 平台的基本组件和 RPA 组件一致，这些组件是企业部署所必需的。UiPath RPA 平台的组件是 UiPath Studio、UiPath Robot 和 UiPath Orchestrator，请参阅以下内容。

1. UiPath Studio

UiPath Studio 帮助没有编码技能的用户在可视界面中设计机器人流程。它是一个基于流程图的建模工具，因此，使自动化实现得更快、更方便。多人可以共同构建同一个工作流。它通过可视化标记指出模型中的错误，并通过录制器来执行用户录制的操作，这使建模变得容易很多。

2. UiPath Robot

UiPath Robot 可以运行 UiPath Studio 设计的流程。它既适用于有人值守的环境（只在人工触发时工作），也适用于无人值守的环境（自动触发和独立工作）。

3. UiPath Orchestrator

UiPath Orchestrator 是一个基于 Web 的平台，用于运行和管理机器人。它能部署多个机器人，并且监视和检查多个机器人的活动。

1.5 自动化的未来

纵观人类文明的历史,在创新和发现中有许多重要的转折点,在人们的心灵中注入了敬畏和恐惧,以至于 Luddite 这个词(用于第一次工业革命时期因担心失去生计而强烈反对引进纺织厂的人)现在已经变成所有反对新技术的人的代名词,无论是工业化、自动化还是计算机化。

当今的流行词是第四次工业革命——技术嵌入社会甚至人体的时代,无论是机器人、3D 打印、纳米技术、物联网,还是自动驾驶汽车,都将从根本上改变我们的生活、工作和互动方式。如今,技术变革和创新正在以前所未有的速度和范围进行着,并且对许多学科产生了影响。技术变革所到达的阶段是,机器已经进入曾经被认为是只有人类涉及的领域。因此,很多人害怕这个机器人时代。关于我们的生活有多少将被机器人接管的争论是无穷无尽的,但不可否认的是,机器人将留下来。

如今的自动化有各种优点,但人们也担心它的进步,这并非完全没有根据。如前所述,这次自动化能影响各个领域。因此,与过去只有蓝领工作才有被机器取代的危险不同,这次白领工作甚至也被认为是有被取代的危险。虽然这不一定是假的,但有报道称,只有约 5%的工作可能完全被自动化所取代。对于其他工作,自动化将只会取代工作的一部分,而不是完全接管。当然,有 5%的工作有完全被自动化的风险。这些都是常规的、重复的和可预测的工作,比如电话销售、数据输入、文书、零售、出纳、收费站经营和快餐工作。然而,和过去一样,人们应该能找到适应变化的方法。随着一代又一代人的更替,人们变得更聪明、更能适应变化,并且稳步发展。

此外,自动化主要接管常规和乏味的任务,人们有机会更好地利用我们的能力,无论是推理能力、情商还是创造力。我们能做的不是为必然发生的事情烦恼,而是做好准备。其中一个方法是改变教育模式,应该教会下一代如何识别并迅速适应变化。我们教育的一个重要方面应该是学会如何学习。

1.6 小　结

在本章中,我们对 RPA 有了基本的了解,也学习了如何区分它和其他类型的自动化软件,大体上了解了 RPA 的好处和市场上各种可用的平台。在下一章我们将开始学习 UiPath 及其录制工具,这是一个快速且有效使用 RPA 的方法。

第 2 章

录制和播放

在计算机上录制并回放用户步骤的功能使得机器人流程自动化大获成功。如果没有这个功能，该技术的采用过程可能会非常缓慢，并且会被视为另一个自动化或脚本工具。

在第 1 章中，我们对机器人流程自动化有了基本的了解。在本章我们将了解如何使用录制器作为自动化旅程的第一步。在此之前，先来了解 UiPath 工具并学习如何安装它（只有在安装后，用户才能使用录制器）。本章将涵盖以下内容：

- UiPath 栈和平台组件；
- 如何下载并安装 UiPath 组件；
- 详细了解 Project Studio，它是开发人员花费大部分时间配置 Robot 的地方；
- 录制器，有两个分步示例，以便快速掌握录制和播放功能。

2.1 UiPath 栈

我们需要各种组件使 UiPath 平台全面发挥企业级效能。UiPath 有三个基本组件：

① UiPath Studio；

② UiPath Robot；

③ UiPath Orchestrator。

UiPath 平台有两个版本：

(1) 企业版：此版本适用于启动 RPA 项目并希望在未来扩展其 Robot 部署的大型公司。它集成了 UiPath Orchestrator（将在稍后讨论）。此版本可通过访问 UiPath 网站并下载最新版本的 UiPath 平台安装程序进行更新。运行安装程序会自动替换所有旧文件，但不会修改任何设置。

(2) 社区版：此版本适用于个人开发者和员工较少的小型组织。社区版始终是最新的，它会在新版本可用时立即自动更新。

注意：社区版可免费用于学习 UiPath。

2.1.1 UiPath Studio

UiPath Studio 是 UiPath 的开发环境,它是开发 UiPath Robot 的基本工具。

UiPath Studio 可用于配置任务步骤或启动完整的录制器来录制一系列步骤。Studio 的录制功能是 RPA 工具改变规则的功能。它的简易性甚至可以让非技术业务用户设计或录制一个流程的步骤。

UiPath Studio 允许用户配置 Robot,也就是通过可视化的方式开发步骤来执行任务。在 UiPath 中,大部分配置和编码都是可视化的。通过使用工具箱中的拖放工具,我们可以编写整个工作流,并由 Robot 执行任务。这些步骤看起来像是数据流的图,非常易于理解。大多数情况下,用户企业环境中,用户将收到用于理解工作流的流程图,这可以用来开发 Robot。Studio 提供的与工作流相同的外观,设计器让用户完全控制执行顺序和采取的操作,后者也称为活动。活动或操作包括单击按钮、写入和读取文件等。

2.1.2 UiPath Robot

UiPath Robot 是一种 Windows 服务工具,可以打开交互式或非交互式会话窗口来执行使用 UiPath Studio 开发或录制的流程或一组步骤。它在执行自动化项目时也被称为执行代理;在执行 UiPath Studio 开发或录制的流程所生成的指令时也被称为运行时代理,最为人接受的命名是 Robot。

Robot 可以由 Orchestrator 控制,这是企业版的一部分。在安装时可以选择将 Robot 和 Orchestrator 断开连接,并在桌面上独立工作。在大多数示例中,我们使用的是没有 Orchestrator 的社区版,安装的 Robot 将在用户模式下独立运行。在用户模式下安装时,Robot 与用户拥有相同的权限。无论 Robot 是安装在用户机器上、用户模式下还是服务器上,如果你选择了 Orchestrator,就可以控制 Robot。

机器人的类型

机器人的类型如下:

(1) 有人值守型(attended):它就像人类一样在同一工作站上操作,帮助用户完成日常任务。它通常由用户事件触发。用户不能在这一类型机器人上启动来自 Orchestrator 的流程,且不能在锁屏下运行。

(2) 无人值守型(unattended):它可以在虚拟环境中独立运行,也可以自动运行任意数量的流程。除了人机协作型机器人的功能外,这类机器人还负责远程执行、监视、调度和为工作队列提供支持。

(3) 免费型:它类似于无人值守型机器人,但仅能用于开发和测试,不能在生产环境中使用。

这些类型的机器人是为了满足不同的自动化需求而构建的,例如后台或前台场景。

注意：前台机器人是人机协作型机器人的另一个名字。这种机器人与人类一起监视操作，在某一事件（如按快捷键）触发时执行预先编程的工作步骤。人类与机器人或者系统之间产生交互，完成所需的工作；另一方面，后台机器人能在无人值守的情况下运行的机器人，它们可以在没有人类交互的情况下运行。

2.1.3 UiPath Orchestrator

UiPath Orchestrator 是一个服务器应用程序，它允许用户对自己的机器人进行编排，因此称为 Orchestrator。它在服务器上运行，并连接到网络中的所有机器人（无论是有人值守型、无人值守型还是免费型）；它有一个浏览器界面，可通过单击来编排和管理数以百计的机器人。Orchestrator 让用户可以在自己的环境中创建、监控和部署资源，同时充当第三方应用程序的集成点。Orchestrator 的主要功能。

- 可以创建和维护机器人之间的连接；
- 可以将包正确地分发到机器人；
- 可以管理队列；
- 可以跟踪机器人的标识；
- 可以将日志及其索引存入 SQL 或 Elasticsearch。

在后台，Orchestrator 服务器使用：

- IIS 服务器；
- SQL 服务器；
- Elasticsearch；
- Kibana。

我们可以选择将信息或日志存储在 SQL 数据库或 Elasticsearch（基于 Lucene）中。如果数据的规模很小，则首选 SQL。然而，如果有大量的数据，而且需要对这些数据进行一些分析，那就会变得单调乏味。此时，文本搜索引擎工具如 Lucene，就会派上用场。

注意：Lucene 是一个免费且开源的信息检索软件库，最初是用 Java 编写的。它是一个全文搜索库，可以轻松地向应用程序或网站添加搜索功能。

现在，你可能想知道 Elasticsearch 的作用是什么。Elasticsearch 建立在 Lucene 引擎上，它是一个基于 JSON 的架构，可以支持 REST API 模型。Elasticsearch 将所有的查询内容发送到 Lucene 引擎进行文本分析，再将查询内容返回到 Elasticsearch，接着将结果以 JSON 的格式发到客户端。

还有另一个工具常与 Elasticsearch 一起使用，名为 Kibana，这是一个 Elasticsearch 开源的数据可视化插件。它提供了在 Elasticsearch 群集上索引内容的可视化功能，用于创建条形图、折线图、散点图、饼图和使用大量数据的地图。

UiPath Orchestrator 提供以下组件帮助管理机器人：

- Robots（机器人）；

- Processes(流程);
- Jobs(作业);
- Schedules(计划);
- Assets(资产);
- Queues(队列)。

2.2 下载和安装 UiPath Studio

我们需要软件来学习 UiPath。幸运的是,UiPath 为学习和使用这个平台提供了多种选择。你可以获取 60 天免费试用的全功能企业版,也可以选择可供免费学习的社区版,但商业用途是不被允许的。(译者注:这里指的是企业版,社区版可以用于商业用途,但仅限于个人开发者以及符合特定条件的企业,如年收入不超过 500 万美元或等值本币。)

提示:对于商业用途,需要向 UiPath 购买许可证。如果要购买许可证,请联系 sales@UiPath.com。如果你在获得商业许可证方面遇到任何问题,也可以与我联系。

UiPath 社区版可免费用于学术界、非营利组织和年营业额不到 100 万美元或 250 个工作站的小型企业(这可能会随着时间的推移而改变,因此请在下载时检查许可协议)。

UiPath 社区版有以下功能:

- 自动更新;
- 没有服务器集成;
- 通过社区论坛寻求支持;
- 在线自学;
- 无需复杂的安装;
- 强制在线激活。

要获得 UiPath Studio 的社区版,请在浏览器中键入以下链接:https://www.UiPath.com/community,后续操作如下:

(1) 打开社区版页面,单击 Get Community Edition,如图 2-1 所示。

(2) 在下一页面,必须注册才能下载社区版。注册需要使用正确、详细的信息并记住它们,因为注册用的邮箱将用于激活软件。详细填写 First Name、Last Name 和 Email;Twitter User 不是必填项,但最好提供一下,如图 2-2 所示。

(3) 然后被重定向到另一个页面,此处要求检查你的邮箱以获取下载链接。单击链接下载 UiPath Studio;也可以直接下载 UiPath Studio,只需单击“download it here”中的 here 就可以了,如图 2-3 所示。

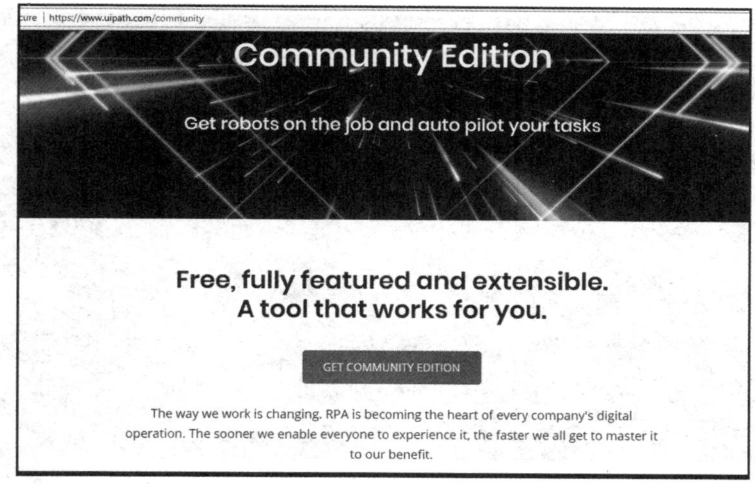

图 2-1

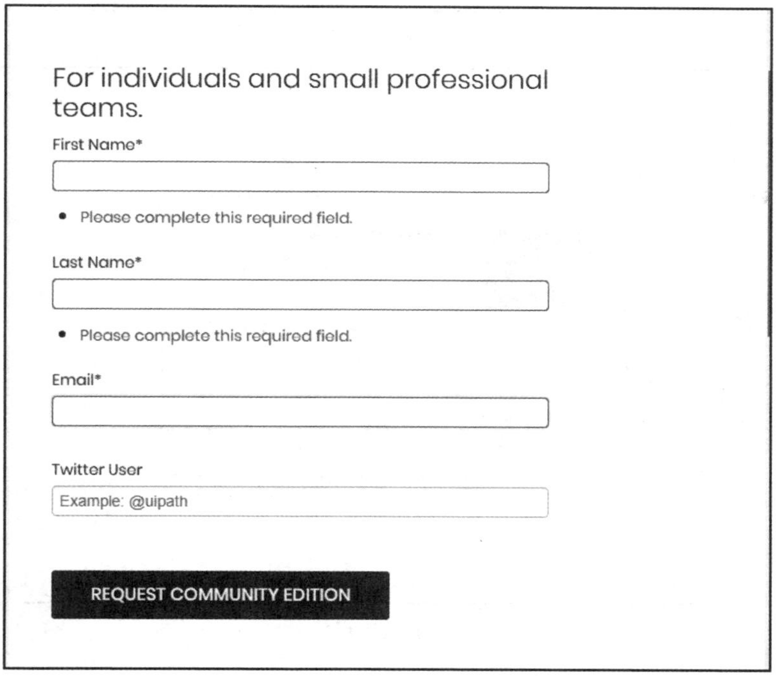

For individuals and small professional teams.

First Name*

• Please complete this required field.

Last Name*

• Please complete this required field.

Email*

Twitter User

Example: @uipath

REQUEST COMMUNITY EDITION

图 2-2

(4)下载完成后,打开下载的文件 UiPathStudioSetup. exe。

(5) 开始安装。安装完成后,将显示一个欢迎消息,单击 Start Free 选项,如图 2-4 所示。

(6) 按照要求再次输入 Email 地址,单击 Activate。请记住使用你下载软件时用的邮箱 ID。这个邮箱 ID 将绑定到计算机,需要在线激活。脱机激活选项对社区

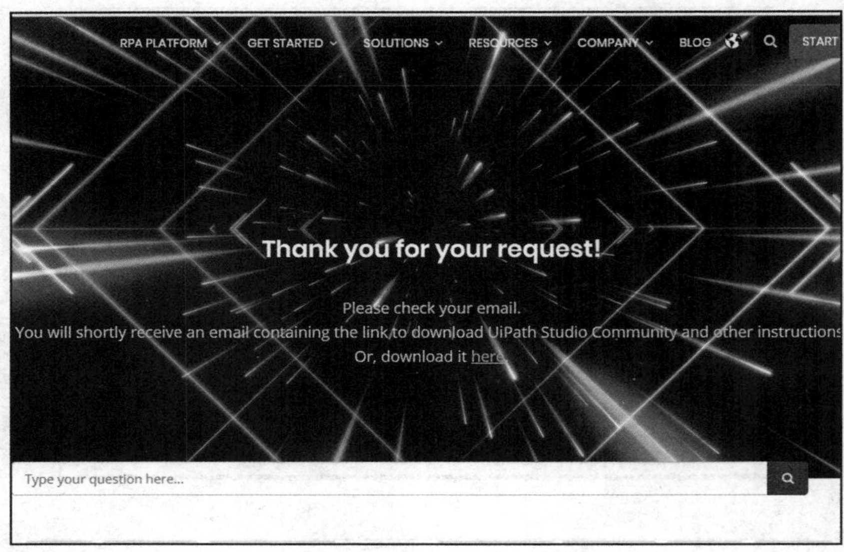

图 2-3

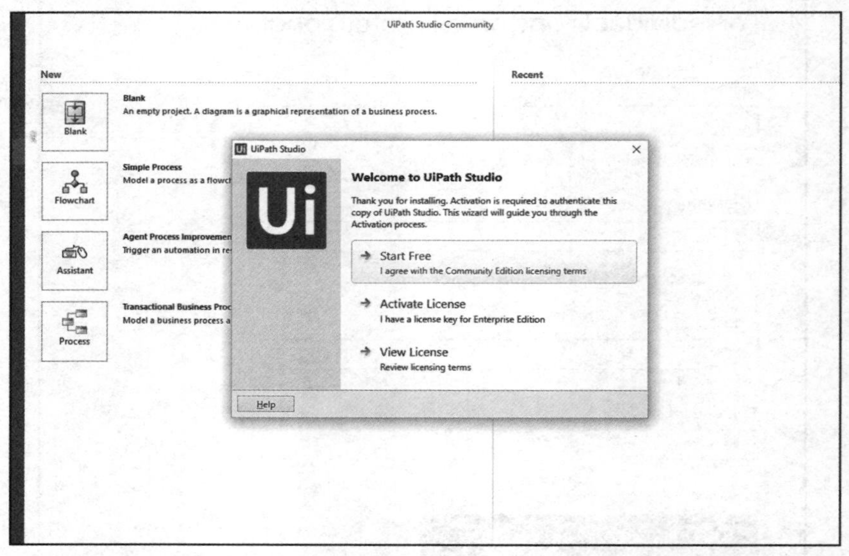

图 2-4

版不可用。

(7) 屏幕上将显示一条消息,提示安装成功,关闭此窗口。

提示:为了更方便地使用 UiPath,可以将其固定到任务栏;否则,你可能在每次需要使用的时候都要在计算机中搜索 UiPath.exe,这是不必要的。

现在可以使用 UiPath Studio 了!

2.3 了解 UiPath Studio

UiPath Studio 平台可以使用可视化界面来设计机器人流程。UiPath Studio 中的自动化不需要或只需要很少的预备编程知识,它是一个基于流程图的建模工具。因此,自动化更快、更方便。它通过可视化标记指出模型中的错误,并通过录制器来执行用户执行的操作,这使建模变得容易多了。

本节将详细研究 UiPath Studio。首先,先了解可用的项目类型,以及在什么情况下应该使用什么。

2.3.1 项 目

UiPath Studio 支持的项目主要类型如下:

(1) 顺序流:适用于简单的操作和任务。它支持你从一个活动转到另一个,但不会干扰用户的项目;它由各种活动组成。创建顺序流对调试也很有用,可以很容易地追踪特定序列中的活动。可以使用 Start 选项卡中的 Blank 选项创建基本类型项目,接着从工具箱中把 Sequence 添加到图中。

(2) 流程图:可以用来处理更复杂的项目。它可以集成决策和连接活动。若要创建此类项目,在 New Project 菜单中选择"Flowchart→Simple Process"选项。

(3) 助理:可以用来开发有人值守型或前台机器人,有时这些机器人被称为辅助。若要创建此类项目,在 New Project 菜单中选择"Assistant→Agent Process Improvement"选项。

(4) 状态机:适用于在执行中使用有限状态并由条件触发的大型项目。若要创建此类项目,在 New Project 菜单中选择"Process→Transaction Business Process"选项,如图 2-5 所示。

请记住,上述四种项目类型仅在 Studio 中的 Start 选项卡中可用。然而,如果单击了 DESIGN 选项卡中的 New 选项,则只能获得以下三个选项:

- Sequence(顺序流);
- Flowchart(流程图);
- State Machine(状态机)。

从 DESIGN 选项卡的 New 菜单中选择的上述选项将会成为现有项目中的一部分,也称为图示(diagram)。

UiPath Studio 基本上可以通过设计项目来自动化各种任务。项目是基于规则的业务流程的图形表征,它通常以流程图的形式出现,可以通过定制和定义各种步骤(称为活动)来设计项目,从简单的单击到输入特定数据等。

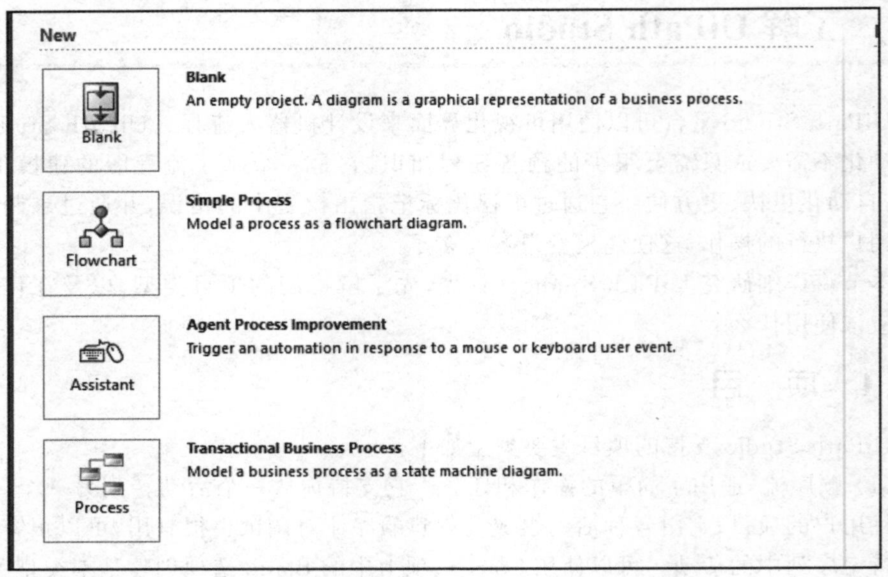

图 2－5

2.3.2 用户界面

首次打开 UiPath Studio 时，将看到如图 2－6 所示的 UiPath Studio 的 Start 选项卡。

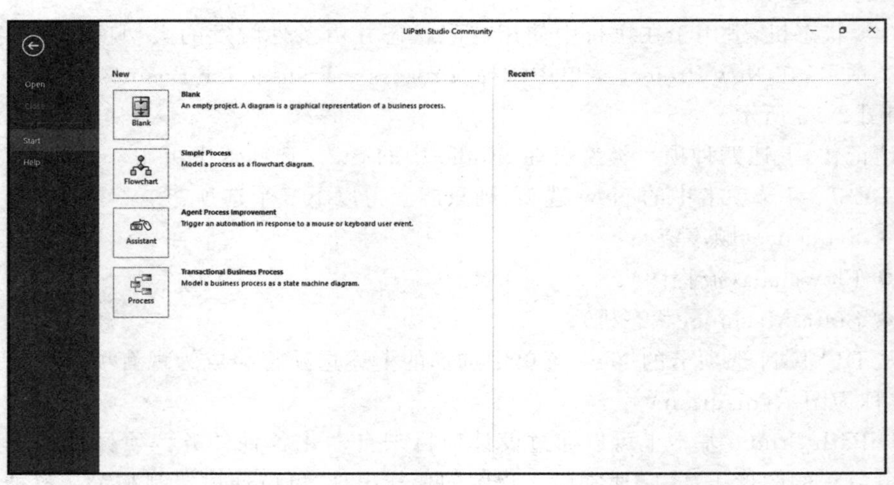

图 2－6

可以打开以前创建的项目，也可以创建新项目。创建一个新项目，单击 Blank 并对其命名，将看到如图 2－7 所示的界面。

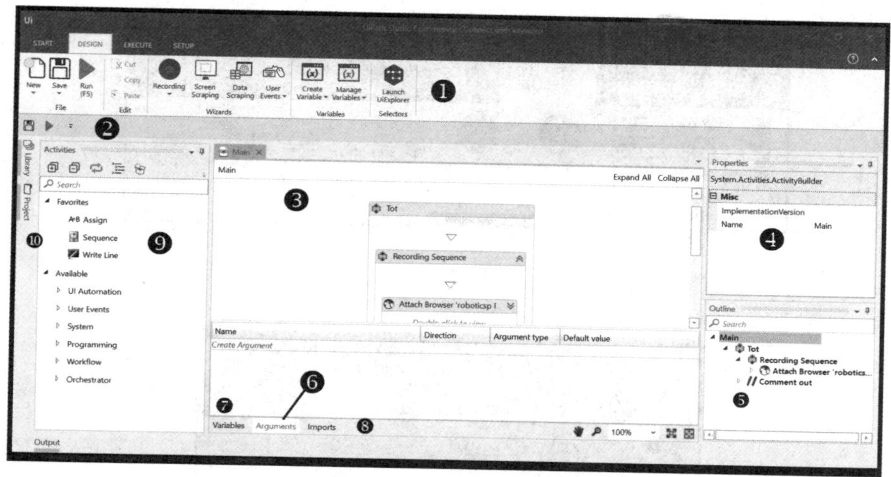

图 2-7

图 2-7 中各序号对应功能如下(译者注:原书并未对 8 进行描述):

1. Ribbon

这个面板位于用户界面的顶部,由四个选项卡组成:

① START:用于创建新项目或打开以前创建的项目。

② DESIGN:用于创建新的 Sequence、Flowchart、State Machine 或管理变量,如图 2-8 所示。

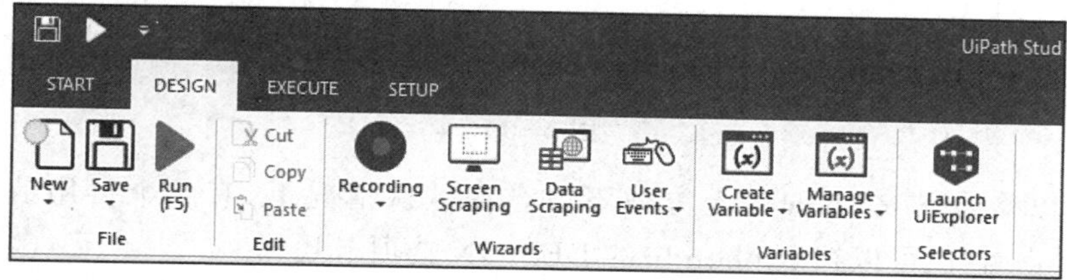

图 2-8

③ EXECUTE:用于运行项目或停止运行项目,也可调试项目,如图 2-9 所示。

④ SETUP:用于部署和配置选项,它有三个可用的工具,如图 2-10 所示。

- Publish:用于发布项目或创建项目的快捷方式并安排任务;
- Setup Extensions:用于安装 Chrome、Firefox、Java 和 Silverlight 的扩展;
- Reset Settings:用于将所有的设置重置为默认值。

2. 快速访问工具栏

此面板为用户提供了最常用命令的快捷方式,还可以添加新命令到此面板,它在用户界面的 Ribbon 上方。快速访问工具栏已在图 2-11 中圈出。

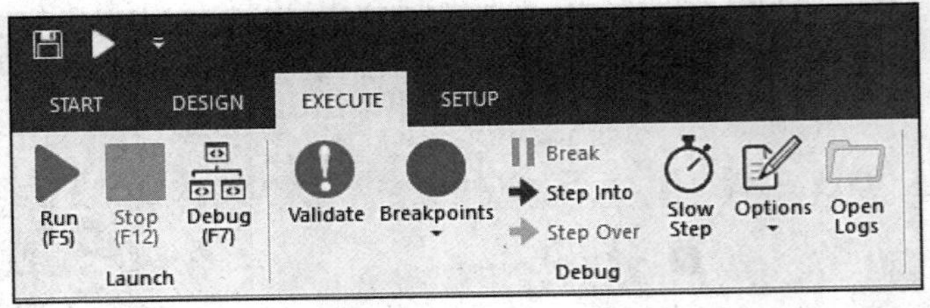

图 2-9

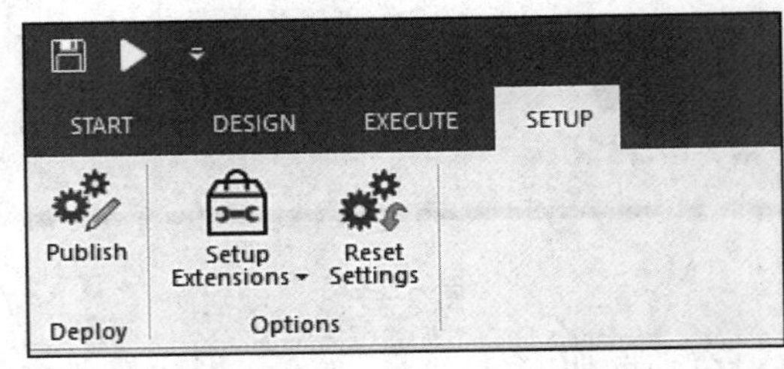

图 2-10

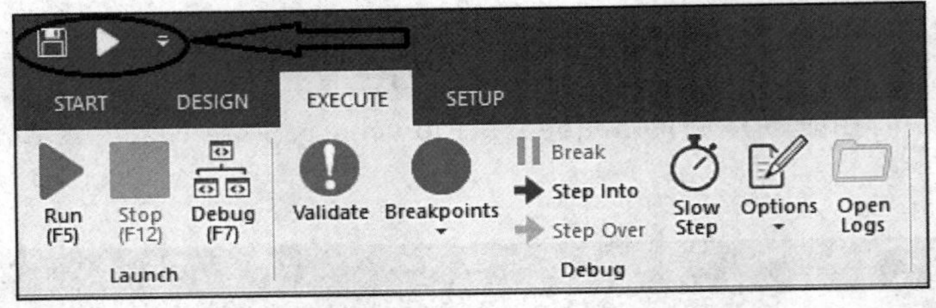

图 2-11

它可以移动到 Ribbon 的上方或下方。在默认情况下,有两个可用的按钮,即 Save 和 Run,它们可以在 Ribbon 中的 DESIGN 选项卡找到。

3. 设计器面板

用户在此面板中定义项目的步骤和活动,开发人员在这里执行大部分操作来录制活动或手动把活动放在画布上。在 UiPath 中,这相当于 Microsoft Visual Studio 的代码窗口。当用户开发机器人时,这将是用户在工作流或活动链中组织各种活动来完成任务的窗口。用户创建的项目清晰地显示在设计器面板上,用户可以选择对其做出任意更改。

4. Properties 面板(属性面板)

此面板位于用户界面的右侧,用于查看活动属性和在需要时进行任何更改。需要先选择一个活动,接着转到 Properties 面板中查看或更改它的属性,如图 2-12

所示。

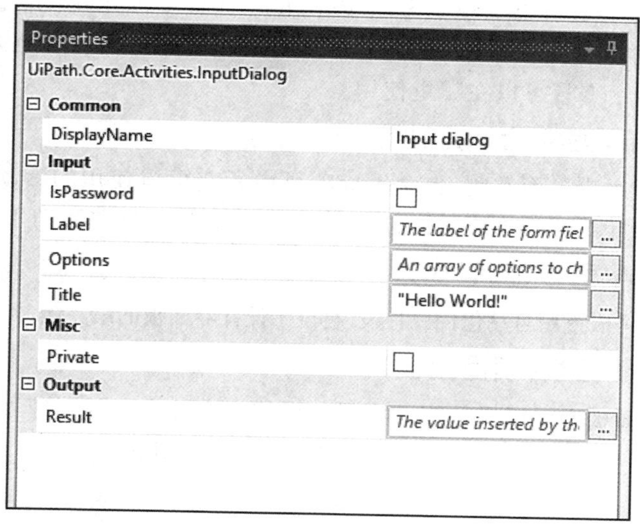

图 2-12

5. Outline 面板(大纲面板)

顾名思义,此面板给出了项目的基本大纲,在该面板中能看到组成工作流的活动。使用该面板可以看到项目的高级大纲并能逐级查看更深层次的内容,如图 2-13 所示。此面板对大型自动化项目特别有用,否则,用户浏览项目会变得很困难。

6. Arguments 面板(参数面板)

变量可以在项目中从一个活动向另一个活动传递数据,而参数可以从一个项目向另一个项目传递数据。与变量一样,参数有不同的类型,比如字符串、整型、布尔值、数组和泛型等。由于参数在不同的工作流之间传递数据,它们有额外的方向属性。下面是四种方向类型:

① In;

② Out;

③ In/Out;

④ Property。

7. Variable 面板(变量面板)

此面板允许用户创建变量并对其更改,它位于设计器面板的下方。在 UiPath Studio 中,变量用于存储多种类型的数据,包括文字、数字、数组、日期、时间和时间表。顾名思义,变量的值可以更改。

需要注意的是,只有在设计器面板中有活动的时候,才能创建变量。若要创建新变量，可以转到 Ribbon 的 DESIGN 选项卡并单击 Create Variable，接着选择变量类型，或者可以直接在设计器面板下方的 Variables 面板中创建新变量。此外，如果在 Variables 面板中重命名变量，则在工作流中该变量在出现的每个地方都被重命名。变量的作用域显示变量可以在哪里使用。

9. Activities 面板（活动面板）

此面板位于用户界面左侧，包含生成项目中所有可以使用的活动。只要将所需的活动拖放到设计器面板中所需的位置，就可以轻松地将这些活动用于创建项目了。

10. Library 面板（库面板）

使用该面板可以重用自动化代码片段，它位于设计器面板的最左侧，如图 2－14 所示。

11. Project 面板（项目面板）

在 Project 面板中可以看到当前项目的详细内容并在资源管理器（Windows Explorer）窗口中打开。它位于设计器面板的最左侧，在 Library 面板下方，如图 2－13 所示。

12. Output 面板（输出面板）

此面板显示 Log Message 或 Write Line 活动的输出，它还能在调试过程中显示输出。此面板也显示已执行项目的错误、警告、信息和跟踪，它在调试过程中非常有用。所需的详细级别可在“Execute→Options→Log activities”中更改（译者注：在窗口顶部的 Ribbon 上），如图 2－16 所示。

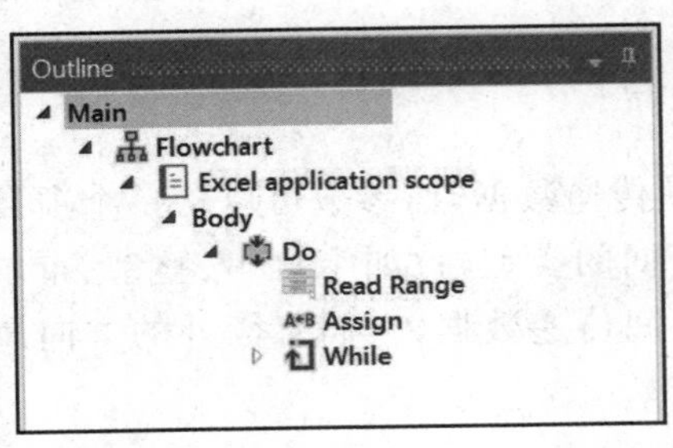

图 2－13

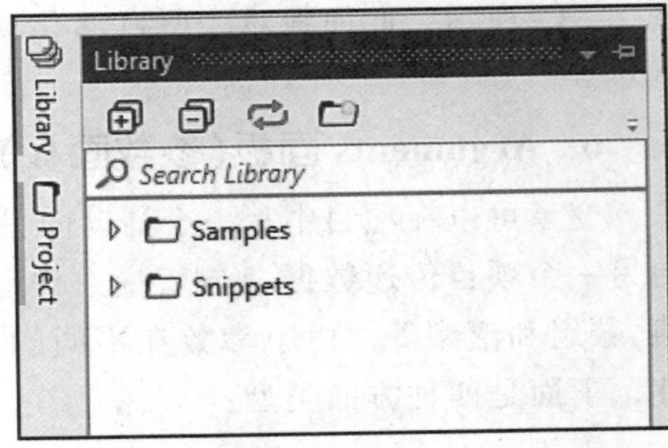

图 2－14

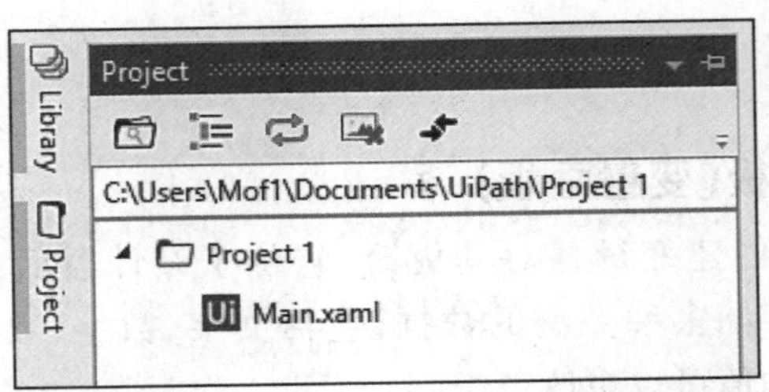

图 2－15

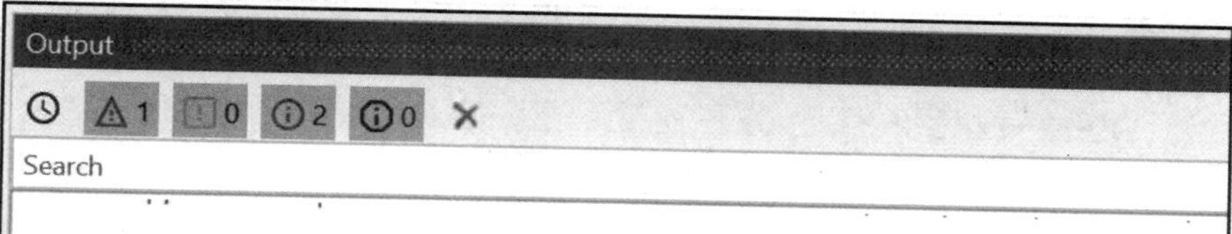

图 2-16

这取决于我们是向一个工作流提供数据，还是从一个工作流中接收数据。

2.4 任务录制器

任务录制器是 RPA 成功的主要原因。有了任务录制器，就能创建自动化的基本框架。用户在屏幕上的操作由录制器录制，并在当前项目中转换成录制的顺序流，这就是机器人能够模仿人为操作的方式。

录制是作用域中的应用程序必须执行的步骤的集合。这些步骤的录制可以（手动地）在屏幕上一个接一个地指定，也可以一次性自动处理多个步骤。

在 UiPath Studio 中有四种录制类型：

① Basic（基本）；

② Desktop（桌面）；

③ Web；

④ Citrix。

我们将在稍后讨论它们。即使在录制结束后，用户也可以修改录制的顺序流。在需要对录制的顺序流进行小修改的情况下，这尤为有用。因此，能够修改已经录制的顺序流确保了无须再次录制整个流程。

录制器有四种基本类型：

（1）Basic 录制器：Basic 录制器用于录制桌面的活动。这种录制器适用于单个活动和简单的工作流。这里的操作是独立的，如图 2-17 所示。

（2）Desktop 录制器：Desktop 录制器和 Basic 录制器一样，用于录制桌面的活动。然而，它适用于录制和自动化多个操作和复杂的工作流。这里的每个活动都包含在 Attach Window 组件中，如图 2-18 所示。Attach Window 组件对确保同一应用程序的其他窗口不会干扰工作流而言尤为重要。UiPath 使用应用程序的名称、窗口的标题和当前打开的文件来查找和识别正确的窗口。然而在某些情况下，比如屏幕上可能会打开两个未命名的记事本，如果没有 Attach Window，UiPath 可能会选择错误的记事本。

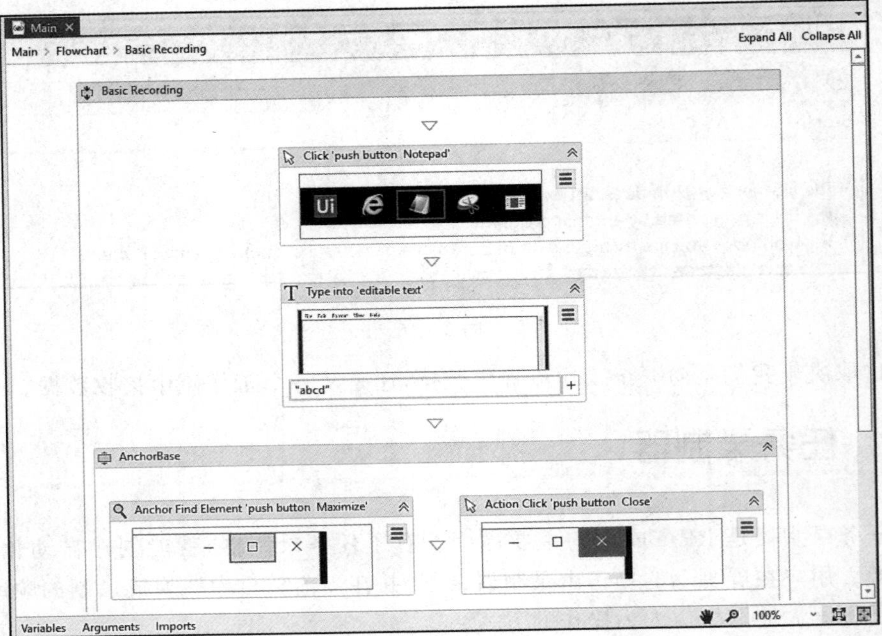
Main
Main > Flowchart > Basic Recording
Expand All Collapse All
Basic Recording
Click 'push button Notepad'
Type into 'editable text'
"abcd"
AnchorBase
Anchor Find Element 'push button Maximize'
Action Click 'push button Close'
Variables Arguments Imports
100%

图 2 - 17

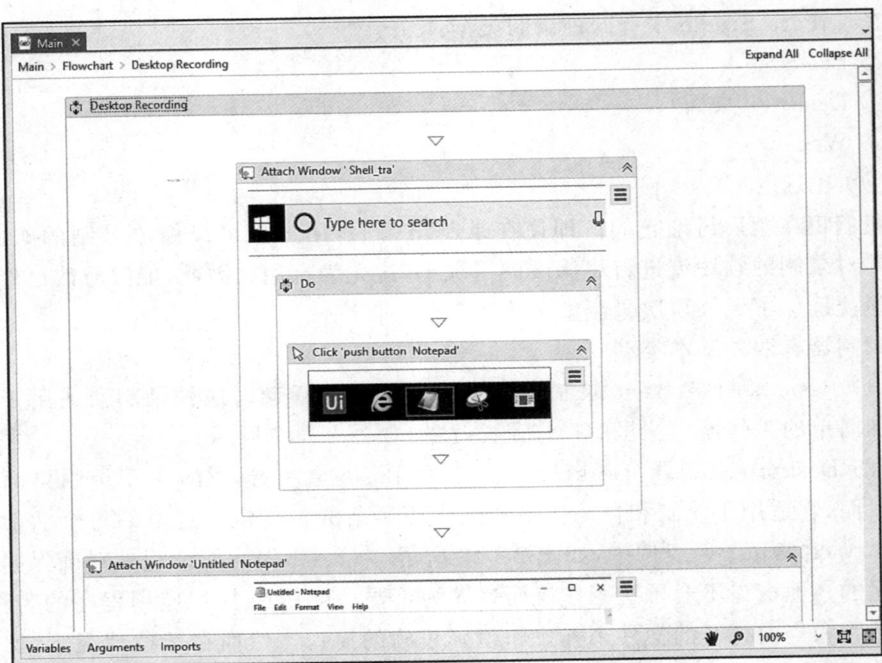
Main
Main > Flowchart > Desktop Recording
Expand All Collapse All
Desktop Recording
Attach Window ' Shell_tra'
Type here to search
Do
Click 'push button Notepad'
Attach Window 'Untitled Notepad'
Untitled - Notepad
File Edit Format View Help
Variables Arguments Imports
100%

图 2 - 18

(3) Web 录制器：顾名思义，Web 录制器用于录制 Web 应用程序和浏览器的操作。

(4) Citrix 录制器：Citrix 录制器用于录制虚拟机、VNC 和 Citrix 环境，此录制仅支持键盘、文本和图像自动化。

有一些操作是可录制的，但另一些是不可录制的：

(1) 可录制的操作：单击、复选框、下拉列表以及其他 GUI 元素；文本键入也是可录制的。

(2) 不可录制的操作：键盘快捷键、鼠标悬停和右击；修饰键如 Ctrl 和 Alt 是不可录制的。

有两种录制类型：

(1) 自动录制：适用于一次录制多个操作。这是一个非常好的功能，为自动化任务奠定了坚实的基础。它可以通过 Basic、Desktop 和 Web 录制器中的 Record 图标来调用。Citrix 录制器不支持自动或多步骤录制。有一些操作不能使用自动录制，如热键、右击和双击等。对所有这些操作，应该使用单个步骤的录制器，也就是手动录制。

(2) 手动录制：这种类型的录制用于一次录制单个步骤，因此可以更好地控制录制。它还可以录制不能使用自动录制的所有操作，如键盘快捷键、鼠标悬停、右击、修饰键(如 Ctrl 和 Alt)、从应用程序中查找文本以及其他活动。

Desktop、Basic 和 Web 录制器都可以在屏幕上自动录制多个操作和手动录制单个操作，而 Citrix 录制器只能录制单个步骤(手动录制)。

快捷键如下：

- F2 键：暂停录制 3 s，倒计时菜单也将显示在屏幕上；
- 右键单击：退出录制；
- Esc 键：退出录制，如果再次按 Esc 键，则将保存录制。

现在来探索这些录制的功能。通过录制可以完成的操作如下：

- 单击(单击一个 UI 元素：按钮、图像或图标)；
- 键入(在可用的文本字段中键入任何值)；
- 复制和粘贴。

可以在用户界面顶部的 Ribbon 的 DESIGN 选项卡上看到 Recording 图标，如图 2-19 所示。

单击 Recording 图标，将显示录制类型的列表，如图 2-20 所示。

单击每种录制类型，将显示该录制类型所具有的特定功能的录制面板。单击录制选项中的 Basic，显示的录制面板如图 2-21 所示。

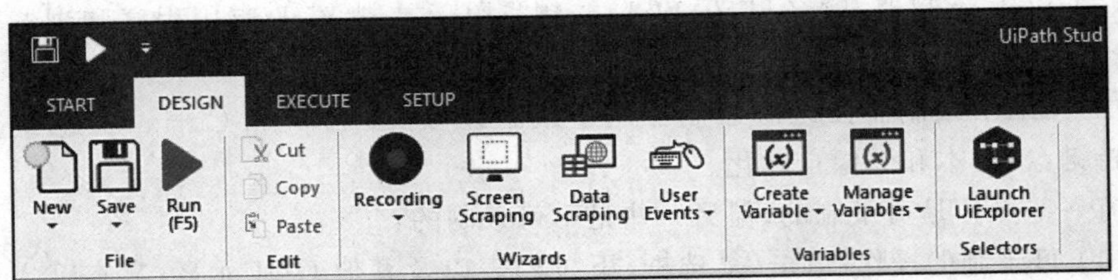

图 2 - 19

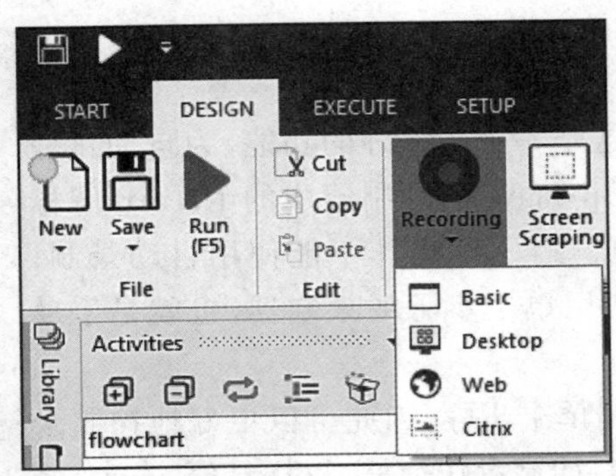

图 2 - 20

图 2 - 21

图 2 - 21 中显示的面板包含 Basic 录制的特定功能。例如:Start App(启动应用)、Click(单击)和 Type(键入)等。

- Start App:用于启动应用程序。单击此选项时,系统会要求用户指定想要打开的应用程序。完成后可以单击"Save & Exit"选项。图 2 - 22 显示了录制的顺序流。正如我们在图中看到的,将会显示一个打开的 explorer. exe 程序,这是应用程序的标题。在它下面显示了应用程序的路径(译者注:原文并未提供显示这些内容的截屏)。如前所述,面板中显示的功能是该录制类型特有的。如果是 Web 录制,会有一个 Open Browser 选项,而不是 Open Application 选项。
- Click:用于单击 UI 元素。此功能用作鼠标输入,也就是说,它用于单击、选中(复选框)或选择列表项。单击这个选项时,系统会要求用户指定想要单击的 UI 元素的位置。可以在 Properties 面板的 Click Type 属性中把单击的类型改为右击或双击。
- Type:录制面板中显示的另一个选项是 Type。顾名思义,它用于在指定的元素中键入内容。例如:如果要在命令提示符中键入内容,用户只需指定要键入的区域就可以了。接着,要在用于键入的弹窗中键入要输入的信息。选中 Empty field 复选框,如图 2 - 23 所示,确保之前写入的文本(如果有的话)被

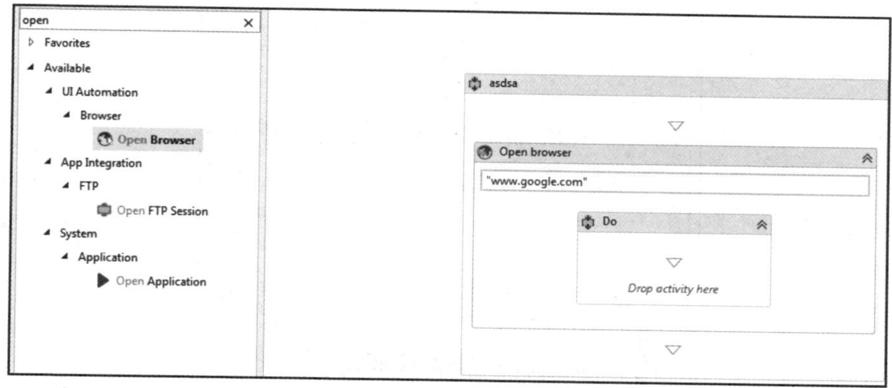

图 2-22

清空，只剩下当前键入的文本。

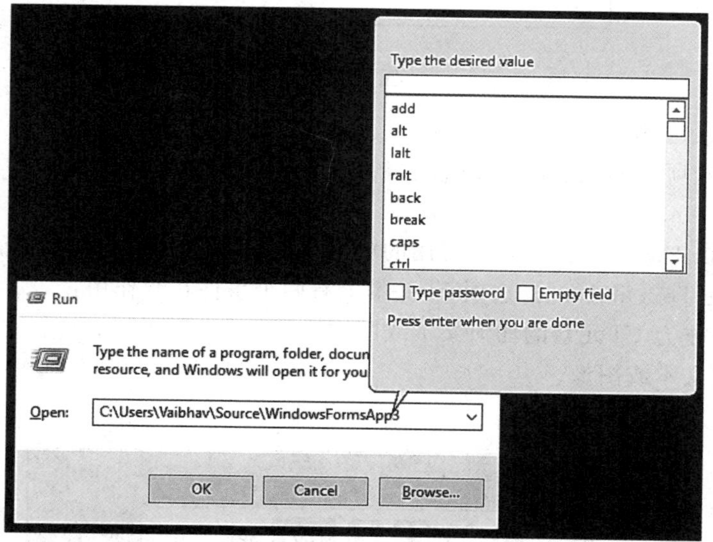

图 2-23

键入完成后，不要忘记按 Enter 键。按下 Enter 键后，步骤将被录制。可以单击“Save & Exit”查看录制的顺序流。

录制的顺序流如图 2-24 所示。可以更改写入的文本（通过更改 Type 活动的值）；可以在双引号（" "）中写入需要的文本，也可以只用变量来存储数据。

在录制面板中还有 3 个选项：

① Element（元素）；

② Text（文本）；

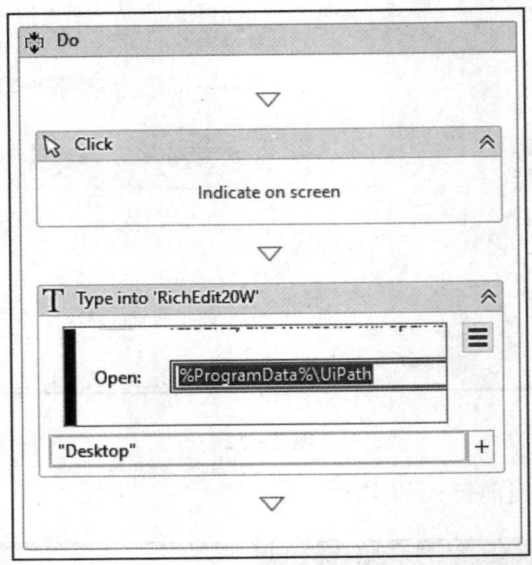

图 2-24

③ Image(图像)。

这三个选项是 UI 元素,可以对它们执行相同的键盘和鼠标操作,如图 2-24 所示。

可以单击 Element 选项查看可用的单击和键入选项,如图 2-25 所示。

同样,在 Text 和 Image 选项下,基本上有两个事件在起作用:

① 单击作为 UI 元素的任何文本或图像;

② 获取文本或图像。

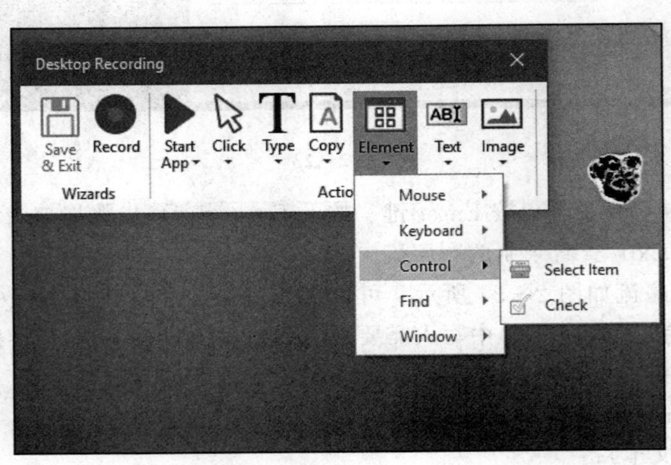

图 2-25

高级的 UI 交互

高级的 UI 交互是输入和输出交互。换句话说，它指的是自动化时使用的输入方法和输出技术的类型。

1. 输入方法

以文本形式提供的输入有 3 种方法：

① Default(默认)；

② Simulate(模拟)；

③ Window message(窗口消息)。

Default 是默认的方法，其他两个在 Properties 面板中可以找到。有两个复选框用于②和③这两种方法。Default 方法是最慢的处理方法，是测试输入选项是否正常工作的最好方法；其他两种方法都在后台工作。在这三种方法中，Simulate 是最快的方法，也是最常用的方法，因为在 Window message 输入方法中，只键入小写字母。

2. 输出方法

这是用于获得输出的方法，可以是文本或图像的形式。可用的方法有：

① Native(本机)；

② Full text(全文)；

③ OCR(光学字符识别)。

默认情况下，Native 是从窗口中提取数据生成的方法。当用户指向任何元素时，就会出现提取窗口，在这里能找到所有的选项，可以选择显示效果更好的那种方法。当其他两种方法都不能提取数据时，最好使用 OCR。如图 2－26 所示，提取方法有 Native、Full text 和 OCR。

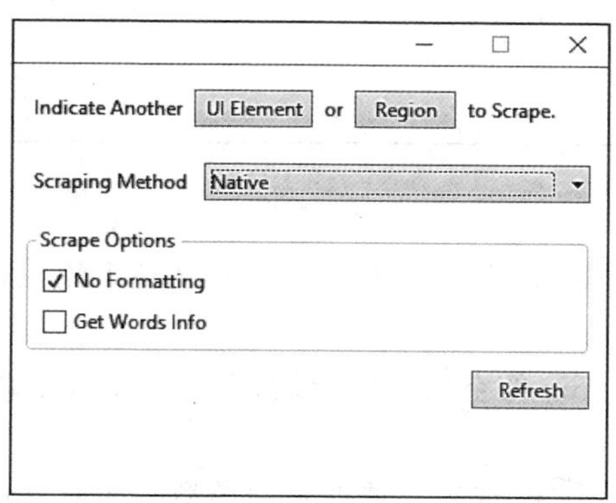

图 2－26

OCR 中有两种 OCR 引擎：一种是 Google OCR，另一种是 Microsoft OCR。我们可以选择显示效果更好的那种引擎。还能调整 OCR 的 Scale 属性，它可以提高

OCR 的效率。

2.5 手把手示范录制器的使用

在本节中,将示范两个使用 UiPath 录制器的例子:

① 清空 Gmail 的垃圾邮件文件夹;

② 清空回收站。

第一个例子展示 Web 应用程序的录制,第二个例子展示 Windows 应用程序的录制。这些都是简单的示例,它们展示了一个简单的任务如何快速实现自动化。

2.5.1 清空 Gmail 的垃圾箱

这个示例展示给我们如何在 UiPath Robot 的帮助下,仅仅使用录制就能清空 Gmail 中的一个文件夹。为此,我们将录制清空这个垃圾邮件文件夹所需执行的所有操作,让 Robot 清楚要执行的顺序流。清空 Gmail 垃圾箱的流程如图 2-27 所示。

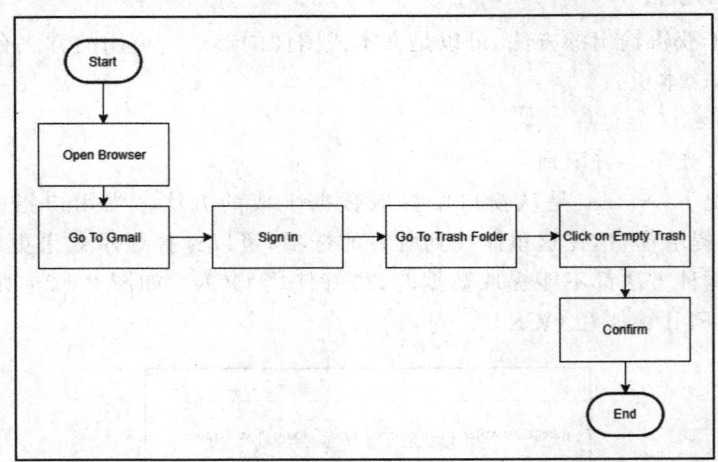

图 2-27

如图 2-27 所示,无论流程大小,我们需要看到整个流程,可以使开发 RPA 变得更容易、更有条理。

首先,从 UiPath Studio 的空白项目开始;在 Recording 的下拉列表中选择 Web 录制器,如图 2-28 所示。

此处必须单击 Recording 选项并选择录制类型。如前所述,由于在网页上操作,我们将在此流程中使用 Web 录制。单击页面顶端的 Recording 图标,在出现的四个录制类型中,选择 Web 录制;将出现 Web Recording 面板,如图 2-29 所示。

注意,在 Record 和 Click 之间的 Open Browser,在 Web 录制器中可用于录制浏

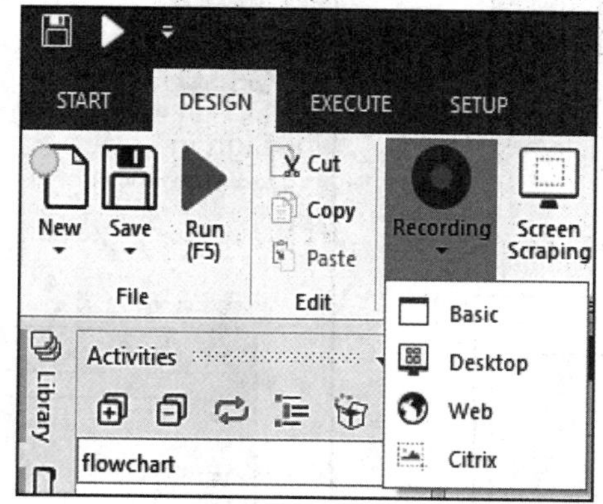

图 2-28

图 2-29

览器应用程序中的步骤。

提示：打开最常用的浏览器，导航至 https://gmail.com，并保持这个浏览器处于打开状态。

下面是流程的六个步骤：

（1）打开浏览器：虽然我们已经在浏览器中打开了 Gmail，但并没有录制这个步骤，这里会使用录制器的 Open Browser 按钮标记这一步骤，页面将出现一个下拉菜单。同样地，在下拉菜单中选择 Open Browser，它会要求指定浏览器，指定已经打开的浏览器并单击浏览器的顶部。

（2）前往 gmail.com：系统将提示输入网站的 URL，键入 https://gmail.com 或 gmail.com，单击 OK，如图 2-30 所示。

请记住，第（1）步只是在录制器中记录步骤，但不会在屏幕上做任何事情。从下一步开始，我们将使用已经打开的 gmail.com。

（3）登录：单击录制面板中的 Record 图标，开始录制。

前往已打开的 Gmail，单击 Email or phone 字段，UiPath 将弹出键入电子邮件的提示，如图 2-31 所示。

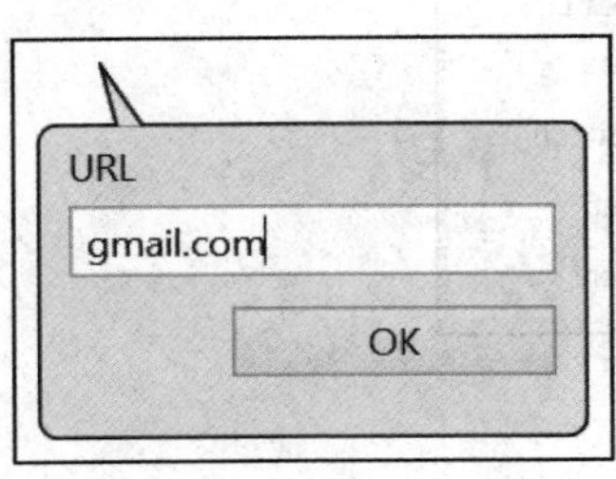

图 2-30

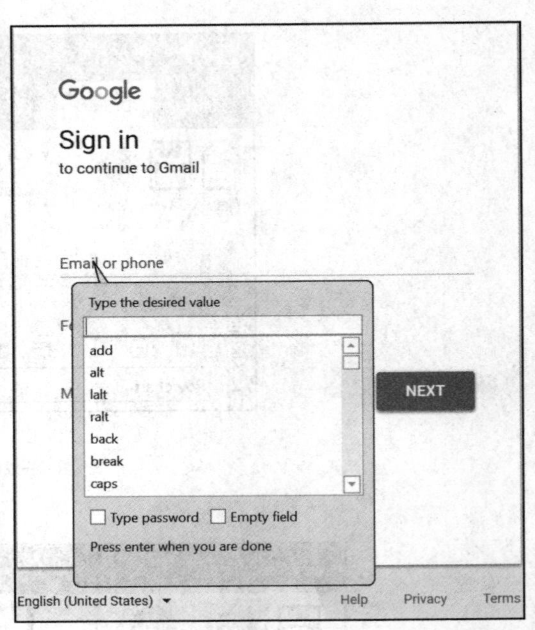

图 2-31

在 UiPath 录制器提供的框中键入电子邮箱，然后按回车键，Gmail 文本框将自动填充键入的内容。单击 Gmail 界面的 NEXT 按钮，这也会被录制。

现在，我们已经在密码字段中录制了一个条目。为了简单起见，我们可以在 UiPath 提供的提示框中键入密码。

提示：在实际环境中，如果输入密码，则选中 Type password 复选框（有关详细信息将在后面章节中讨论）。

在弹出窗口的文本框中键入密码。接下来，单击 NEXT 登录账户；单击 NEXT 按钮也会被录制。

(4) 找到垃圾邮件文件夹：在这个步骤中，必须单击 Gmail 的搜索框，在 UiPath 的提示中键入“in:trash”并按回车键，如图 2-32 所示。

现在，单击搜索框旁的 Search 按钮，这也会被自动录制，且将出现垃圾邮件文件夹。

(5) 单击 Empty Trash now：一旦单击 Trash 的操作完成，就能看见一个显示 Empty Trash now 的链接。将鼠标悬停在此链接上，它将突出显示，单击它即删除垃圾邮件文件夹中的所有邮件，如图 2-33 所示。

(6) 确认：单击 Empty Trash now，将出现一个确认对话框，请求对这个操作的许可，只需单击 OK 按钮就可以确认操作了。

提示：单击任何按钮后，录制器将显示一个对话框，请求使用 Indicate Anchor。

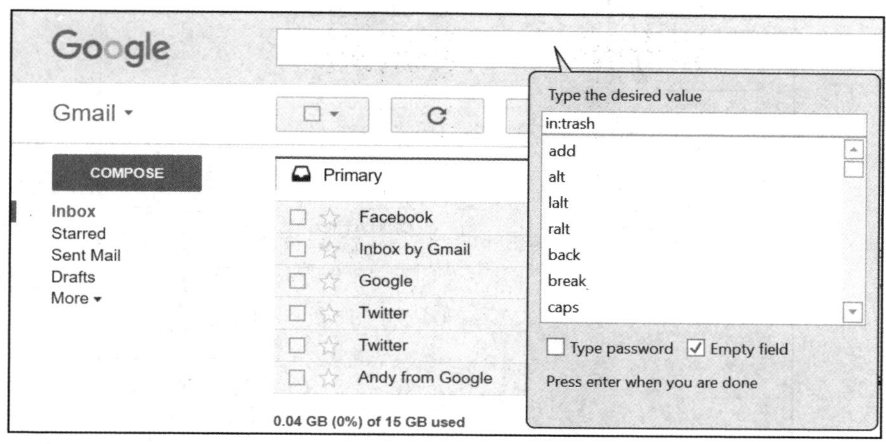

图 2－32

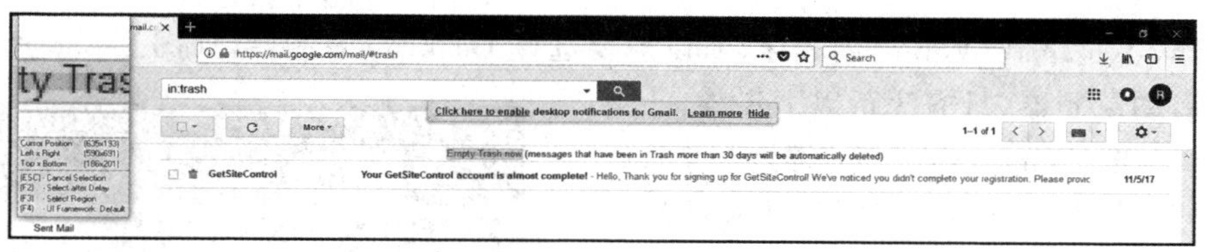

图 2－33

在这种情况下，只需单击 Indicate Anchor 按钮，并指出想要单击的按钮旁边的元素就行了。这用于确认我们要执行操作的元素的位置。

在 Indicate Anchor 向导中必须指出相邻的按钮，即 Cancel 按钮，让录制器知道这个按钮在 Cancel 旁边。

现在录制完成了，按 Esc 进入录制对话框，单击“Save & Exit”按钮。接下来，在 UiPath Studio 中，可以在设计器面板中看到录制的顺序流，将其重命名为 emptying trash folder，这让我们很容易识别顺序流的用途。按下 F5 键运行，它应该再次执行相同的任务。

我们已经创建了第一个 Robot，它能清空我们 Gmail 的垃圾箱！

2.5.2　清空回收站

接下来要自动清空回收站，这涉及各种步骤。先画出清空回收站的流程图，如图 2－34 所示。

图 2－34 比清空 Gmail 垃圾箱的示例更简单、更详细，我们执行此任务所需步骤与清空 Gmail 垃圾箱完全相同。

打开 UiPath Studio，选择一个空白项目。由于使用的是录制器，而且是在桌面

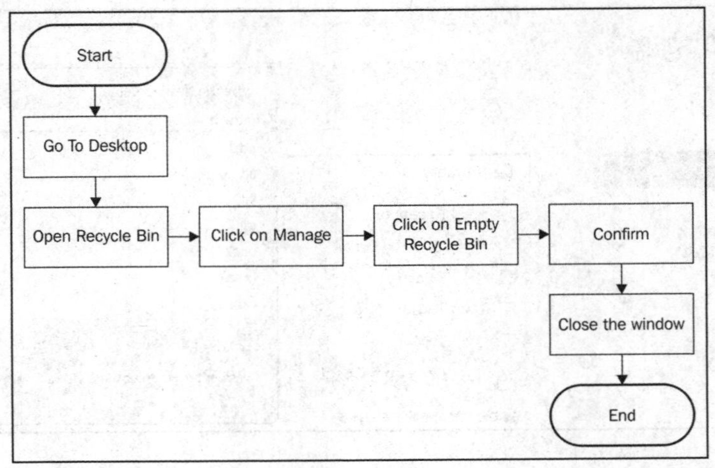

图 2 - 34

上操作,不是录制 Web 应用程序,所以需要选择 Desktop 录制器,如图 2 - 35 所示。

启动录制器,只需执行以下步骤:

(1) 按"Windows + D"键转到桌面。

(2) 单击回收站并按回车键来打开回收站。

(3) 单击回收站文件夹的 Manage 选项卡。

(4) 单击 Empty Recycle Bin 按钮。

(5) 在对话框中单击 Yes 按钮来确认。

(6) 单击右上角的 X 按钮关闭回收站文件夹。

(7) 按 Esc 键和"Save & Exit"按钮。

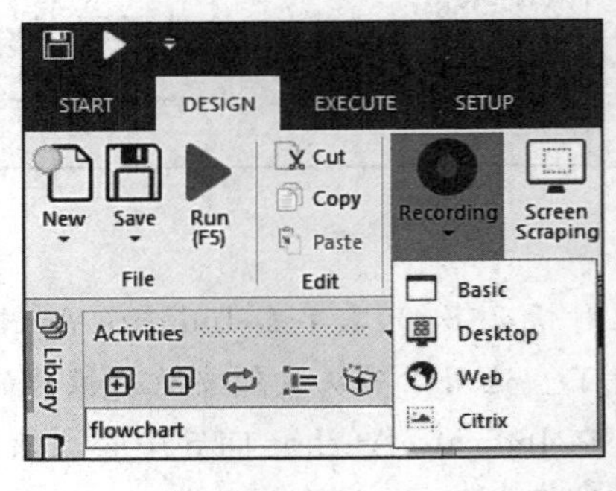

图 2 - 35

现在,录制结果已经可以查看了,我们来检查录制的每个步骤:

(1) 按"Windows + D"键转到桌面,此步骤不被录制！没关系,这不是必要的。请注意,录制的步骤会关联到应用程序,并对此应用程序执行命令,因此下一步(打开回收站)将在桌面执行,无论是否已经打开桌面。(译者注:如果有应用程序的界面覆盖了原来桌面上回收站的位置,则无法启动回收站,因此也将无法进行下面的步骤。若在此流程中加上"Windows+D"的操作回到桌面,同样无法启动回收站。)

(2) 通过单击回收站并按 Enter 键来打开回收站,可以看到如图 2 - 36 所示的录制步骤。

请注意,只有选择回收站被录制了,而按 Enter 键没有被录制,此处应该手动添

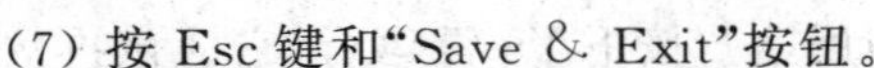

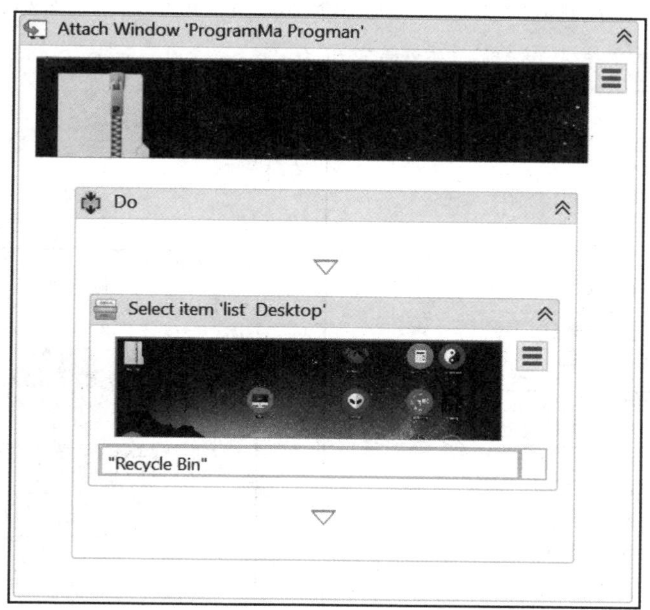

图 2-36

加该步骤。在 Activities 窗口中查找 Send hotkey，在工作流中将其插入到“Select item 'list Desktop'”步骤的下方，如图 2-37 所示。

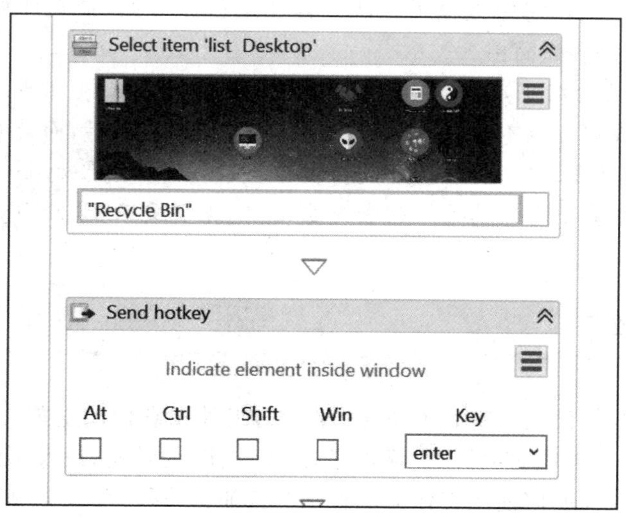

图 2-37

(3) 单击回收站文件夹的 Manage 选项卡，此步骤被录制了；同样地，单击 Empty Recycle Bin 按钮，此步骤也被录制了，如图 2-38 所示。

(4) 在对话框中单击 Yes 按钮也被顺利录制了，如图 2－39 所示。

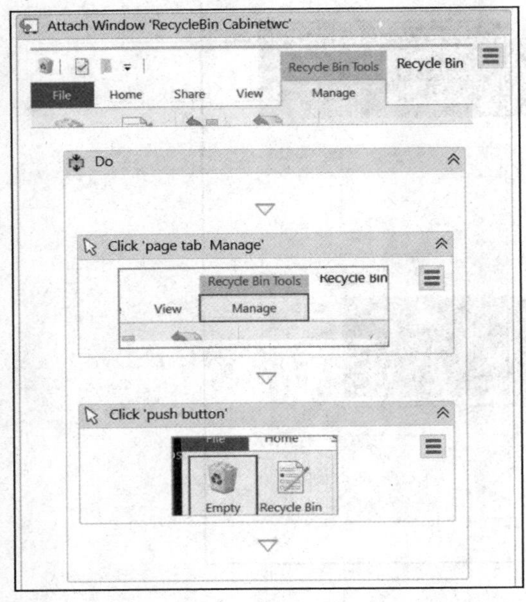

图 2－38

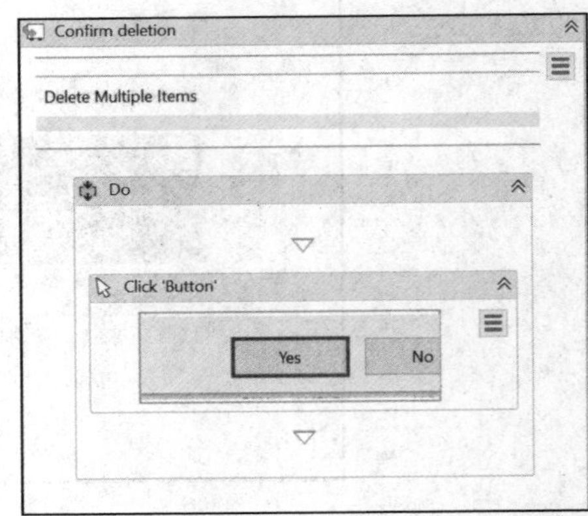

图 2－39

在最后一步，单击右上角的关闭按钮关闭回收站，我们可能需要指定锚点，保存并按 F5 键运行。瞧！它像被施了魔法一样在运行。可见，录制计算机上执行的步骤并将其自动化是多么简单。

提示：在某些情况下，第二步打开回收站，可能会被录制为单击，而不是选择。在这种情况下，我们可能不会通过 Send hotkey 手动插入回车，而是将单击回收站活动中的单击改为双击。对此，打开录制的顺序流，找到 click Recycle Bin 活动。现在单击这个活动，能看见它的属性中包含单击活动，需要更改 Click Type，将单击改为双击。

2.6 小　结

在本章中，我们已经了解了 UiPath 平台的组件和它们的功能。在下一章中，我们将检查用录制器生成的项目，解释程序流（工作流）的结构，以及了解顺序流的作用和活动的嵌套，以及如何使用工作流流程图和控制流（循环和决策制定）的构件。

第3章

顺序流、流程图和控制流

到目前为止，我们已经了解了 RPA 是什么，也看到了通过录制和运行任务活动来训练 UiPath 机器人是多么简单。使用 UiPath 的录制器可以轻松实现日常任务的自动化。在开始自动化复杂的任务前，先来学习如何控制活动流从一个活动到另一个活动。

在本章中，我们将学习有序安排活动的方法及如何控制流程，这些东西对于任何类型的编程来说都是基础；将学习如何将活动放在顺序流、流程图和循环中；还将学习使用 if－else 的逻辑控制。

为了训练机器人处理某种类型的事务，有条不紊地组织指令是非常重要的。大多情况下，这些指令都按顺序执行，我们接下来将详细了解这一点。

本章将涵盖以下主题：

- 顺序流；
- 活动；
- 流程图是什么以及何时使用它；
- 控制流、循环的不同类型和决策制定；
- 手把手示范顺序流和流程图的使用。

3.1 顺序流

UiPath 提供四种类型的项目：

- 顺序流；
- 流程图；
- 用户事件；
- 状态机。

可以在设计项目时根据项目类型和使用便利性选用它们。这四种类型的项目在处理不同类型的流程时很有用，流程图和顺序流主要用于简单的自动化，用户事件有利于实现前台机器人，而状态机则用于处理复杂的业务流程。

顺序流是什么

顺序流是一组逻辑步骤。每个步骤代表一个操作或一项工作;顺序流用于线性的连续发生的流程,即一个接一个地发生的流程;在 UiPath 三种类型的项目中,顺序流是最小的。下面介绍如何在 UiPath Studio 中生成顺序流。

在下面的示例中,将创建一个简单的项目,该项目将询问用户的名称,然后向他或她显示对应的结果:

(1) 打开 UiPath Studio,单击 Blank 开启一个新项目,给它一个有意义的名称。从 Activities 面板中拖放 Flowchart 活动到设计器面板中。

(2) 在 Activities 面板中搜索 Sequence,接下来将它拖放进 Flowchart 中,如图 3-1 所示。

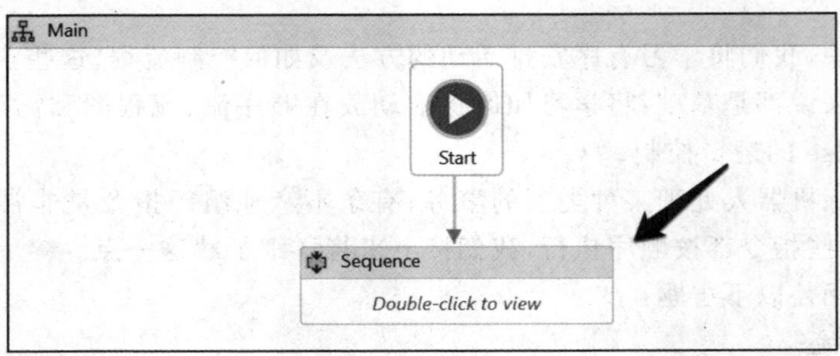

图 3-1

(3) 双击 Sequence。现在,必须添加我们需要执行的步骤。每个步骤可以看作一个操作。可以在一个 Sequence 中添加很多步骤。为了简单起见,将添加两个步骤:

① 在 Input dialog 中询问用户名;

② 在 Message Box 中显示用户名。

(4) 在 Activities 面板的搜索栏中搜索 Input dialog。拖放 Input dialog 活动到 Sequence 中(Input dialog 活动是一个包含一条信息或一个问题的对话框,用户需要将其回答放到对话框中),如图 3-2 所示。

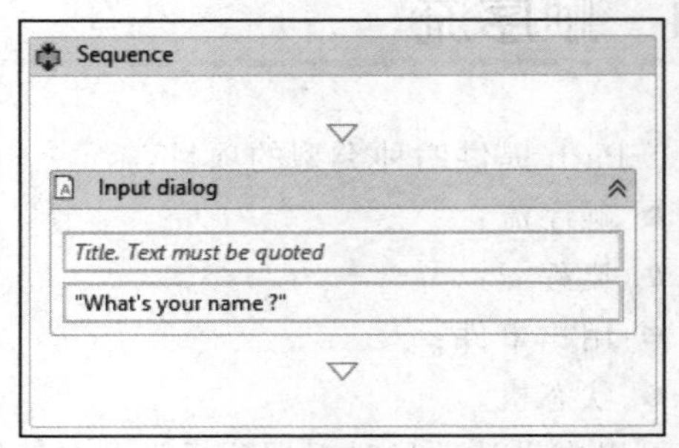

图 3-2

在这个 Input dialog 框的 Label 中输入合适的信息来询问用户的名称。在我们的例子中,输入了“What's your name?”。

(5) 拖放 Message box 活动到 Sequence 中。(顾名思义,Message box(消息框)显示给定的文本。在这个例子中,我们将使用它显示用户在被问及名字时在 Input dialog 框中给出的文本或回复。)

(6) 创建一个变量并给它命名。这个变量将接收用户在 Input dialog 框中回答问题时所输入的文本,即用户的名字,如图 3-3 所示。

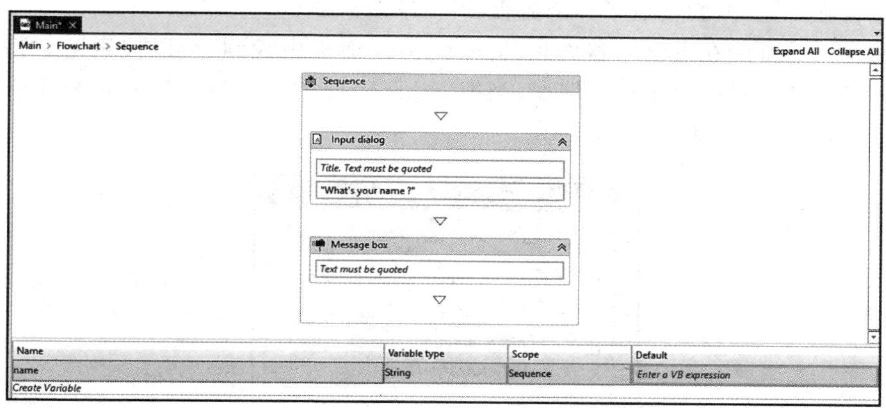

图 3-3

(7) 现在,必须设置 Input dialog 框的 Result 的属性(在 Properties 面板中)。一旦在这里设好变量的名称,它将接收用户输入的文本。单击 Result 属性右侧的圆点图标,设置变量的名称,如图 3-4 所示。

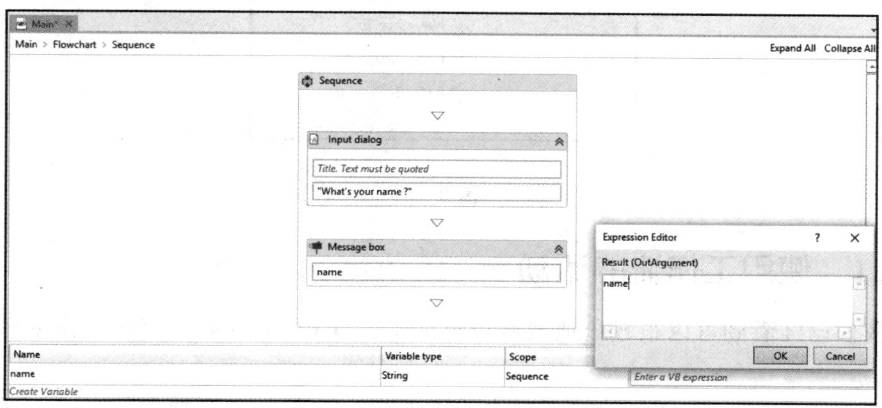

图 3-4

(8) 在 Message box 的 Text 区域中设置我们创建的变量名(Message box 的 Text 区域用于输入将在 Message box 中显示的文本)。只需要将顺序流连接到 Start 图标,这可以通过右击 Sequence 活动并选择 Set as Start node 选项来实现。

(9) 单击 Run 按钮,查看结果。

3.2 活 动

在 UiPath Studio 中,活动代表着操作的单位,每个活动都会执行某个操作。当活动结合在一起时,就变成了一个流程。

每个活动都能在主设计器面板的 Activities 面板中找到,可以搜索某个特定的活动并在你的项目中使用它。例如,当搜索 browser 时,在 Activities 面板中将显示所有 browser 活动,如图 3-5 所示。

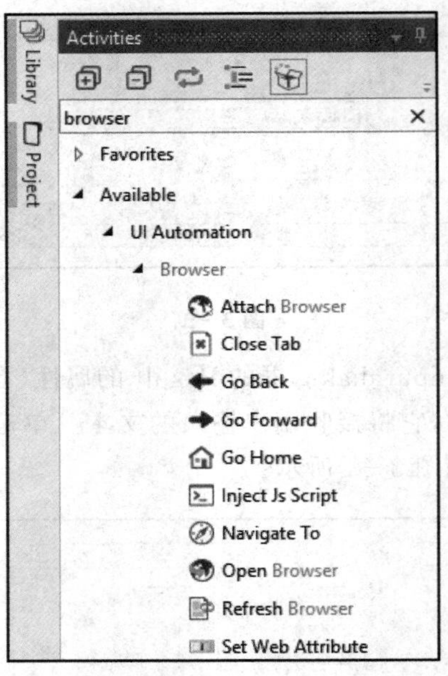

图 3-5

3.2.1 使用工作流的活动

我们已经看到可以很轻松地搜索特定活动。现在,来看看如何在工作流中使用它们:

(1) 在 Activities 面板的搜索栏中搜索 Flowchart,做法和搜索 browser 活动一样,拖放 Flowchart 活动到设计器面板中。

(2) Flowchart 将显示在设计器面板中,并且给定一个 Start 节点,Start 节点指定执行开始的地方。

(3) 我们已经准备好在 Flowchart 中使用不同的活动,在 Flowchart 中可以使用任何活动。简单起见,只使用 Write line 活动。

(4) 将 Write line 活动拖放到 Flowchart 中,把它的 Text 属性设为一个字符串值。通过右击 Write line 活动并选择 Set as Start node,将此 Write line 活动与 Start 节点连接起来。

你可能想知道工作流的作用是什么?假设你有一个由数百个活动组成的大项目,你将如何调试它?处理这种情况将是开发人员的噩梦,而工作流可以在这里派上用场。要生成这么大的一个项目,开发人员只需将其划分为更小的模块并将其提取为工作流。现在,每个工作流都可以单独测试。因此,很容易找到错误。创建不同的工作流并将它们合并到一个逻辑顺序流中可以提高代码的质量、可维护性、可靠性和可读性。

我们已经创建了一个更小的模块,现在是时候将其提取为工作流了。右击主设计器面板并选择 Extract as Workflow,如图 3-6 所示。

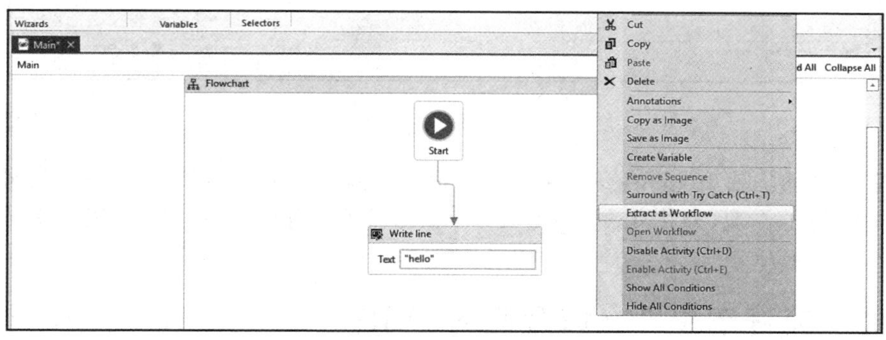

图 3-6

然后弹出一个对话框询问名称,给它一个有意义的名称并单击 Create。这将是你的工作流的名称,如图 3-7 所示。

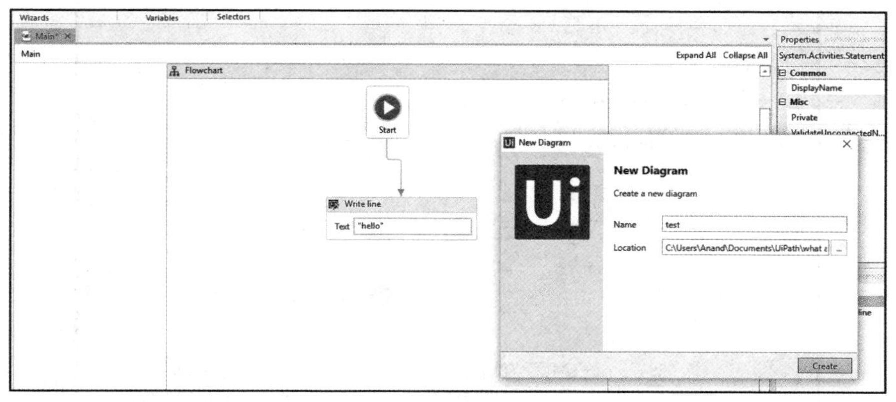

图 3-7

(译者注:弹出对话框中的 New Diagram 在新版中已变成 New Workflow,后面的界面在新版中也会有所不同。)

我们刚刚使用了活动并在工作流中提取了它。如果查看主设计器面板,它将会如图 3-8 所示。

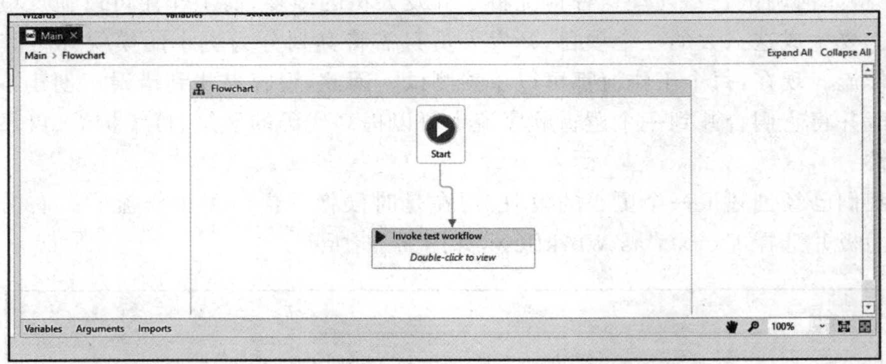

图 3-8

它会自动生成 Invoke test workflow 活动。现在,当运行项目的时候,它将调用我们提取的工作流(双击 Involve test workflow 活动可以查看它将调用哪个工作流以及它的生成位置)。

3.2.2 流程图是什么以及何时使用它

流程图通常用于复杂的业务流程,它提供决策制定功能,可用于小型和大型项目。在这里,可以通过不同的方式添加活动,如图 3-9 所示。

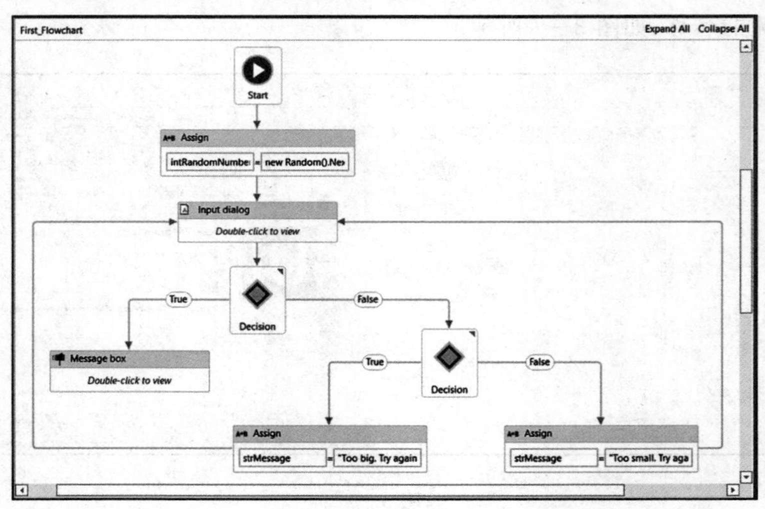

图 3-9

流程图提供多个分支逻辑运算符来制定决策,流程图能够反向运行。此外,它还可以在顺序流中使用。流程图促进了不同项目的可重用性,当我们把它创建出来时,它就可以在不同但相似的项目中使用。

默认情况下,流程图分支设置为 true/false,但是可以在 Properties 面板中手动更改其名称。例如:输入两个数字并检查它们的和是否小于 20。

执行以下步骤:

(1) 从 Activities 面板中添加一个 Flowchart 到设计器面板中。

(2) 在 Flowchart 中添加一个 Sequence 活动。

(3) 在 Sequence 活动中放两个 Input dialog 活动(用于输入要相加的数)。

(4) 创建变量 x 和 y 来保存值。

(5) 添加一个 Message Box 活动来执行数学运算。在我们的例子中,两个数字的和要小于 20,即:

$$x+y<20$$

(6) 添加一个 Flow Decision 活动来执行数学运算。

(7) 如果为"真",Flow Decision 将流向 True 分支;否则,它将流向 False 分支。

3.3 控制流、循环的各种类型和决策制定

控制流是指在自动化中执行操作的顺序或特定方式,UiPath 为执行决策制定的流程提供了许多活动。使用双击或拖放的方法可以把这些显示在 Activities 面板中的活动放在工作流中。

以下是不同类型的控制流活动:

- Assign 活动;
- Delay 活动;
- Break 活动;
- While 活动;
- Do While 活动;
- For each 活动;
- If 活动;
- Switch 活动。

3.3.1 Assign 活动

Assign 活动用于为变量指定一个值。Assign 活动可用于不同的目的,如在循环中递增变量的值,或者把变量求和、作差、相乘或相除的结果赋给另一个变量。

3.3.2 Delay 活动

顾名思义,Delay 活动用于通过将自动化暂停一段时间来延迟自动化或降低自动化速度。工作流将在指定的一段时间后继续执行,它的格式是 hh:mm:ss。当在自动化中需要等待一段时间时,这个活动就很重要了,比如,打开一个特定程序需要等待一段时间。

示 例

为了更好地理解 Delay 活动是如何工作的,先来看一个例子:把两条消息写到 Output 面板中,并且在中间延迟了 50 s。

执行以下步骤:

(1) 创建一个新的 Flowchart。

(2) 从 Activities 面板中添加一个 Write line 活动并将其连接到 Start 节点。

(3) 选择 Write line 活动。将以下文本键入 Text 框中:"Hey, what is your name?"。

(4) 添加一个 Delay 活动并将其连接到 Write line 活动。

(5) 选择 Delay 活动,转到 Properties 面板。在 Duration 字段中,设置 00:00:50,这表示两条输出的消息之间有 50 s 的延迟。

(6) 加入另一个 Write line 活动并将其连接到 Delay 活动。在 Text 字段中,写入"My name is Andrew Ng.",如图 3-10 所示。

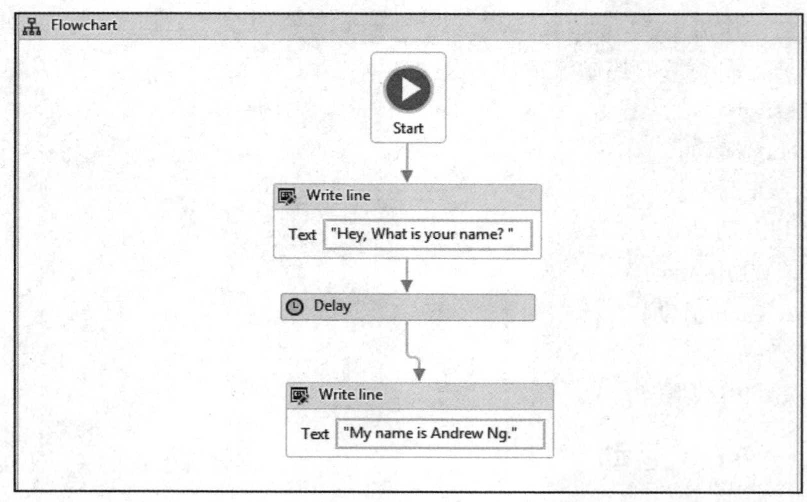

图 3-10

(7) 单击 Run 按钮后,Output 面板将显示延迟 50 s 的消息,如图 3-11 所示。

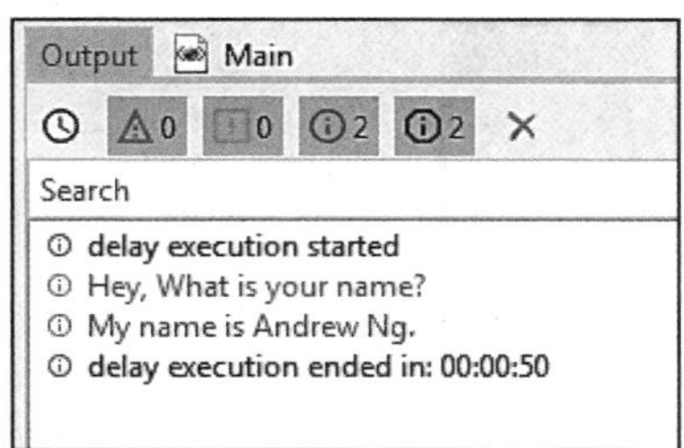

图 3-11

3.3.3 Break 活动

Break 活动用于在特定的点“跳出/停止”循环，接着根据要求继续下一个活动。除了 For each 活动外，它不能用于任何其他活动。在 For each 活动中，当想要跳出循环并继续下一个活动时，就可以用它了。

示 例

在这个例子中，将使用 Break 活动来让循环只执行一次。

执行以下步骤：

(1) 添加一个 Sequence 活动到设计器面板。

(2) 在 Sequence 中添加一个 For each 活动(如前所述，要使用 Break 活动，则需要 For each 活动)，如图 3-12 所示。

(3) 创建两个变量，一个整型变量命名为 item，一个整型数组变量命名为 x；然后，将它们输入文本字段。

(4) 指定整型变量 x 的默认值。(译者注：此处的整型变量 x 应为整型数组变量 x。)

(5) 在循环的 Body 中添加一个 Break 活动。

(6) 在 For each 活动下面添加一个 Write line 活动。

(7) 在 Write line 活动中，在 Text 字段中键入 item. ToString。

(8) 单击 Run 按钮，将显示一个元素，如图 3-13 所示。这是因为 Break 活动在第一次循环后停止了执行。

(译者注：如果按照图 3-13 中的程序运行，输出的结果应该为 0，而不是 1。因为在创建 For each 时，已经预定义了一个变量 item，此处的 item 和我们自己创建的变量 item 是两个不同的变量。我们创建的 item 在 For each 中会被其预定义的 item 覆盖，一旦 For each 结束，其预定义的 item(保存了数组的第一个元素)就会销毁；而我们创建的 item 始终没有直接或间接获取数组的第一个元素，输出的 0 是整型变量的默认值。)

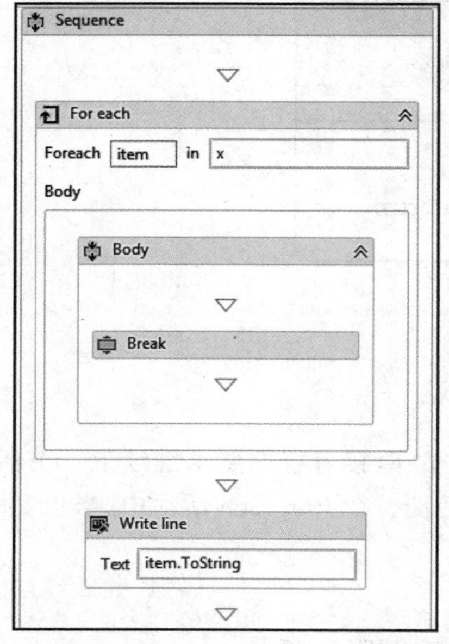

图 3 - 12

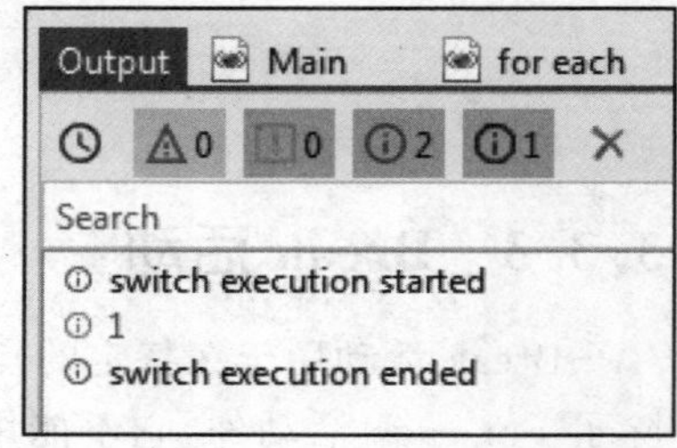

图 3 - 13

在继续其他控制流活动前，我们将先学习循环，这是自动化的一个重要方面。自动化最常提到的一个优点是，能够在不出错的情况下执行重复的功能，循环正是为了实现这样的功能。例如，我们希望在不同的情况下或满足某个特定条件时，重复工作流的某一特定部分。在这种情况下，循环非常方便，只需要将工作流的末尾连接到我们希望工作流重新开始的地方，就可以创建循环了。

提示：需要记住的一点是，在创建这样的循环时，要确保有一个退出的点，否则会出现死循环！

在各种控制流活动中提到的 While、Do While 和 For each 等活动都是循环的例子，现在来看看它们在哪儿使用以及如何使用。

3.3.4 While 活动

While 活动用在自动化中，根据特定条件执行语句或流程。如果条件为“真”，则执行循环，也就是说，流程会被重复执行；只有当条件不成立时，项目才会退出循环。在循环访问数组的元素时这个活动很有用。

示 例

在下面的例子中，将看到一个整型变量如何以 5 为增量从 5 增加到 50。

执行以下步骤：

(1) 在 Blank 项目中，添加一个 Sequence 活动。

(2) 创建一个整型变量 x,设置其默认值为 5。(译者注:为了使图 3-14 中的程序能成功运行得出预期结果,应设置 x 的默认值为 0。)

(3) 添加一个 While 活动到 Sequence。

(4) 在 Condition 字段中输入"x<50"。

(5) 添加一个 Assign 活动到 While 循环的 Body 区域。

(6) 转到 Assign 活动的 Properties 面板,在 Text 字段键入整型变量,在 Value 字段键入整数"x+5"。

(7) 拖放一个 Write line 活动并指定变量名 x,在这个变量上使用 ToString 方法,如图 3-14 所示。

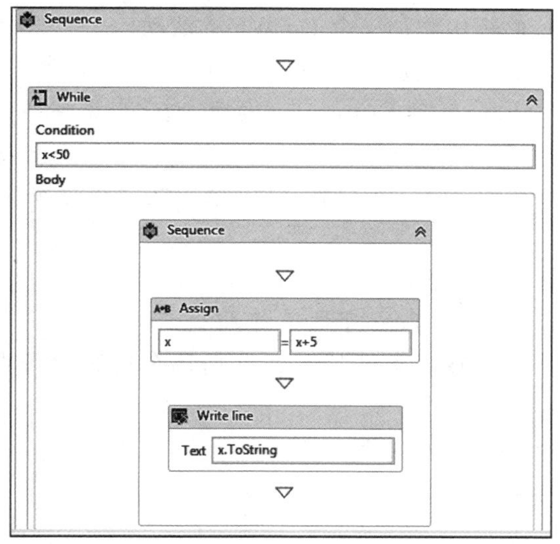

图 3-14

(8) 单击 Run 按钮,输出将显示在 Output 面板中,如图 3-15 所示。

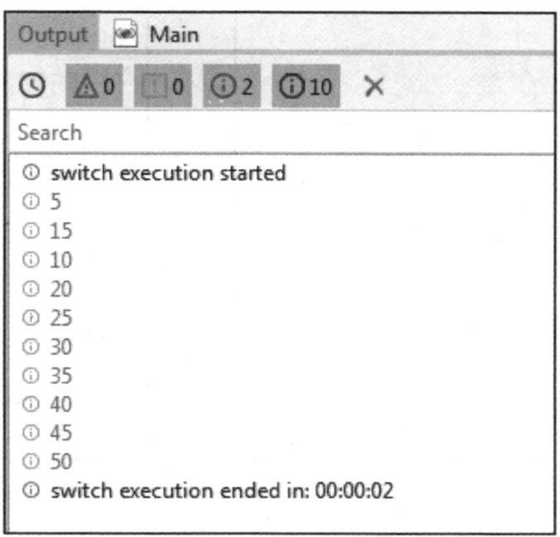

图 3-15

3.3.5 Do While 活动

Do While 活动用在自动化中,需要满足特定条件才执行语句。它和 While 活动的区别是,它先执行语句,再检查条件是否满足;如果条件不满足,则退出循环。

示 例

让我们通过一个例子来理解 Do While 活动在自动化中如何工作。取一个整型变量,从这个变量开始,将生成所有小于 20 的 2 的倍数。

执行以下步骤:

(1) 添加一个 Sequence 活动到设计器面板。

(2) 从 Activities 面板中添加一个 Do While 活动。

(3) 在 Do While 活动的 Body 区域添加一个 Assign 活动。

(4) 选择 Assign 活动,转到 Properties 面板,创建一个整型变量 y。设置其默认值为 2。

(5) 在 Assign 活动的 Value 区域输入“y+2”,之后在每次执行循环时把结果增加 2。

(6) 在 Assign 活动之后添加一个 Write line 活动。

(7) 在 Write line 活动的 Text 字段中键入 y。

(8) 在 Condition 部分输入条件“y<20”,循环会持续执行直到条件不满足,如图 3-16 所示。

(9) 单击 Run 按钮后,输出如图 3-17 所示。

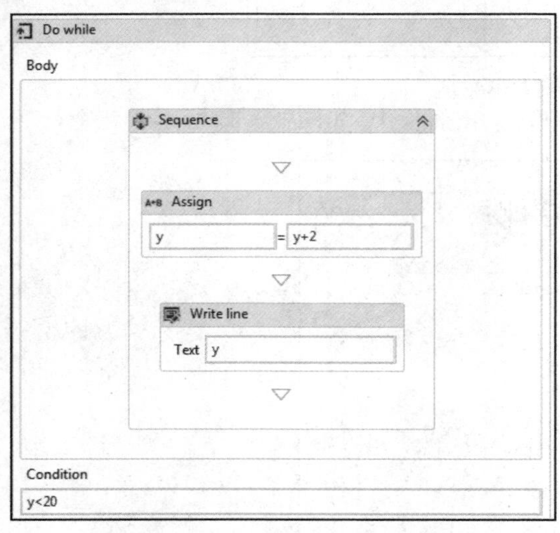

图 3-16

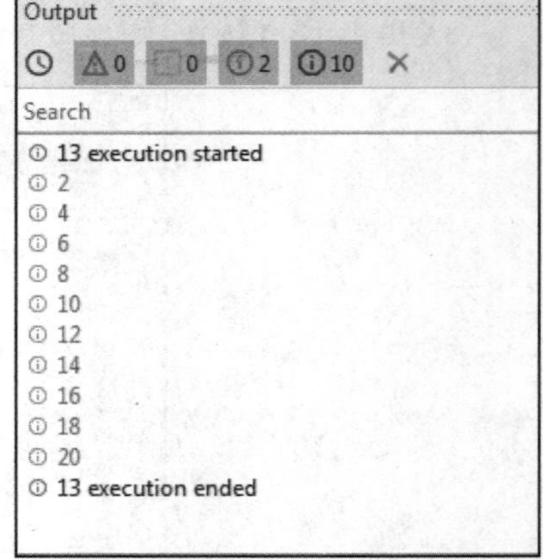

图 3-17

(译者注:上述步骤中,第(8)步键入的应为 y. ToString,否则程序不能运行。改正此错误后，运行的结果应从4开始，以2为增量，递增至20。）

3.3.6 For each 活动

For each 活动的工作原理是从项集合或元素列表中循环访问每个元素，一次访问一个。在这个流程中，它将执行Body中所有可用的操作。因此，它循环访问数据并分别处理每条信息。

示 例

在下面的例子中，将使用For each 活动来遍历一个偶数集，并且每次显示一个元素。

执行以下步骤：

（1）从UiPath的Blank项目开始。

（2）添加一个Sequence活动到设计器面板。

（3）在Sequence中添加一个For each活动，并创建一个整型数组变量x。

（4）把这个变量的默认值设为"{2,4,6,8,10,12,14,16,18,20}"。

（5）添加一个Write line活动到设计器面板（这个活动用于显示结果）。

（6）在Write line活动的Text字段中，键入item.ToString来显示输出，如图3-18所示。

（7）运行这个程序，将看到由于使用了For each活动，数组中的每个数字一个接一个地显示，如图3-19所示。

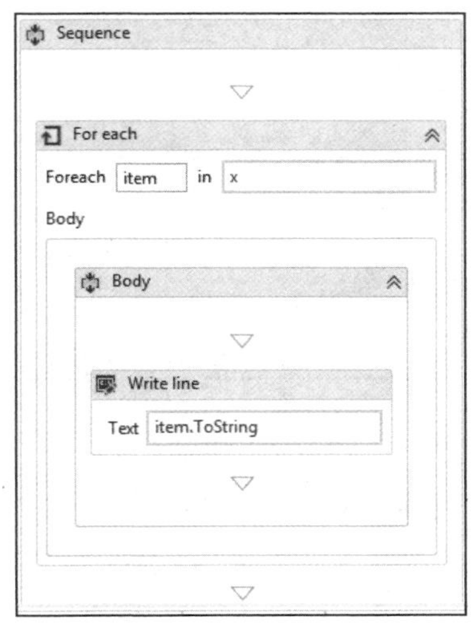

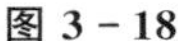

图3-18

图3-19

控制流还能利用决策制定机制，在特定的活动步骤上协助其做出决策。比如，假设我们正在使用循环，并且只显示想要的值，那么我们可以通过执行If活动来筛选出所有想要的值，并根据If活动的结果（真或假）做出决策。决策制定流程有时候需要在处理所需的元素之后中断操作，我们可以在这后面放置一个Break活动来实现这个效果。如果从任务中选择一项来执行，那么需要Switch活动才能做出这样的决策。If活动和Switch活动是控制流的决策制定活动。

3.3.7 If活动

If活动所含的语句有两个条件：真或假。如果语句为"真"，则执行第一个条件；否则，执行第二个条件。当我们必须根据语句做出决策时，它就会派上用场。为了更好地理解If活动是如何工作的，先来看一个检查两数之和是否小于6的例子。

执行以下步骤：

(1) 从Activities面板添加一个Flowchart。

(2) 添加两个Input dialog活动，创建两个整型变量x和y。

(3) 在Properties面板中，更改两个Input dialog活动Label和Title的值。

(4) 把两个Input dialog活动的Result属性分别设为两个变量名称。

(5) 添加If活动到设计器面板，如图3-20所示。

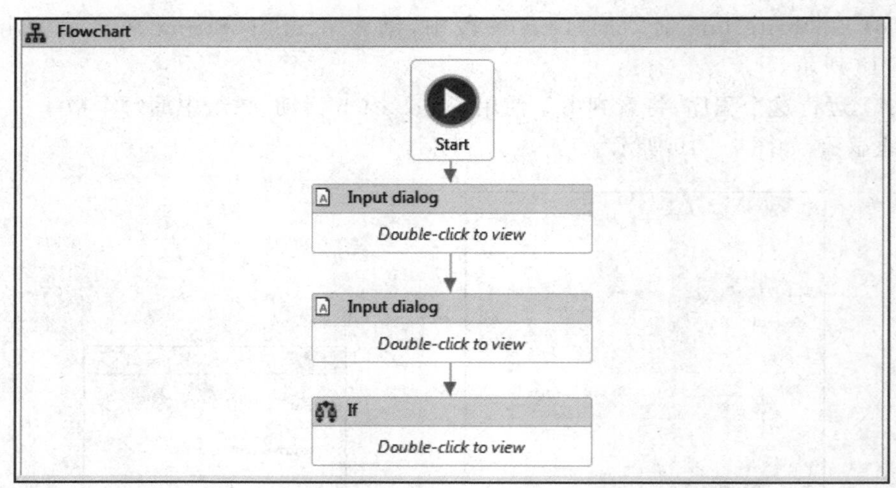

图3-20

(6) 在Condition部分输入"x+y<6"，用于检查其结果是"真"还是"假"。添加两个Write line活动并在其中一个键入"True"，在另一个键入"False"，如图3-21所示。

(7) 单击Run按钮，检查输出。如果条件成立，将显示True值；否则，显示False值，如图3-22所示（在我们的例子中，分别输入x、y的值为9和4，从而得到和为13，此结果不小于6。因此，输出显示为false value），如图3-22所示。（译者注：根据步骤(6)的截图，此处的输出显示应为False。）

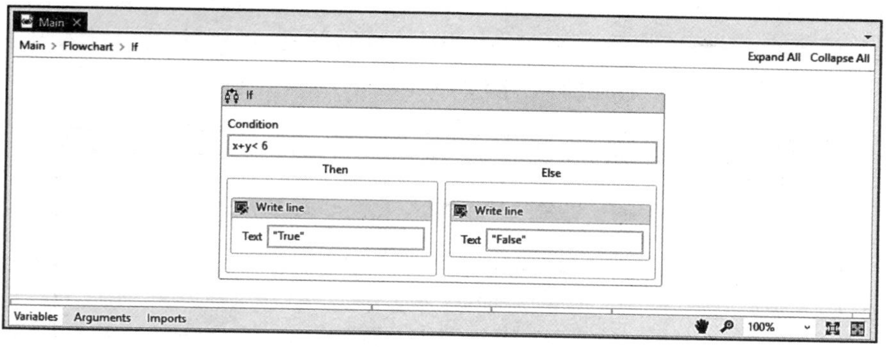

图 3－21

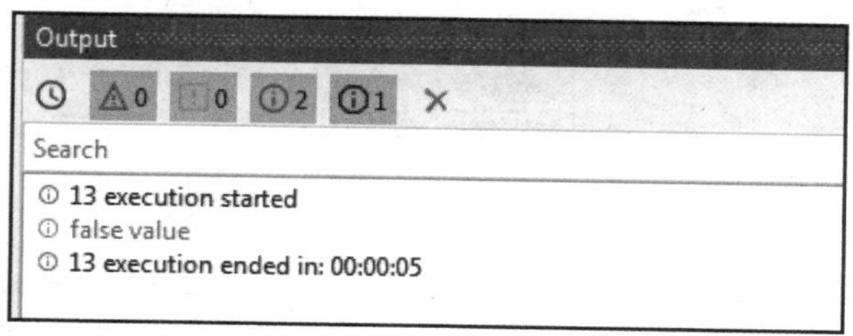

图 3－22

3.3.8 Switch 活动

Switch 活动可用于做选择。当我们有各种可用的选项并且想要执行其中一个选项时，常常会用 Switch 活动。默认情况下，Switch 活动采用整数参数。如果要改成特定的参数，可以从 Properties 面板的 Argument Type 列表中更改。Switch 活动在根据具体选择进行数据分类时非常有用。

示　例

先来看一个检查给定的数是奇数还是偶数的例子。我们知道所有的奇数除以 2 余数为 1，而偶数除以 2 余数为 0。因此，将有余数为 1 或 0 这两种情况。

执行以下步骤：

(1) 添加一个 Sequence 活动。

(2) 在 Sequence 中添加一个 Input dialog 活动。

(3) 创建一个整型变量 k。

(4) 将 Properties 面板中的 Result 属性设为新创建的变量名称。

(5) 在 Input dialog 活动下方添加 Switch 活动。

(6) 在 Expression 字段输入“k mod 2”来检查数字能否被 2 整除。

(7) 在 Default 区域添加一个 Write line 活动，并在 Text 字段键入“k. ToString

+"is an even number"。

(8) 创建 Case 1,添加另一个 Write line 活动,并在 Text 字段中键入"k. ToString+"is an odd number",如图 3-23 所示。

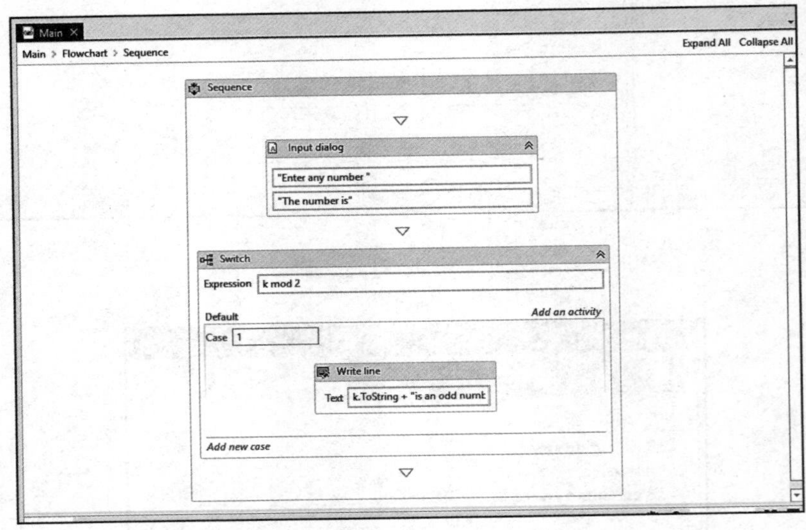

图 3-23

3.4 手把手示范顺序流和流程图的使用

顺序流和流程图是相似的概念,它们都包含逻辑步骤或操作,我们应该知道分别在何时使用它们。它们之间的差异在于,顺序流通常包含执行某个操作的多个步骤;而流程图则适用于特定的任务。当我们有很多类似的步骤时,可以把它们放在一个顺序流中。

3.4.1 如何使用顺序流

不同的顺序流可能会做不同的工作。我们可以轻松地把相似的顺序流放进一个工作流中,每个工作流代表一个任务。单独测试独立的工作流非常简单,先通过一个例子来更好地理解它们。

执行以下步骤:

(1) 拖放一个 Flowchart 到设计器面板中。再拖放一个 Sequence 活动,将 Sequence 活动和 Start 节点连接起来。

(2) 双击 Sequence 活动。拖放一个 Input dialog 活动和一个 Message box 活动,在 Input dialog 活动的 Label 属性中设置一条消息。

(3) 创建一个类型为字符串的变量,给它起一个名称。此外,把 Message box 活动的内容属性设为新创建的变量名称，如图 3－24 所示。单击 Run 按钮或按 F5 键，查看结果。

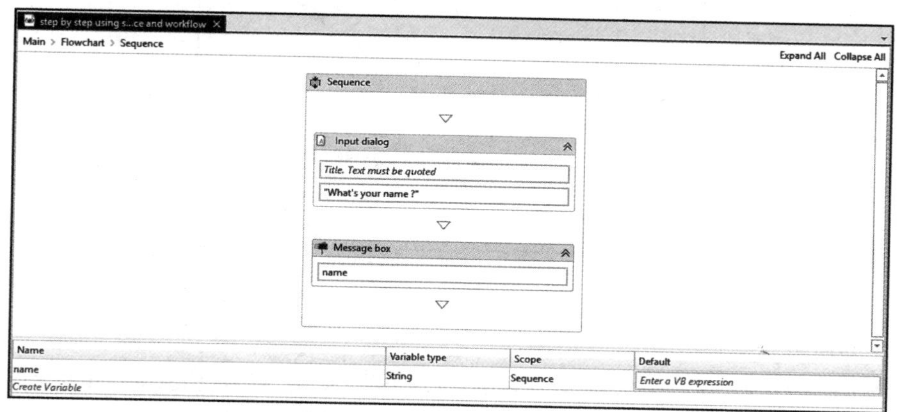

图 3－24

可以清楚地看到，我们在顺序流中使用了两个逻辑上相关的活动（一个用于输入名称，另一个用于显示名称），这里的顺序流包含两个活动。当然，可以将任意数量的活动放入顺序流中，它将根据我们定义的顺序来执行。

3.4.2 如何使用流程图

我们已经知道如何使用顺序流和活动了，下面来学习如何使用流程图。流程图是一个容器，它可以包含活动。

注意：为了在示例中使用电子邮件活动，请安装 UiPath.Mail.Activities。可以单击 Manage Packages 图标或按 Ctrl＋P 找到该软件，并在所有的包中搜索 mail。将在第 5 章"操控控件"中进一步学习包的知识。

拖放一个 Message box 活动到 Flowchart 中。双击 Message box 并键入""Hello World!""，输入的地方需要加上引号，按 F5 查看结果，如图 3－25 所示。

因此，当程序只有几个步骤时，可以直接在流程图中使用活动。然而，当有大量的步骤时，事情就会变得更复杂。这就是为什么有必要将相关的活动排列到顺序流中并将顺序流组织到流程图中。让我们通过一个例子来了解如何在流程图中使用顺序流。

注意：我们不会实现发送电子邮件的实际代码，这将在后面详细讲解。本节的目的是搞清楚在何处以及如何使用工作流和顺序流。

执行以下步骤：

（1）拖放两个 Flowchart 活动到主 Flowchart 中，分别把它们重命名为 Send Mail 和 Message。我们有两个不同的工作流，Send Mail 工作流将邮件发送到一个电子邮件地址；Message 工作流有该电子邮件的邮件正文，将向用户询问姓名、邮件、

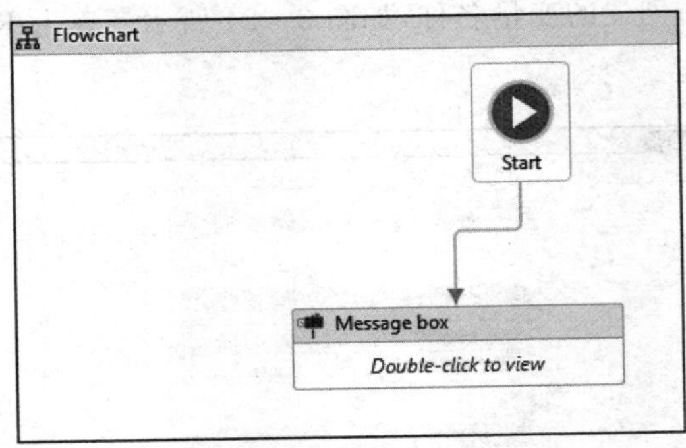

图 3－25

发件人和收件人。

(2) 必须在两个工作流中实现所需的步骤。为此,将在 Flowchart 中使用 Sequence。双击 Flowchart,分别拖放一个 Sequence 到两个流程图中。右击 Sequence 并选择 Set as Start node 选项,将 Sequence 连接到 Start 节点。

(3) 双击 Message 流程图中的 Sequence,拖放四个用于接收姓名、邮件、发件人和收件人的 Input dialog 活动(在这个 Sequence 中,不设置 Message Box 的任何属性,因为本节的目的是搞清楚在何处以及如何使用工作流和顺序流),如图 3－26 所示。

(4) 双击 Send Mail 流程图,并双击 Sequence,可以在这里拖放电子邮件活动(我们不打算拖放任何邮件活动,虽然可以这样做,有另一章专门讲述这个操作)。

(5) 现在转到主 Flowchart,将 Message 流程图连接到 Start 节点。同时,将 Send Mail 活动连接到 Message 流程图,如图 3－27 所示。

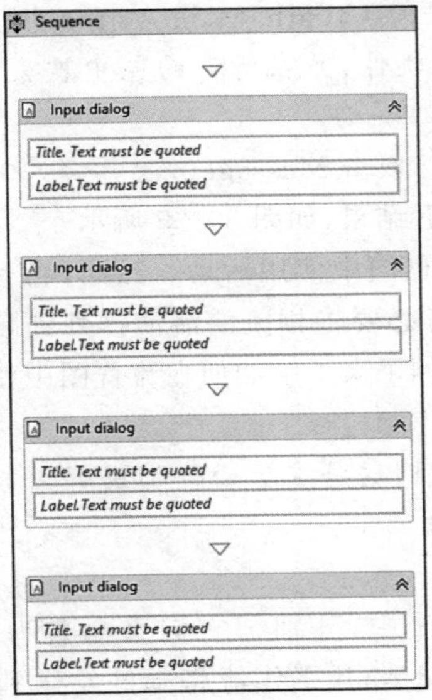

图 3－26

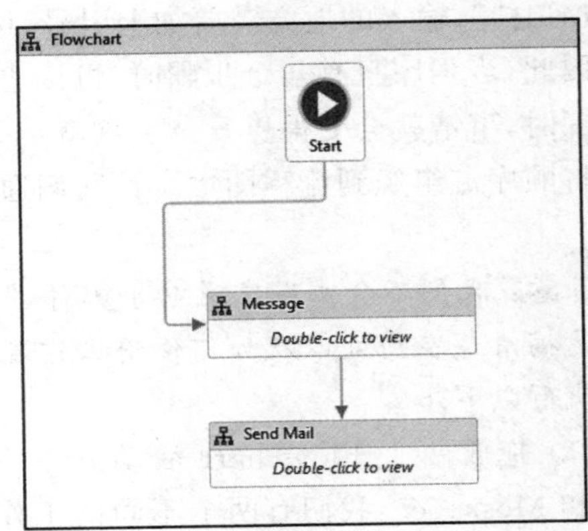

图 3－27

(6) 运行程序,然后查看结果。

3.5 手把手示范顺序流和控制流的使用

在本节将用一个例子讨论控制流。我们将看到如何在顺序流中使用控制流,这些控制流活动已在前面介绍过。

假设有一个名称数组,需要找出它们当中有多少个名称是以字母 a 开头的。接下来,将创建一个自动化,用于计算以 a 开头的名称的数目并显示结果。

执行以下步骤:

(1) 从 Activities 面板中拖放一个 Flowchart 活动。

(2) 拖放一个 Sequence 活动到 Flowchart 中,右击 Sequence 活动并选择 Set as Start node 选项,将 Sequence 连接到 Start 节点。

(3) 双击 Sequence 活动,创建一个变量,给它起一个名称(在我们的例子中,将创建一个类型为字符串的数组并命名这个变量为 names)。设置 Variable type(变量类型)为 Array of [T],数组类型选择 String。

此外,在变量的 Default 区域给它一个初始值来初始化数组,如{"John","Sam","Andrew","Anita"}。

(4) 创建一个整型变量 Count 来存储结果,设置其 Variable type 为 Int32,如图 3-28 所示。

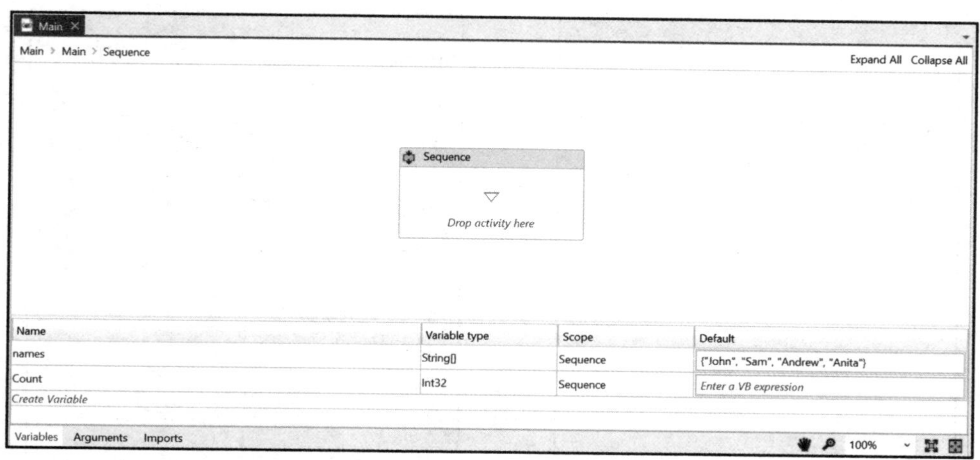

图 3-28

(5) 拖放一个 For each 活动到 Sequence 中。同时，在 For each 活动的表达式框中输入数组名字。For each 活动用于循环访问数组，它每次都会从数组中选取一个名称直到到达数组末尾，如图 3－29 所示。

(6) 从 Activities 面板中拖放 If 活动，并将其放在 For each 活动中 Drop activity here 的位置。在 If 活动的表达式框中指定条件。If 活动用于检查特定的条件或表达式。如果表达式满足，就会执行 Then 块；否则，将会执行 Else 块。

我们已经将表达式设为 item. ToString. StartsWith('a')，这个表达式表示 item 变量中的名称是以字母 a 开头的。For each 活动循环访问数组，每次都会从数组中选取一个名称并用变量 item 存储，如图 3－30 所示。

(7) 使用 Count 变量，并在数组中的名称以字母 a 开头时递增该变量；为此，必须使用"A＋B Assign"活动。将"A＋B Assign"活动拖放到 If 活动中；设置"A＋B Assign"活动的 To 属性为 Count(变量名称)，Value 属性为"Count＋1(递增变量的值)"，如图 3－31 所示。

(8) 只需将 Message box 活动拖到 Sequence 活动中就可以了，在 Message box 活动的表达式框中输入 Count 变量。但请记住，我们创建的变量是 Int32 类型，因此，如果不将其转换为字符串，则该变量不能与 Message box 活动一起使用。要将其转换为字符串，我们在 UiPath Studio 中可以使用". ToString"方法，只需在变量上应用". ToString"就可以了，如图 3－32 所示。

单击 Run 按钮或按 F5 键，查看结果。

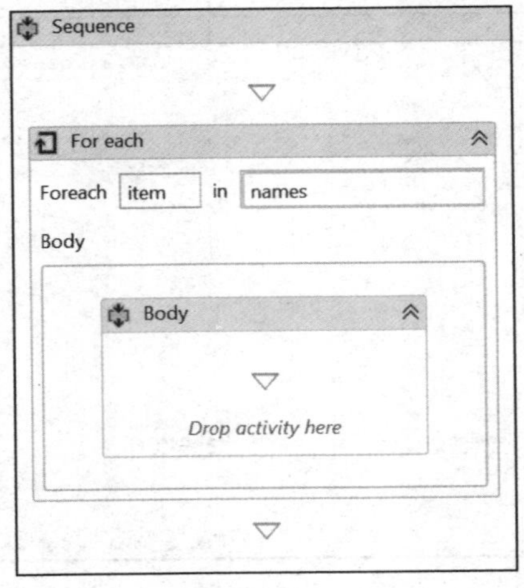

图 3－29

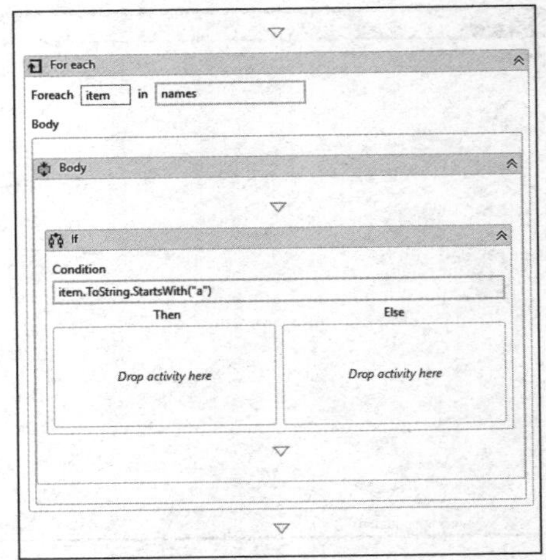

图 3－30

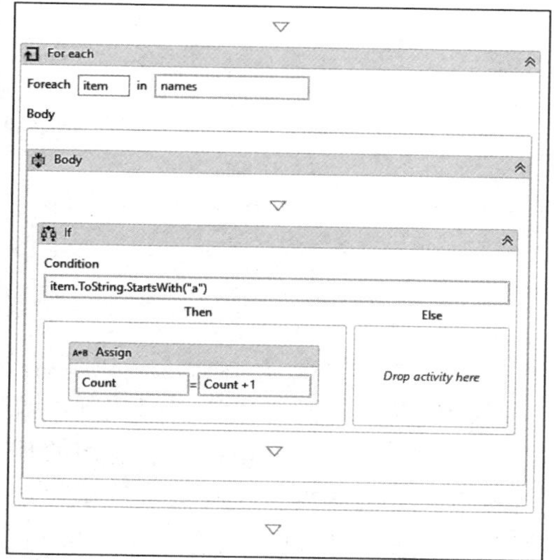

图 3-31

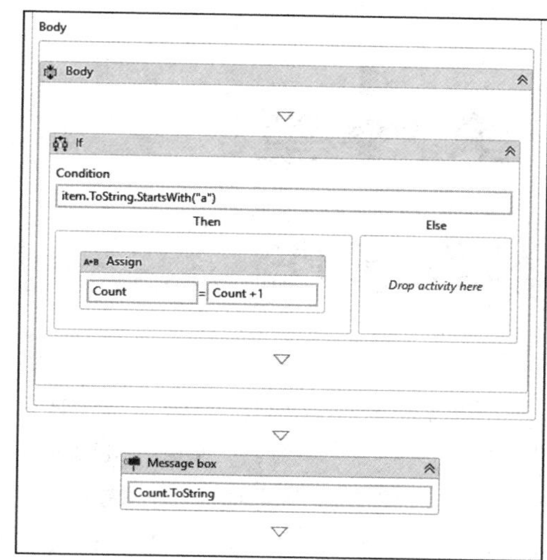

图 3-32

3.6 小　结

在本章中，我们考察了由录制器生成的项目，讲解了程序流（工作流），并理解了顺序流的用途和活动的嵌套。我们学习了如何使用工作流、流程图和控制流（循环和决策制定）的构建。

在下一章中，将学习通过变量使用内存，并学习如何使用数据表来存储并轻松地操纵内存中的数据。下一章还将展示如何使用磁盘文件（CSV、Excel 等）来保存数据。

第 4 章

数据操作

到目前为止,我们已经学习了 RPA 的基础知识,以及如何使用流程图或顺序流组织工作流中的步骤;也了解了 UiPath 的组件,并对 UiPath Studio 有了透彻的理解。同时,用了几个简单的例子来制作了我们的第一个机器人。在我们继续学习之前,还应该了解 UiPath 中的变量和数据操作,这与其他编程概念没有太大的区别。接下来,将会详细讲解 UiPath 数据处理和操作。

本章主要研究数据操作。数据操作是更改数据的流程,无论是添加、删除还是更新。在了解数据操作之前,我们将了解变量、集合和参数是什么,它们存储的数据类型,以及它们的作用域;接着,将会演练各种数据操作的例子;还将学习存储和获取数据。

在本章,将会讲述以下内容:

- 工作流中的变量和变量的作用域;
- 集合如何在数组中存储数据,以及如何遍历它们;
- 我们为什么需要参数,以及如何使用它们;
- 剪贴板的用法;
- 数据抓取;
- 手把手示范文件管理;
- 数据表的用法示例。

4.1 变量和作用域

在讨论变量之前,先来看看内存和它的结构,如图 4-1 所示。

内存由数百万个内存单元组成,每个内存单元以 0 和 1(二进制数字)的形式存储数据;每个内存单元有一个唯一的地址,通过使用这个地址,可以访问内存单元,如图 4-2 所示。

当数据存储在内存中时,它的内容会被拆分为更小的形式(二进制数字)。如图 4-2 所示,2 个字节的数据由多个内存单元组成。

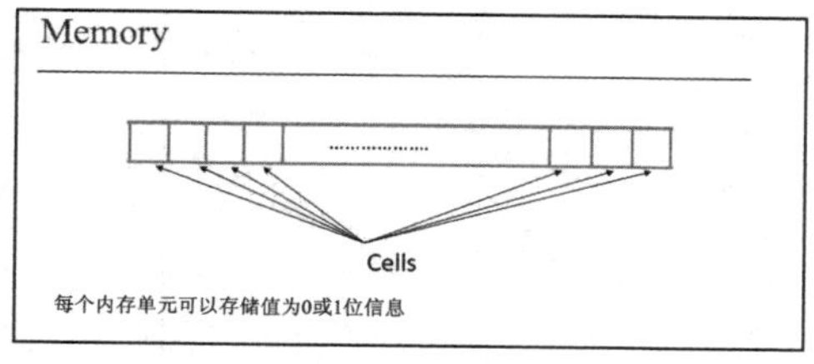

图 4－1

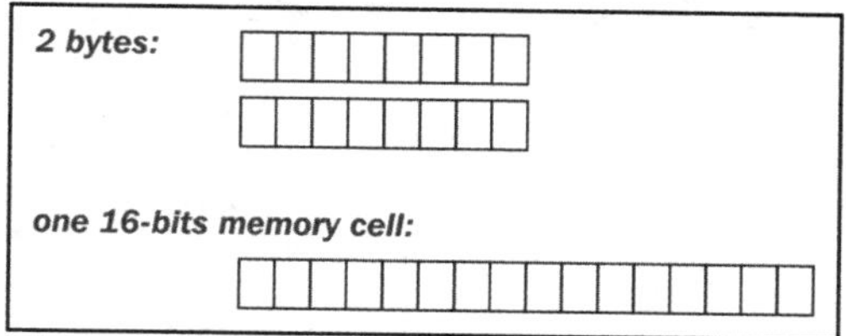

图 4－2

变量是特定的内存单元块或仅仅是内存块的名称，用于保存数据。可以声明任何所需的名称并创建一个变量来存储数据。

提示：然而，建议使用有意义的变量名称。例如，如果我们希望创建一个变量来存储一个人的姓名，那么应该声明：

Name：Andy

创建有意义的变量名称是一个很好的做法，这在调试程序时非常有用。正如我们所讨论的，变量用于存储数据，数据以不同的形式出现，它可以是 mp3 文件、文本文件、字符串或数字等，这就是变量与各自数据类型相关联的原因。特定类型的变量只能保存这种类型的数据。如果数据和变量类型不匹配，则会产生错误。UiPath 中可用的变量类型，如下表所列。

类　型	内　容
整型	所有数字
字符串	任何类型的文本："The Quick Fox @4598"
布尔值	True 或 False
泛型	任何东西

在 UiPath 中，可以在 Variables 区域声明一个变量。我们只需给它一个有意义的名称，并从下拉菜单中选择合适的类型就可以了。

提示：有意义的变量意味着变量名称不应该是模棱两可的，试着使它尽可能地具有描述性，以便阅读代码的人能理解变量的用途。好的例子有 daysDateRange、flightNumber 和 carColour，不好的例子有 days、dRange、temp 和 data。

我们还可以指定变量的作用域(scope)，作用域是数据生效或可用的区域。可以根据自己的要求选择变量的作用域，尽可能地限制它。请参考图 4－3 来了解 Variables 面板。

注意：出于安全考虑，把变量的作用域设为最大，并不是一个好的做法，因为它可能会被其他区域意外访问或可能被修改。

让我们来看一个例子，它创建一个变量，接着显示一个使用该变量的 Message Box：

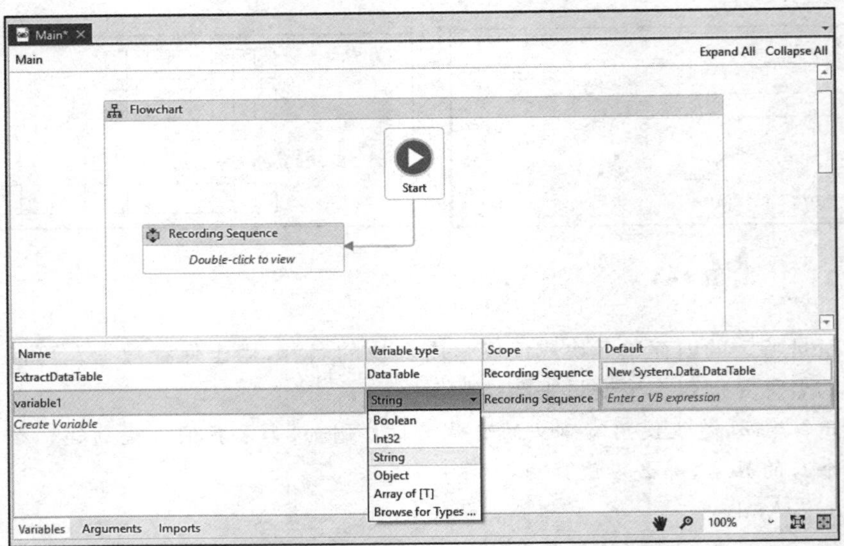

图 4－3

（1）我们已经在 Variables 区域声明了一个名为 name 的变量，并设置其默认值为“Hello world”。默认情况下，变量的类型是 String（字符串）（可以根据自己的需要更改其类型）。

（2）在 Activities 面板搜索 Message box，拖放 Message box 模板到 Flowchart 中。

（3）右击 Message box 模板并选择 Set as Start node，如图 4－4 所示。

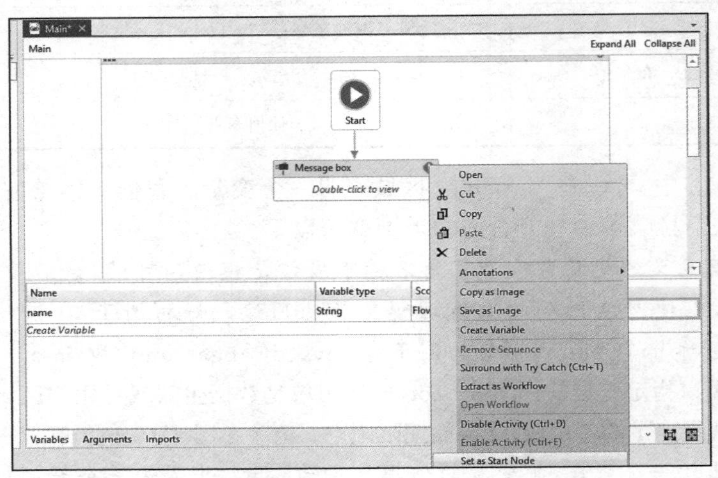

图 4－4

（4）双击 Message box 模板，并指定我们先前创建的变量名称。在此阶段，只需单击 Run 按钮，就可以运行应用程序，如图 4－5 所示。

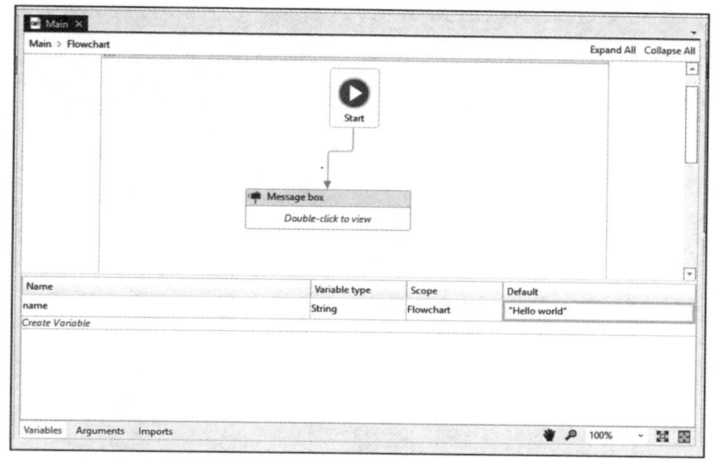

图 4－5

这将弹出一个对话框，上面显示“Hello world”。

4.2 集　合

变量有不同的类型，它们可以分为三类：

① 标量：这些变量只能保存特定数据类型的单个数据点，比如字符、整型和双精度型等；

② 集合：这些变量可以存储特定数据类型的一个或多个数据点，比如数组、列表和词典等；

③ 表：由行和列组成的数据结构的表格形式。

本节将会介绍集合如何工作以及如何在集合变量中存储值。在集合中，可以存储一个或多个数据点，但所有数据的类型必须相同。举个例子，数组是一个集合，我们可以在其中存储特定数据类型的不同值。它是一种长度固定的数据类型，这意味着如果我们在数组中存储了五个值，则不能添加或删除该数组中的任何值。

注意：对象是一种数据类型，可以在其中存储任何类型的数据。因此，如果我们使用一个对象数组，那么可以在数组中存储不同类型的数据，这是一种特殊的情况。

通过一个例子来看看如何使用数组。在这个例子中，使用一个整数数组对它进行初始化，并循环访问数组中的所有元素：

（1）拖放一个 Flowchart 活动到主设计器面板，并拖放一个 Sequence 活动到 Flowchart 中；将 Sequence 和 Start 节点连接起来。

（2）在 Variables 面板创建一个变量，给它一个有意义的名称（在这个例子中，我

们创建了一个名为 arr 的整数数组变量);选择整数数组作为数据类型。

(3) 我们已经把数组的默认值初始化为{1, 2, 3, 4, 5}。可以把它的数据类型初始化为 Int32(译者注:原文有误,数组的类型应该是 Int32[]),如图 4-6 所示。

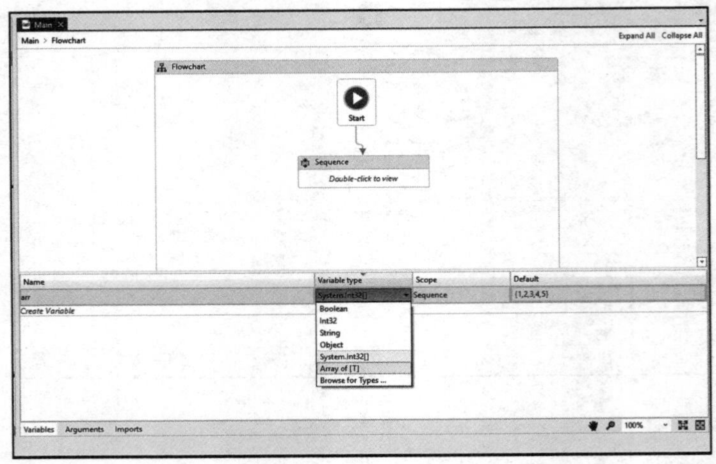

图 4-6

(4) 从 Activities 面板拖放一个 For each 活动到 Sequence 中,拖放一个 Message box 活动到 For each 中。

(5) 将 For each 活动的表达式文本框设为数组名称。

(6) 在 Message box 活动中使用 For each 活动自动生成的 item 变量。我们必须将 item 变量转换为 String(字符串)类型,因为在 Message box 活动的文本框中需要字符串数据类型。只需在 item 变量后按下点(.),然后选择 ToString 方法即可,如图 4-7 所示。

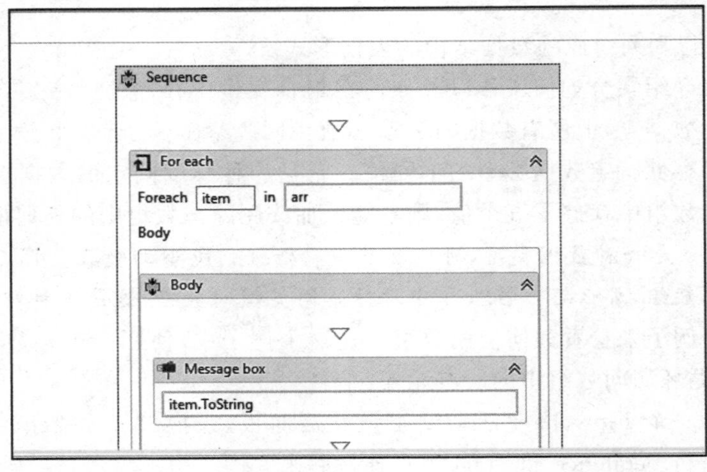

图 4-7

单击 Run 按钮，查看结果。所有值会立马弹出。

在这个例子中，我们可以轻松地初始化数组并循环访问它。

4.3 参数的用途和用法

参数只是一个可以存储值的变量，可以在主设计器面板的 Arguments 区域创建参数。但是请记住，它们并不局限于变量。参数的作用域大过变量，可以在不同的工作流之间传递值。

读者可能想知道为什么我们需要这个。假设要生成一个很大的项目，我们将项目分解为不同的工作流，因为较小的工作流可以容易地单独测试。小的工作流可以很容易生成并将它们组合起来，从而将它们转换为项目真正的解决方案。

参数可以在工作流之间交换数据，使不同的工作流能够交互，这就是方向属性与参数有关的原因。我们可以根据自己的要求选择方向：可以向某个工作流传递值，也可以从另一个工作流中接收值。

在 Arguments 面板中很容易创建参数，还可以指定方向：

- In：当必须从另一个工作流中接收值时；
- Out：如果必须向某个工作流传递值，这是当前的值；
- In/Out：指定两个方向，它可以传递或接收值；
- Property：表示当前没有使用此参数。

如图 4－8 所示。

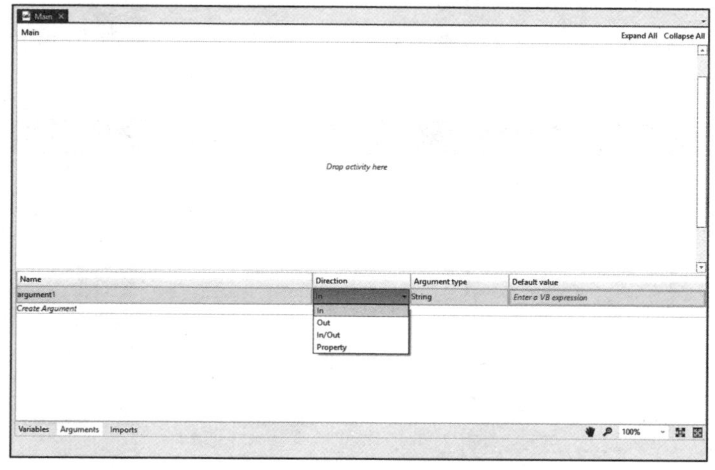

图 4－8

4.4 数据表的用法示例

数据表是数据结构的表格形式。它包含行,每行都有列,如下表所列。

学生姓名	序　号	班　级
Andrew Jose	1	3
Jorge Martinez	2	3
Stephen Cripps	3	2

上表是有三行和三列的数据表的示例,也可以在 UiPath 中生成数据表。数据表可用于各种目的,比如若需要动态地生成表格,那么数据表就是首选方案。数据表也被广泛用于存储表格数据结构。在数据抓取中,数据表被广泛使用。数据抓取是一种能为 Web 上的搜索结果动态创建表格数据记录的方法。

我们将构建两个项目,并在里面使用数据表:

① 生成数据表;

② 使用数据抓取(动态地)生成数据表。

1. 生成数据表

下面介绍该如何生成数据表。首先,创建一个空白项目,并给它一个适合的名称:

(1) 拖放一个 Flowchart 活动到设计器面板,并拖放一个 Sequence 活动并连接到 Start 节点。

(2) 双击 Sequence,并拖放 Build Data Table 活动到 Sequence 活动中。

(3) 单击 Data Table 按钮,屏幕上将弹出一个对话框。单击 Remove Column 图标删除这两列(由 Build Data Table 活动自动生成),如图 4-9 所示。

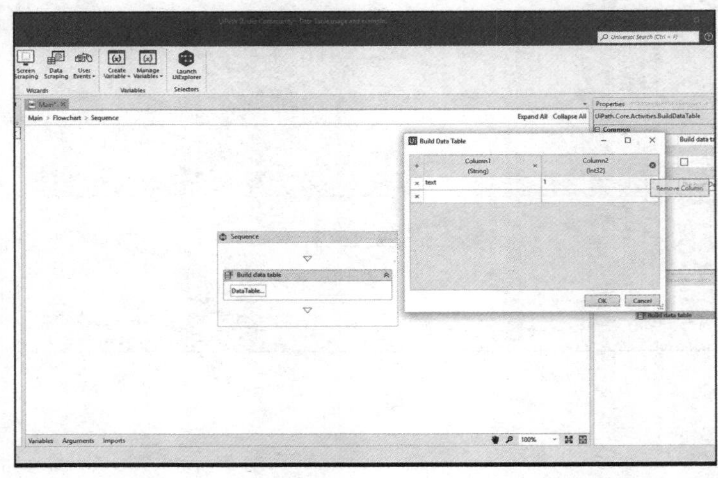

图 4-9

(4) 添加三列。只需单击加号(+),指定列的名称,并从下拉列表中选择合适的数据类型,然后单击 OK 按钮。我们将添加数据类型为 Int32、名为 Roll_No 和数据类型为 String 名为 Class 的列,如图 4-10 所示。

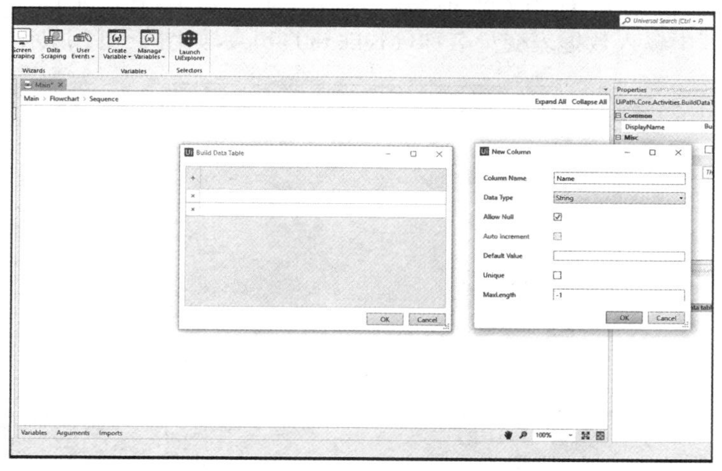

图 4-10

输入一些随机值,并将数据插入到行中,如图 4-11 所示。

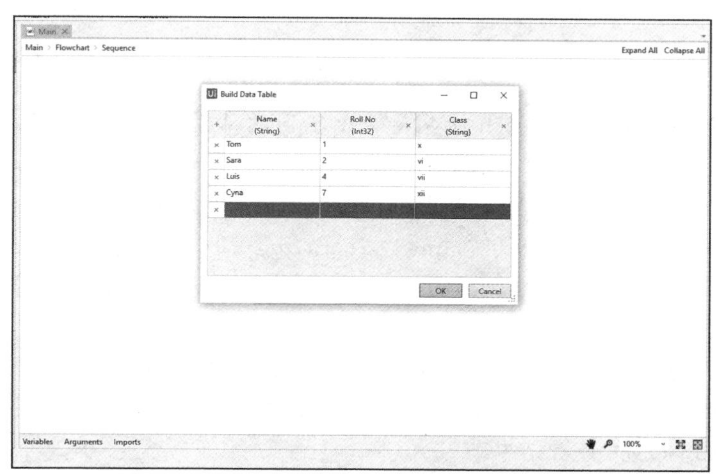

图 4-11

单击 OK 按钮,数据表就准备好了。此处需要重复检查数据表的行,以确保一切都是正确的。

(5) 为了存储 Build Data Table 活动创建的数据表,以及存储动态生成的数据表的结果,需要创建类型为 DataTable、名为 MyDataTable 的数据表变量。同时,把

Build Data Table 活动的 Output 属性设为此变量,即在那里输入数据表变量的名称。

(6) 在数据表准备好后,重复检查数据表的行,以确保一切都是正确的。从 Activities 面板中拖放 For each row 活动到 Sequence 活动中,在 For each row 活动的表达式文本框中输入数据表变量名称(MyDataTable),如图 4-12 所示。

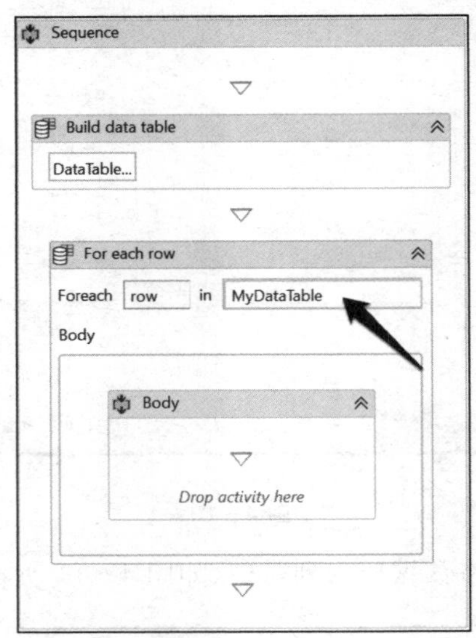

图 4-12

注意:For each 和 For each row 是两个不同的活动。For each 用于循环集合,而 For each row 用于循环数据表的行。

(7) 拖放一个 Message box 活动到 For each row 活动中。在 Message box 活动中,必须输入以下字符串:row("Name").ToString+"-"+row("Roll_No").ToString+"-"+row("Class").ToString。row 变量保存每次循环的数据行中的数据,如图 4-13 所示。

这个行的变量包含特定行的所有列。因此,必须通过指定列的名称来指定我们想要获取的列的值。除了指定列的名称,还可以指定列的索引(列索引总是从 0 开始)。单击 Run 按钮,查看结果。

2. 使用数据抓取(动态地)生成数据表

可以使用数据抓取在运行时生成数据表。我们来看一个从亚马逊网站提取数据的例子。

执行以下步骤:

(1) 拖放 Flowchart 活动到 Activities 面板中,拖放 Sequence 活动到 Flowchart 活动中。

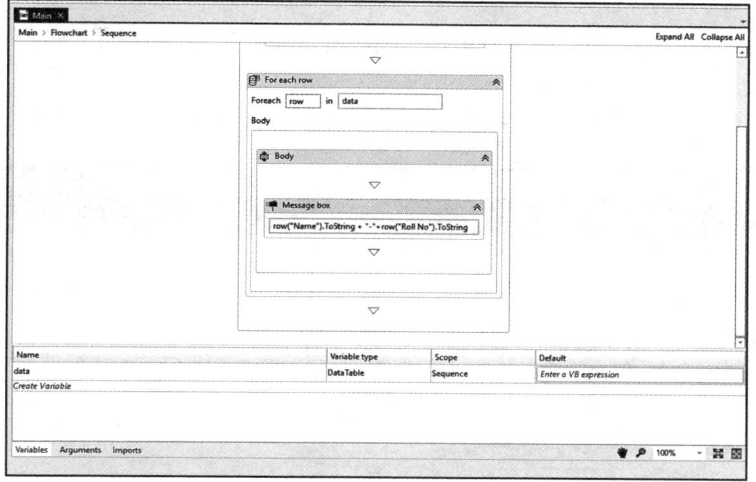

图 4 - 13

(2) 双击 Sequence 活动。

(3) 拖放 Open Browser 活动到 Sequence 活动中,并在文本框中输入 URL,如图 4 - 14 所示。

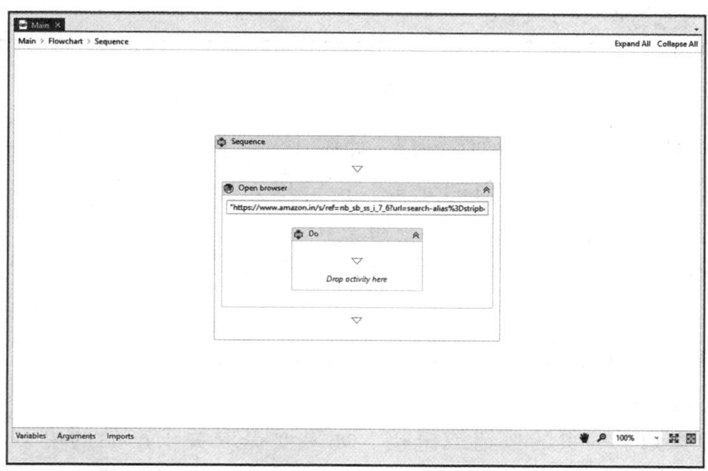

图 4 - 14

(URL:https://www.amazon.in/s/ref=nb_sb_ss_i_7_6? url=search-alias%3Dstripbooksfield-keywords=books+for+kidssprefix=books+%2Cstripbooks%2C322crid=2OWJE9AMZYS06。)

(译者注:原网址已失效,可通过 https://www.amazon.in/s/ref=nb_sb_noss_1? url=search-alias%3Dstripbooks&field-keywords=books+for+kids 获得类

似的搜索结果。）

（4）单击 UiPath Studio 左上角的 Data Scraping 图标，在弹出的对话框中单击 Next 按钮。

（5）现在，有一个指针指向网页的 UI 元素。单击图书的名称，如图 4－15 所示。

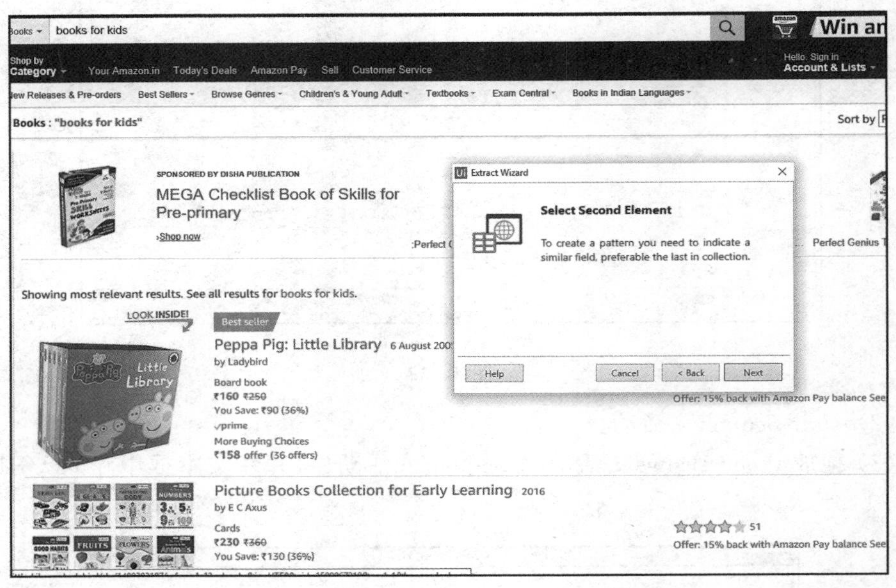

图 4－15

要求指定网页上第二个类似的元素，如图 4－16 所示。

（6）指定网页上第二个类似的元素。指定想为提取的数据列起的名称（它将变成提取的数据的列名称），单击 Next 按钮。

（7）名称列表将显示在单独的窗口中。

如果要提取更多的信息，单击 Extract Correlated Data（提取相关数据）按钮，并且再次重复相同的流程（就像我们在亚马逊网站提取图书名称一样）。否则，单击 Finish 按钮，如图 4－17 所示。

（8）要求找到下一页的按钮或链接。如果要提取关于产品的更多信息，并且它跨越多个页面，单击 Yes 按钮，并指向下一页的按钮或链接，然后单击它；如果只想提取当前页面的数据，单击 No 按钮（还可以指定想要从中提取的数据的行数：默认情况下为 100），如图 4－18 所示。

（9）数据抓取生成一个数据表（在这个例子中，生成 ExtractedDataTable）。将 ExtractedDataTable 的作用域更改为 Flowchart，因此可以在 Flowchart 活动中访问它，如图 4－19 所示。（译者注：这一段中出现的 ExtractedDataTable 应为 ExtractDataTable，同样，下面步骤中的 ExtractedDataTable 也应为 ExtractDataTable。）

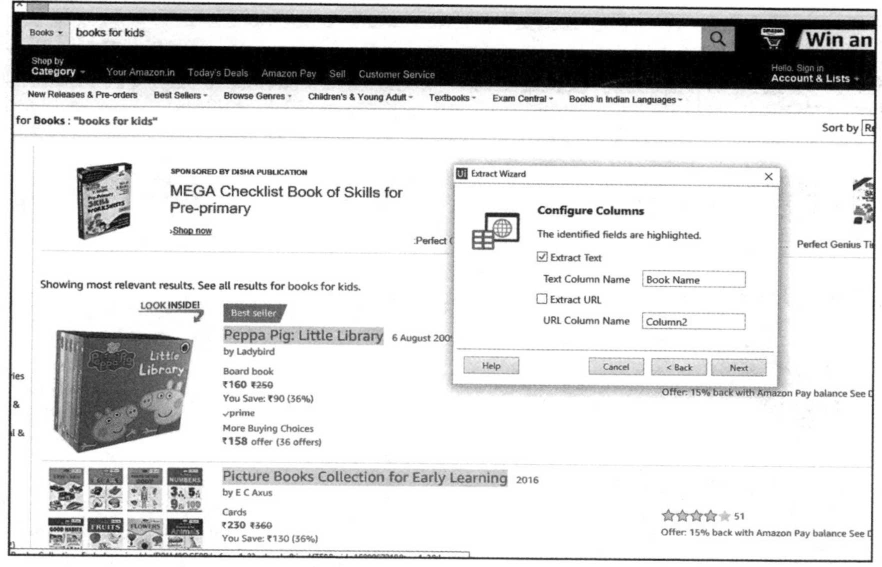

图 4-16

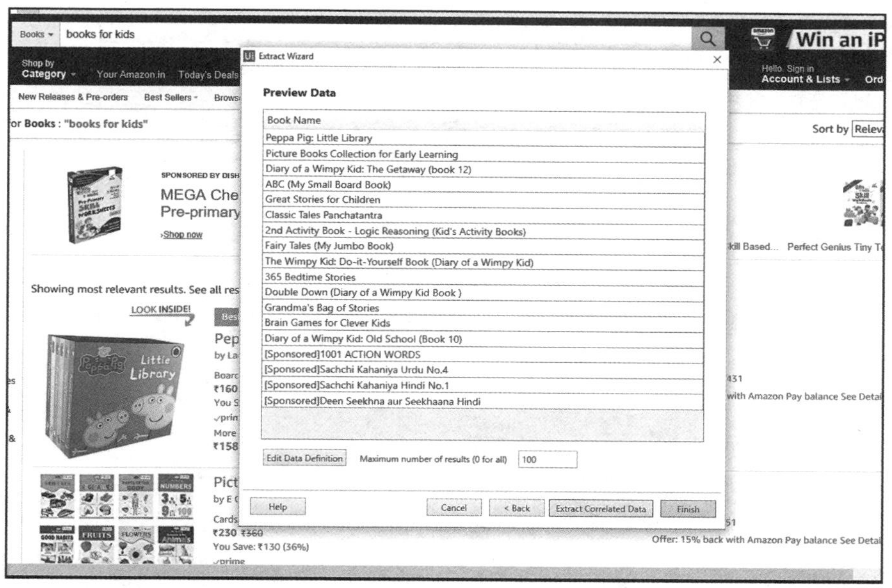

图 4-17

(10) 拖放 Output data table 活动到 Flowchart。设置 Output data table 活动的 Output 属性为 ExtractedDataTable,如图 4-20 所示。(译者注:此处应将 ExtractDataTable 输入到 Input 属性中,而不是 Output 属性中。)

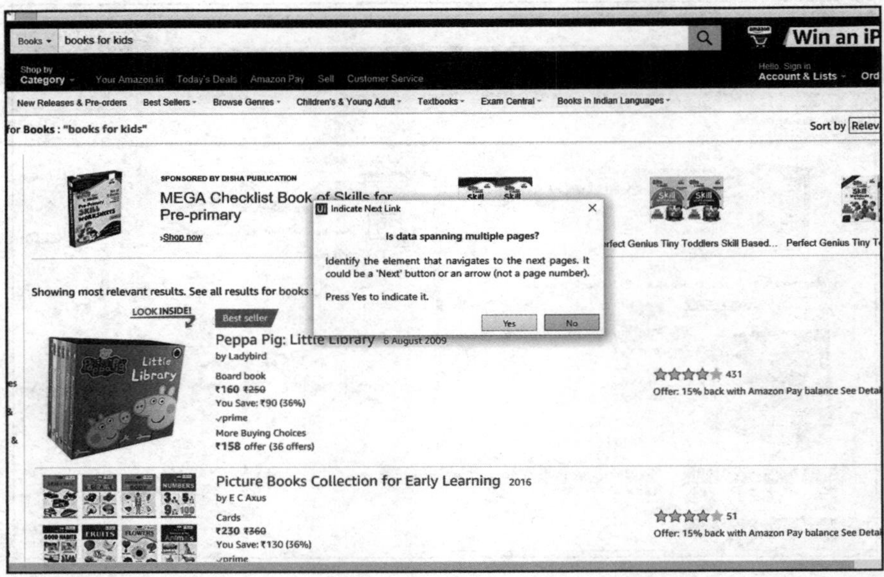

图 4-18

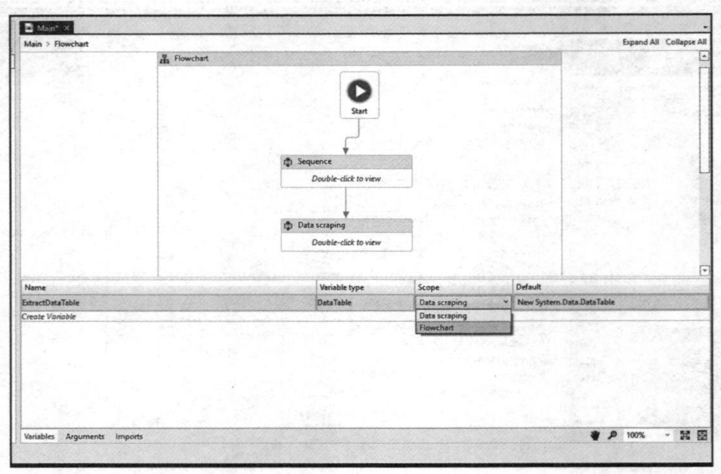

图 4-19

(11) 将 Output data table 活动连接到 Data Scraping 活动。拖放 Message box 活动到设计器窗口。同时,创建一个字符串变量,用于接收来自 Output data table 活动的文本(在我们的例子中,创建了一个 result 变量)。把 Output data table 活动的 Text 属性设为 result 变量,以便接收 Output data table 的文本,如图 4-21 所示。

(12) 将 Message box 活动连接到 Output data table 活动。双击 Message box,

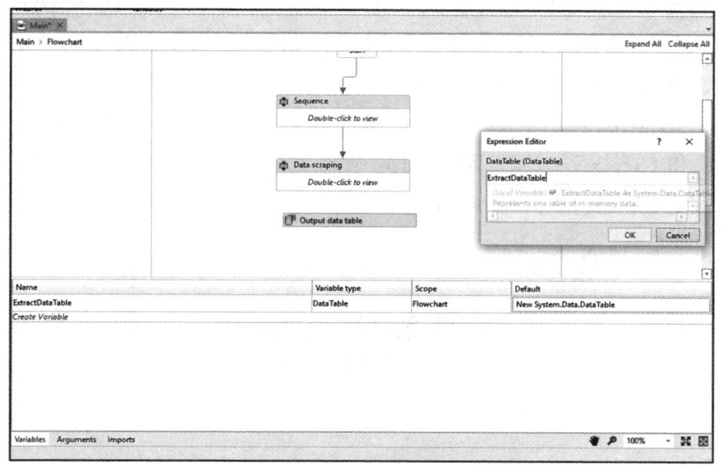

图 4-20

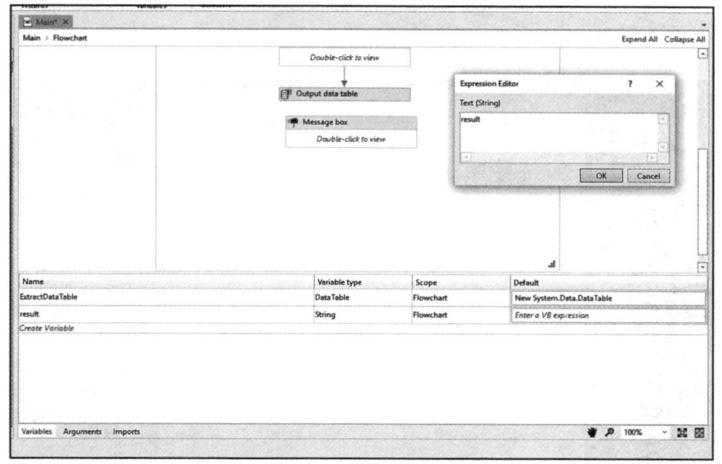

图 4-21

把 Text 属性设为 result 变量(这是我们创建出来用于接收 Output data table 活动的文本的变量)。

(13) 单击 Run 按钮,查看结果。

4.5 剪贴板管理

剪贴板管理包含管理剪贴板活动,例如,从剪贴板中获取文本,从剪贴板中复制选定的文本等。

下面介绍一个从剪贴板中获取文本的示例。在这个例子中,将使用记事本。打开记事本,写入一些数据,然后将数据复制到剪贴板。然后从剪贴板中提取数据:

(1) 从 Activities 面板拖放一个 Flowchart 活动。

(2) 单击 UiPath 顶部的 Recording 图标,将出现一个下拉菜单,其中包括 Basic、Desktop、Web 和 Citrix 选项,表示不同的录制类型。选择 Desktop,单击 Record。

(3) 单击 Notepad(记事本)打开它,弹出 Notepad 对话框,如图 4-22 所示。

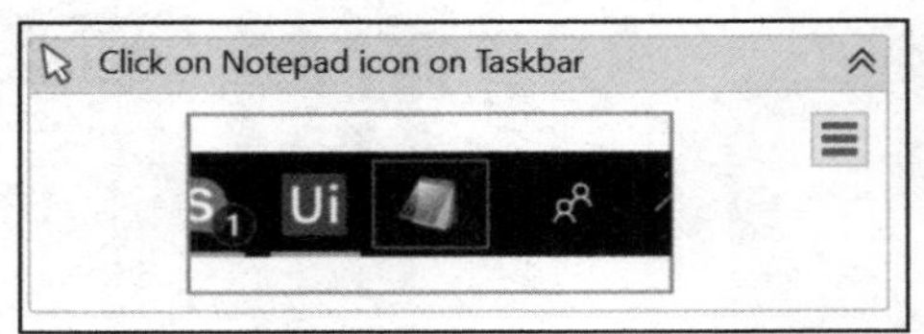

图 4-22

(4) 单击 Notepad 的文本区域,在对话框中键入并选中 Empty field(选中 Empty field 将擦除 Notepad 在写入新数据前的所有现有数据)。按下 Enter,数据将被写入 Notepad 的文本区域,如图 4-23 所示。

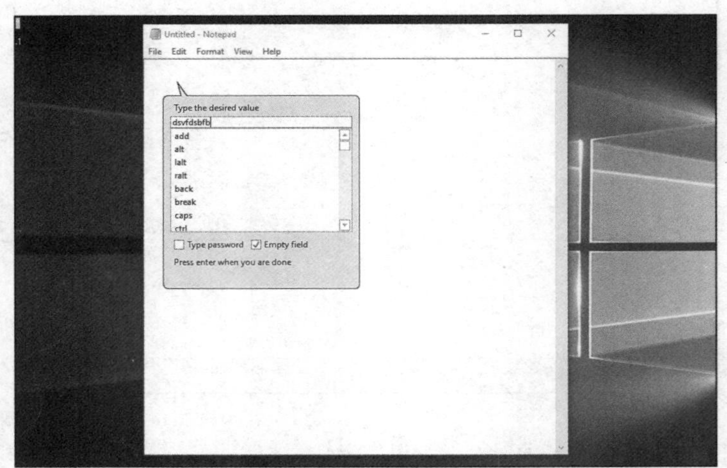

图 4-23

(5) 单击 Edit 按钮,将弹出一个对话框,询问是否要使用锚点(锚点是当前{焦点}元素的相关元素)。可以清楚地看到,Edit 按钮的锚元素可以是 File 或 Format 按钮。在这个例子中,我们选择 Format 按钮,如图 4-24 所示。

(6) 自动识别 Edit 按钮。在下拉菜单中选中 Select all 选项,如图 4-25 所示。

(7) 再次单击 Edit 按钮,再次要求指定锚元素。指定锚元素,Edit 按钮将会突出显示,并且显示下拉菜单,选择 Copy 选项,如图 4-26 所示。

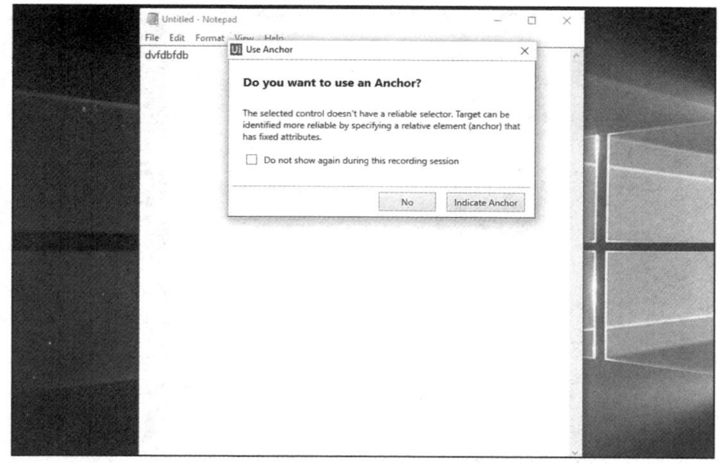

图 4－24

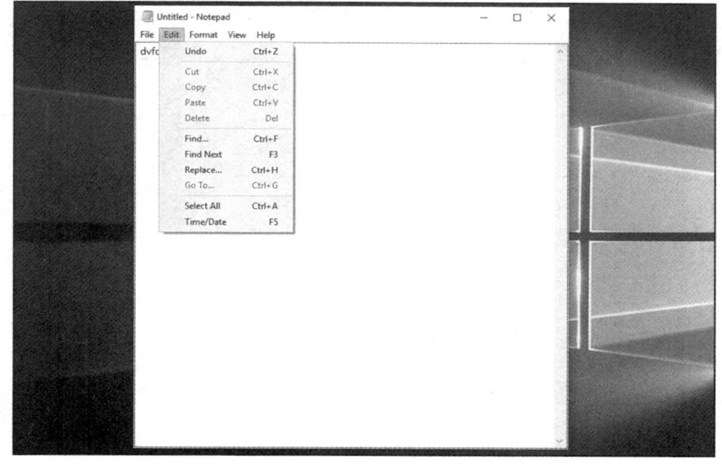

图 4－25

将复制的文本存储在剪贴板中。可以使用 Get From Clipboard 和 Copy selected text 活动复制存储在剪贴板中的文本。

（8）双击录制生成的 Recording Sequence。向下滚动并拖放 Copy selected text 和 Message box 活动到 Recording Sequence 中，如图 4－27 所示。（译者注：由于版本的差异，新版中录制生成的步骤名称可能会不同。）

（9）创建一个类型为 String 的变量来存储 Copy selected text 的输出值，此变量将使用 Copy selected text 活动从剪贴板中接收所需的文本。将 Copy selected text 活动的 Output 属性设为新创建的变量。这是我们需要的之前复制到剪贴板的选定文本。（译者注：应把 Copy selected text 活动的 Result 属性设为变量名称，而不是

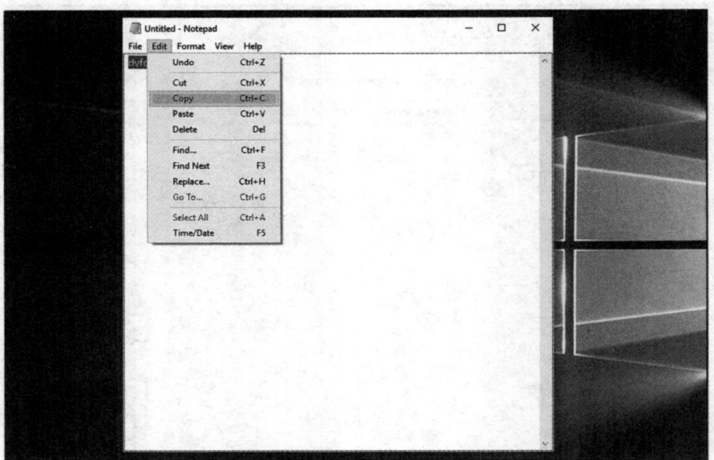

图 4－26

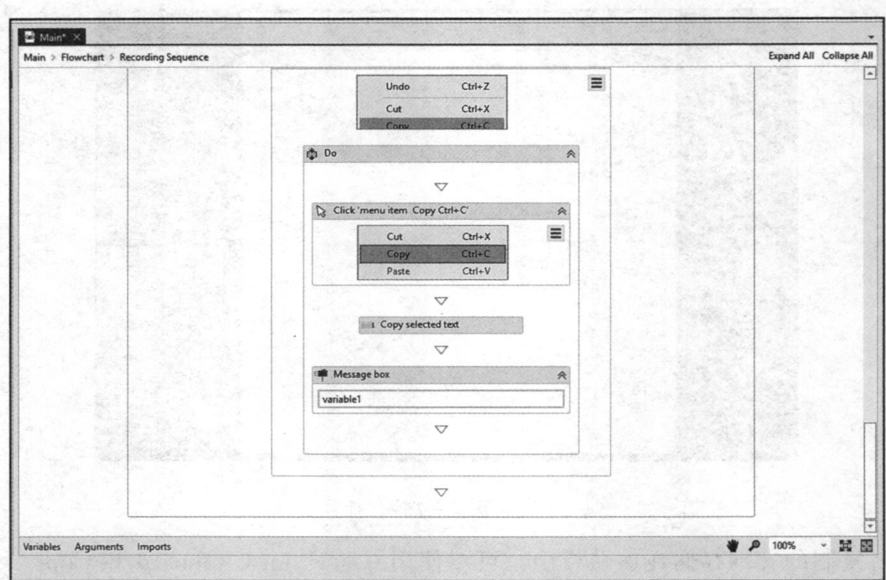

图 4－27

Output 属性。)

(10) 将 Message box 活动的 Text 属性指定为字符串变量。

(11) 单击 Run 按钮,查看结果。

4.6 手把手示范文件操作

本节将在 Excel 文件上操作。经常在 Excel 文件上使用的操作如下：

- 读取单元格；
- 写入单元格；
- 读取范围；
- 写入范围；
- 追加范围。

一旦熟悉了这些操作，使用其他操作对我们来说也会变得非常简单。

1. 读取单元格

读取单元格用于读取 Excel 文件单元格的值。我们将在这个例子中使用一个 Excel 文件示例，如图 4-28 所示。

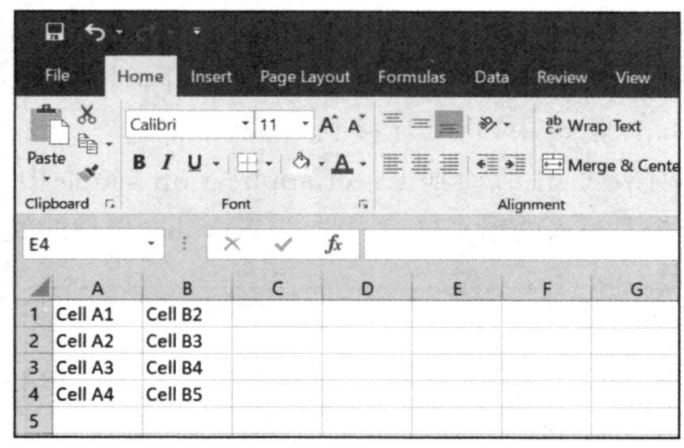

图 4-28

假设需要读取 B3 单元格的值：

(1) 拖放一个 Flowchart 活动到主设计器面板。同时，拖放一个 Excel application scope 到 Flowchart 中，将其连接到 Start 节点。双击 Excel application scope。

提示：当在项目中使用 Excel 活动时，使用 Excel application scope 是一个好的做法。

(2) 拖放 Read Cell 活动到 Excel application scope 活动中，在 Read Cell 活动的单元格文本框中指定范围值。创建一个类型为 String 的变量来保存 Read Cell 活动生成的结果。在本例中，我们创建了一个 Result 变量，并把 Read Cell 活动的 Output 属性设为我们创建的变量名称，如图 4-29 所示。

(3) 拖放一个 Message box 活动到 Excel application scope 活动中，在 Message box 活动的表达式框中输入字符串变量的名称(先前创建的)。按 F5 查看结果。

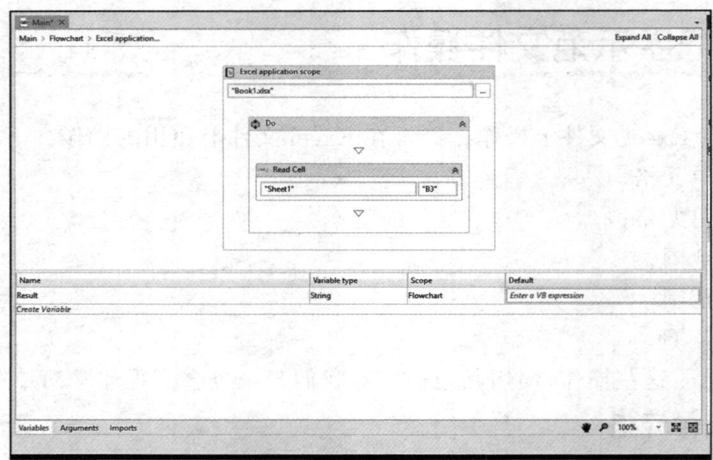

图 4-29

2. 写入单元格

此活动用于在 Excel 文件的单元格中写入值:

(1) 拖放一个 Flowchart 活动到主设计器面板。同时,拖放一个 Excel application scope 到 Flowchart 活动中,将其连接到 Start 节点。

(2) 拖放一个 Write Cell 活动到 Excel application scope 中。在 Write Cell 活动的 Range 属性中指定想要写入的单元格。同时,设置 Value 属性的值,如图 4-30 所示。

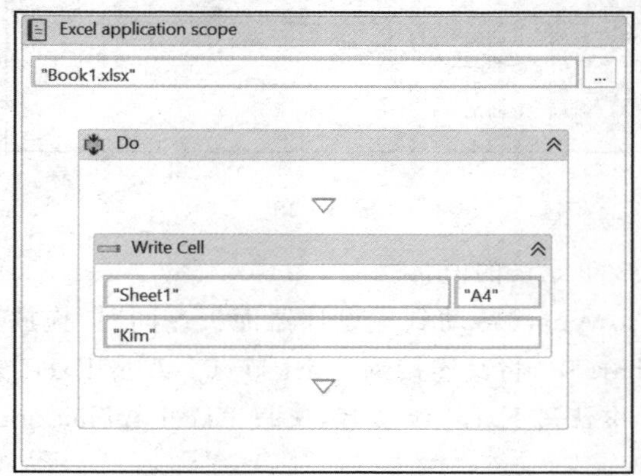

图 4-30

按 F5 查看结果。打开 Excel 文件查看更改,如图 4-31 所示。

3. 读取范围

读取范围用于读取到指定范围的值。如果没有指定范围参数,将读取整个 Excel 文件:

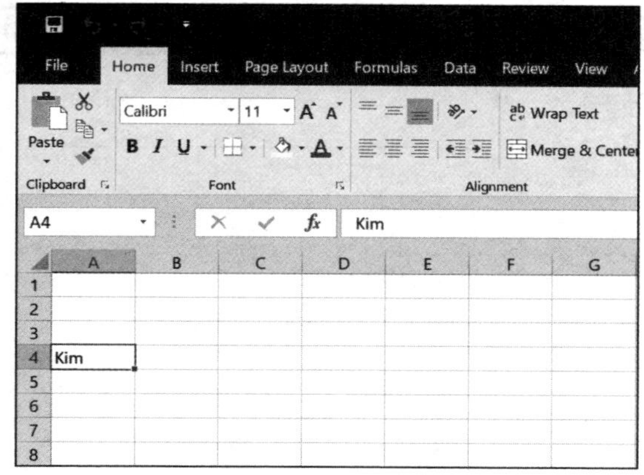

图 4－31

(1) 拖放一个 Flowchart 活动到主设计器面板。同时,拖放一个 Excel application scope 到 Flowchart 活动中,将其连接到 Start 节点。

(2) 拖放一个 Read Range 活动到 Excel application scope 活动中。Read Range 活动生成一张数据表,必须接收此数据表才能使用它。需要创建一个数据表变量,并将 Read Range 活动的 Output 属性设为数据表变量。

(3) 拖放一个 Output Data Table 活动到 Excel application scope 活动中。现在,需要设置 Output Data Table 活动的两个属性:Data Table 属性和 Text 属性。Output Data Table 活动的 Data Table 属性用于将数据表转换成字符串的格式;Text 属性用于以字符串的格式提供数据表的值,必须接收这个值才能使用它。为此,创建一个类型为 String 的变量,并给它一个有意义的名称(在本例中,它的名称是 Result),如图 4－32 所示。

(4) 拖放一个 Message box 活动到 Excel application scope 活动中。同时,在 Message box 活动中输入我们先前创建的字符串变量的名称,如图 4－33 所示。

按 F5 查看结果。将弹出一个对话框,显示 Excel 文件数据。

4. 写入范围

写入范围用于将行的集合写入 Excel 工作表中,它以数据表的形式写入 Excel 文件。因此,需要提供一张数据表:

(1) 从 Activities 面板中拖放一个 Build Data Table 活动,双击此活动,将弹出一个对话框。可以看到它自动生成了两列,删除这两列,然后通过"单击＋图标"添加列,并指定列的名称;还可以选择想要的数据类型。可以随意添加任意数量的列,如图 4－34 所示。

(2) 在这个项目中,将添加两列。添加第二列的过程几乎是相同的,只需指定名称及其首选数据类型。我们又在数据表中添加了一列,并且设置其数据类型为 Int32。通过在行中提供一些值,初始化了数据表。

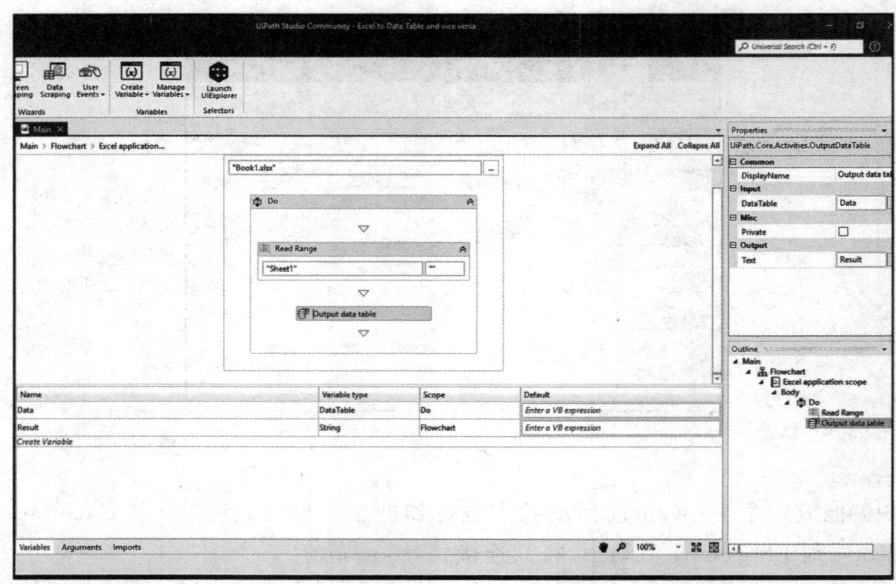

图 4-32

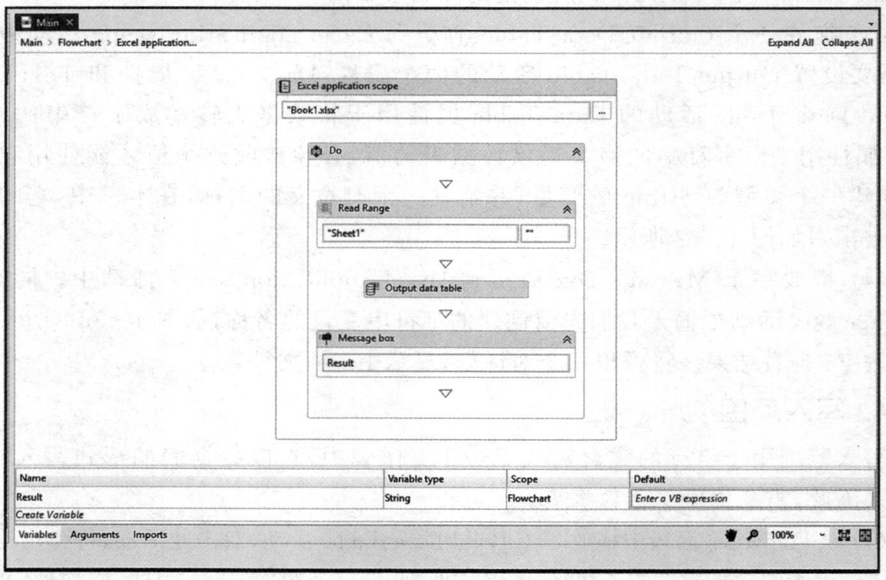

图 4-33

创建一个类型为 Data Table 的变量,并给它一个有意义的名称。将 Build Data Table 活动的 DataTable 属性设为该数据表名称。我们需要提供此变量才能获取生

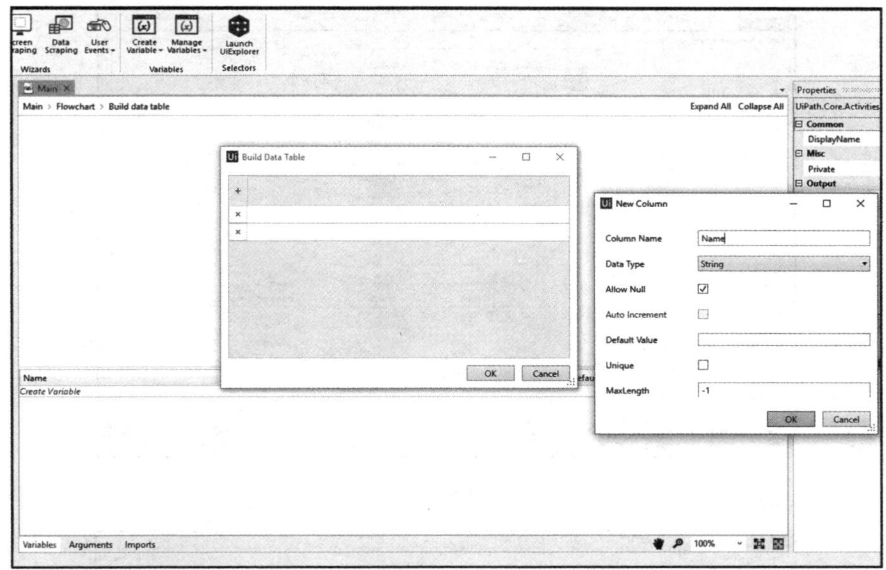

图 4－34

成的数据表，如图 4－35 所示。

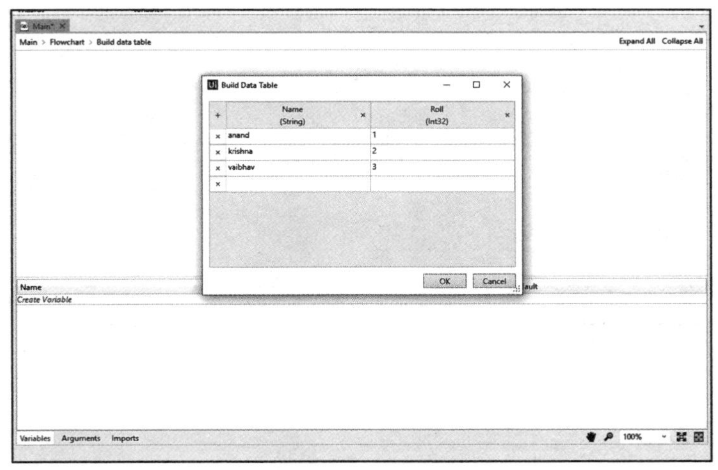

图 4－35

数据表已经成功生成了。

(3) 拖放一个 Excel application scope 到主设计器面板中，可以指定 Excel 工作表的路径，也可以手动选择它。将此活动连接到 Build Data Table 活动。在 Excel application scope 活动中，只需拖放 Write Range 活动就可以了，如图 4－36 所示。

(4) 把 Write Range 活动中的 DataTable 属性设为我们先前创建的数据表变量，还可以指定范围。在这个例子中，把它设为空字符串，如图 4－37 所示。

单击 Run 按钮或按 F5 查看结果。

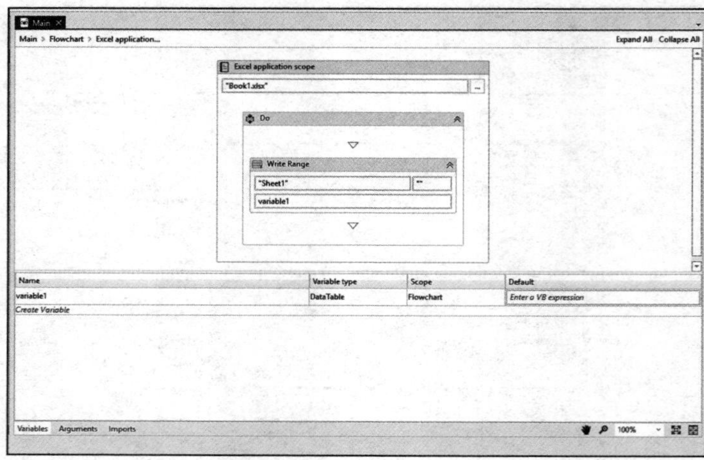

图 4-36

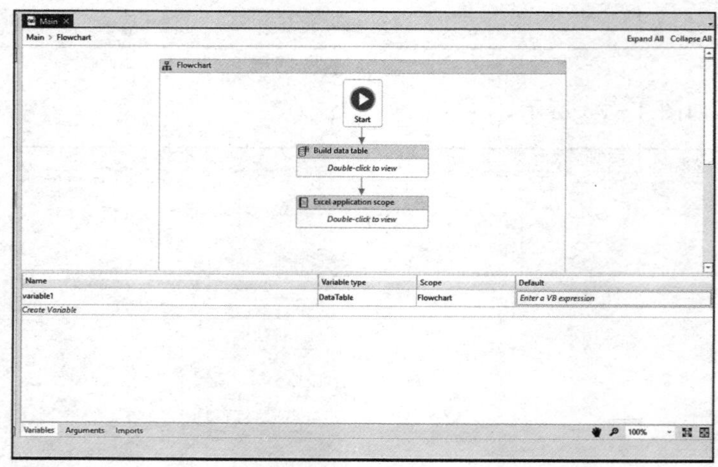

图 4-37

5. 追加范围

追加范围用于在一个现有的 Excel 文件中添加更多的数据,这些数据将被追加到末尾。

(1) 拖放 Flowchart 活动到主设计器面板上。同时,拖放 Excel application scope 到 Flowchart 活动中,将其连接到 Start 节点。Append Range 活动需要一张数据表。在这个程序中,我们将使用另一个 Excel 文件示例,里面有一些原始数据。接下来,读取该 Excel 文件,并追加数据到另一个 Excel 文件。首先,必须读取它的内容,如图 4-38 所示。

(2) 拖放 Read Range 活动到 Excel application scope 活动中,Read Range 活动

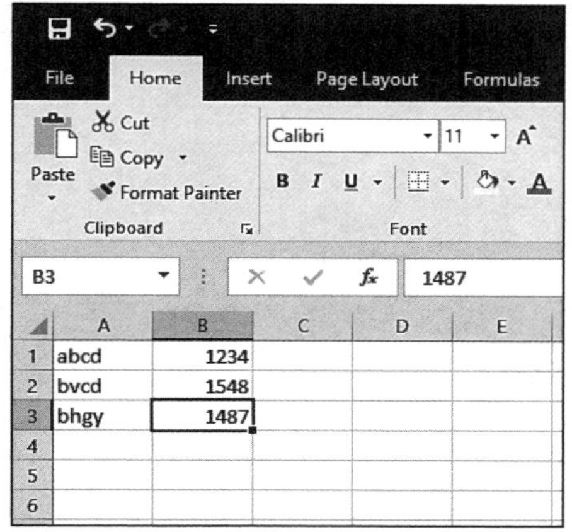

图 4-38

生成一张数据表,我们需要接收此数据表才能使用它。创建一个数据表变量,并将 Read Range 活动的 Output 属性设为此变量,如图 4-39 所示。(译者注:在这里不勾选 Read Range 活动的 AddHeader 属性,否则,表中的第一行将被当作表头,不会被追加到另一张表中。)

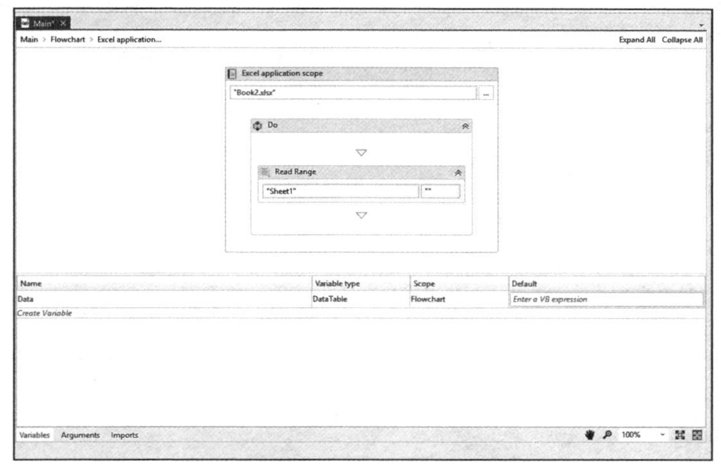

图 4-39

(3) 拖放 Append Range 活动到 Excel application scope 活动中。在 Append Range 活动中指定 Excel 文件的路径(我们追加数据的文件)。同时,指定数据表(由 Read Range 活动生成),如图 4-40 所示。(译者注:此处拖放的 Append Range 应在 Activities 面板中的 System\File\Workbook 目录下。)

按 F5 查看结果,如图 4-41 所示。

可以清楚地看到,数据已经成功地追加到 Excel 工作表中。

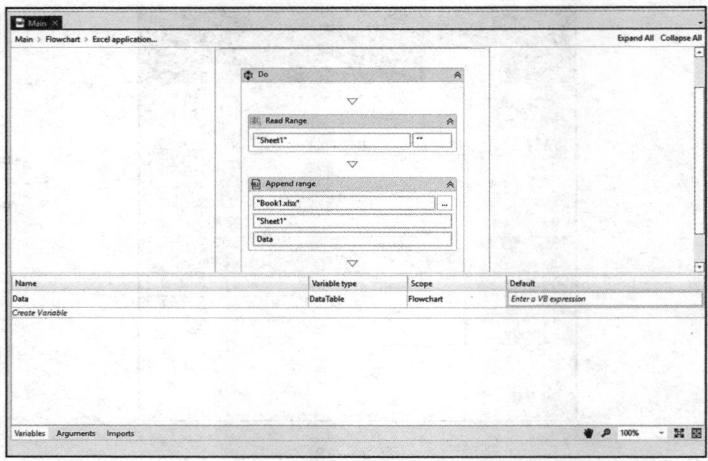

图 4 - 40

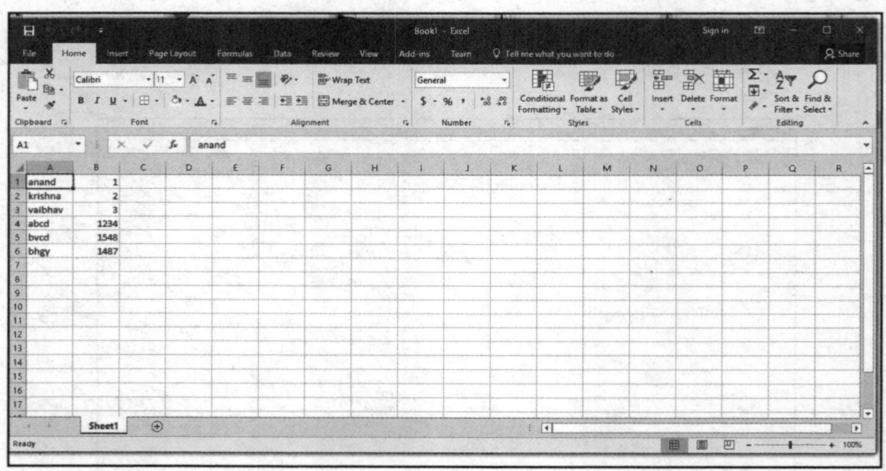

图 4 - 41

4.7 手把手示范 CSV/Excel 和数据表之间的转换

本节将讲解如何从 Excel 文件提取数据到数据表，以及从数据表提取数据到 Excel 文件，将会完成以下示例：

- 读取 Excel 文件并使用 Excel 文件中的数据创建数据表；
- 创建数据表并将所有数据写入 Excel 文件中。

1. 读取 Excel 文件并使用 Excel 文件中的数据创建数据表

现有一个 Excel 文件，并且我们将在项目中使用它：

(1) 拖放 Flowchart 活动到主设计器窗口。同时，拖放 Excel application scope 到 Flowchart 中。

(2) 双击 Excel application scope，必须指定工作簿/Excel 文件的路径。从 Activities 面板中拖放 Read Range 活动到 Excel application scope 中，Read Range 活动将读取整个 Excel 工作表。

我们还能指定范围。创建一个类型为数据表的变量，并把 Read Range 活动的 Output 属性设为此变量。该变量将接收 Read Range 活动生成的数据表，如图 4－42 所示。

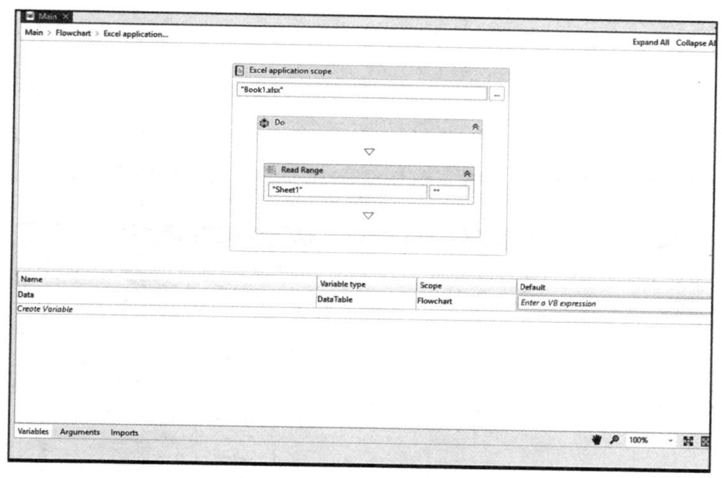

图 4－42

(3) 拖放 Output Data Table 活动到 Excel application scope 活动中。现在，需要设置 Output Data Table 活动的两个属性：Data Table 属性和 Text 属性。Output Data Table 活动的 Data Table 属性用于将数据表转换为字符串的格式；Text 属性用于以字符串的格式提供数据表的值。我们必须接收这个值才能使用它。为此，创建一个类型为 String 的变量，并给它一个有意义的名称，如图 4－43 所示。

(4) 拖放一个 Message box 活动到 Excel application scope 活动中。同时，在 Message box 活动中输入我们先前创建的字符串变量的名称。

按 F5 查看结果。将弹出一个显示 Excel 文件数据的对话框。

2. 创建数据表并将所有数据写入 Excel 文件中

在这个项目中，将动态地生成数据表，然后将所有数据写入 Excel 文件：

(1) 从 Activities 面板中拖放一个 Build Data Table 活动，双击此活动，将弹出一个对

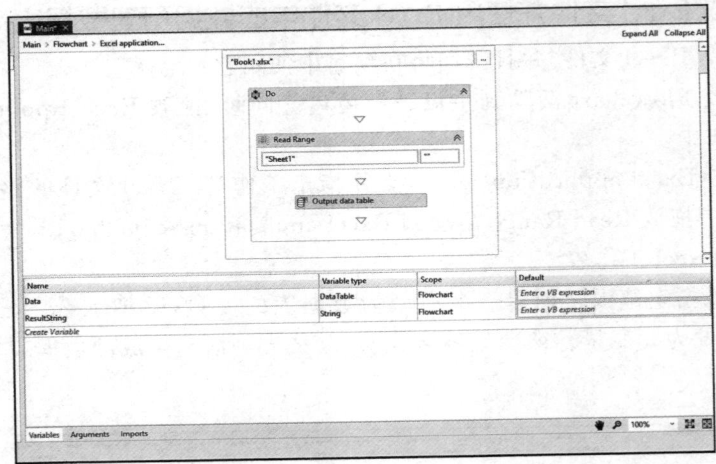

图 4-43

话框。里面已经自动生成了两列,删除这两列,然后通过"单击+图标"添加列,并指定列的名称;还可以选择想要的数据类型。可以随意添加任意数量的列,如图 4-44 所示。

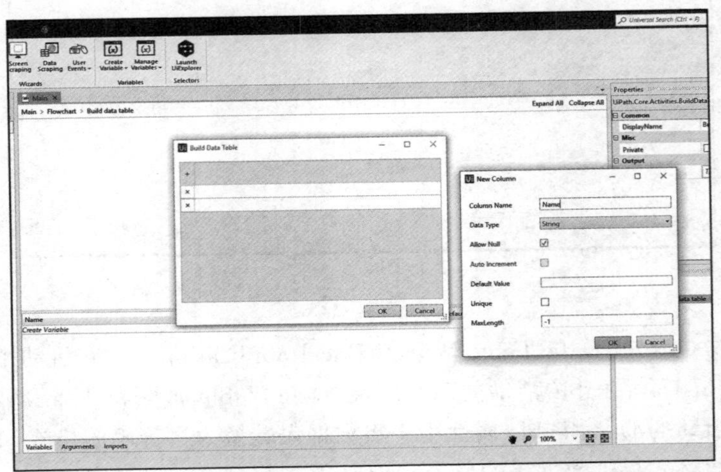

图 4-44

(2) 在这个项目中,将添加两列。添加第二列的过程与添加第一列几乎是相同的,只需指定名称及其首选数据类型即可。我们又在数据表中添加了一列并设置其数据类型为 Int32。通过在行中提供一些值,我们初始化数据表。创建一个类型为 Data Table 的变量,并给它一个有意义的名称。将 Build Data Table 活动的 DataTable 属性设为该数据表名称,必须提供此变量才能获取生成的数据表,如图 4-45 所示。

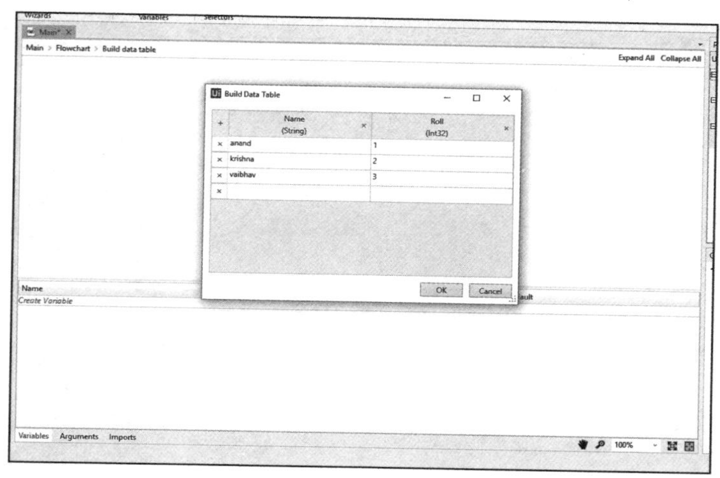

图 4-45

已经成功生成了数据表。

(3) 拖放一个 Excel application scope 到主设计器窗口中，指定 Excel 工作表的路径或手动选择它。将此活动连接到 Build Data Table 活动，如图 4-46 所示。

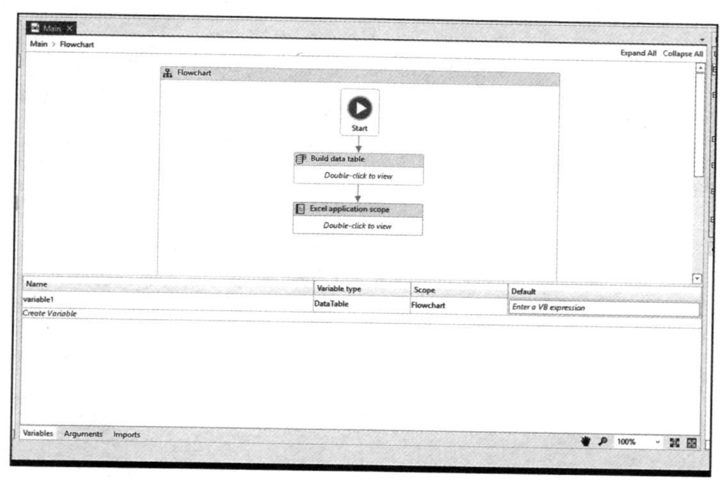

图 4-46

(4) 拖放 Write Range 活动到 Excel application scope 活动中，把 Write Range 活动中的 DataTable 属性设为我们先前创建的数据表变量，还可以指定范围。在这个例子中，我们把它设为空字符串，如图 4-47 所示。

单击 Run 按钮或按 F5，查看结果。

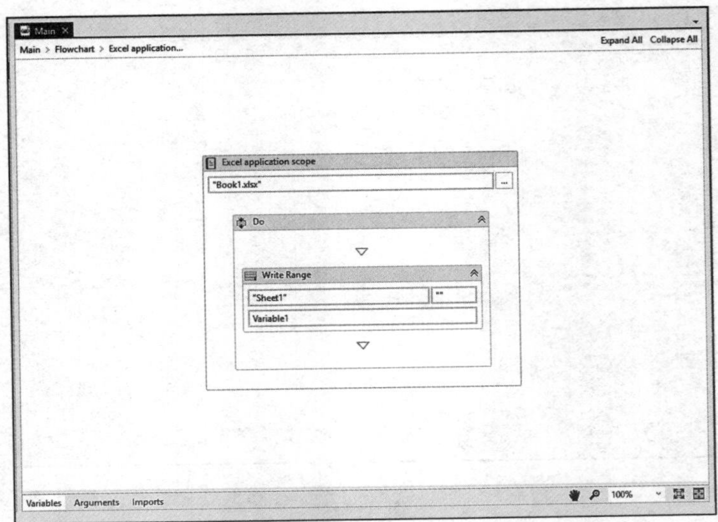

图 4－47

4.8 小 结

在本章中,我们学习了通过变量的方式使用内存的技术,还学习了数据表和在内存中操作数据的简单方法。除了使用变量或集合来存储数据,我们还学习了使用 CSV 和 Excel 等文件以更持久的方式存储和操作数据。在下一章,我们将学习以更好的方式操控应用程序中的控件。

第5章

操控控件

到目前为止，读者应该能创建相当复杂的工作流和使用控制流执行各种路径；现在，应该知道如何存储变量并对其求值，以便制定决策。希望读者能广泛使用录制器，因为我们将在本章重温录制器，从而更深入地学习它。

本章将详细介绍如何能与UI中的控件进行交互。有时，可能需要单击特定的按钮或从文本框中提取信息。我们可以对控件执行一些操作，也可以读取或写入一些信息，本章将详细介绍如何准确地做到这一点。读者将在本章了解如何通过UiPath中各种可用的选择器来提取信息和操作控件：

- 查找和关联窗口；
- 查找控件；
- 等待控件的技巧；
- 操作控件——鼠标和键盘活动；
- 使用UiExplorer；
- 处理事件。

接下来，我们将在新的场景下讨论录制器。

提取是RPA的主要功能，可实现UI自动化。在幕后，许多技术都从UI中无缝提取信息。当常规RPA技术不起作用时，将会使用OCR技术来提取信息。将通过以下主题了解如何使用OCR和其他技术：

- 屏幕抓取；
- 何时使用OCR；
- 可用的OCR类型；
- 如何使用OCR。

5.1 查找和关联窗口

本节将使用Attach Window活动。Attach Window活动可以在Activities面板中找到，此活动通常用于关联已经打开的窗口。当我们使用Basic或Desktop录制器录制操作时，它是自动生成的。看完后续章节的例子，读者对它会更加了解。

实现 Attach Window 活动

在这个例子中,我们将手动使用 Attach Window 活动。这里将关联记事本窗口,然后在其中写入一些文本:

(1) 创建一个空白项目,给它一个有意义的名称。

(2) 拖放一个 Flowchart 活动到设计器面板。同时,拖放一个 Click 活动到设计器面板中,将 Click 活动连接到 Start 节点。

(3) 双击 Click 活动,并单击 Indicate on screen;定位 Notepad 图标。

(4) 拖放 Attach Window 活动到设计器面板,将 Attach Window 活动连接到 Click 活动。

(5) 双击 Attach Window 活动。单击 Click Window on Screen,指定 Notepad 窗口。现在,Notepad 窗口已经关联到上一个活动,如图 5-1 所示。

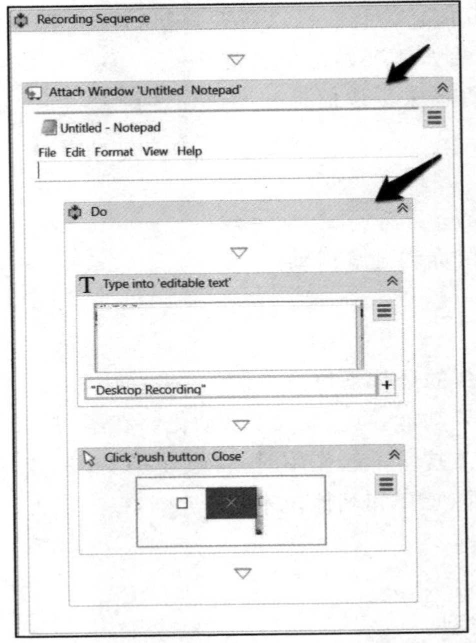

图 5-1

(6) 为了让本例变得完整,添加一个 Type into 活动。只需拖放 Type into 活动到 Attach Window 活动中就可以了,在 Type into 活动的 Text 属性中写入文本。单击 Indicate element inside window,定位要在其中写入文本的 Notepad 窗口。

(7) 单击 Run 按钮。

5.2 查找控件

有许多活动可用于查找屏幕或应用程序上的控件，这些活动可用于查找或等待UI元素。

以下是可以用来查找控件的活动：

- Anchor Base;
- Element Exists;
- Element Scope;
- Find Children;
- Find Element;
- Find Relative Element;
- Get Ancestor;
- Indicate On Screen。

接下来将逐一讨论这些控件。

1. Anchor Base

此控件用于通过查看其相邻的UI元素来定位UI元素。当无法控制选择器时，就会使用这个控件。这意味着，当没有可靠的选择器时，应该使用Anchor Base控件来定位UI元素。

可以按照以下讲述使用Anchor Base控件：

(1) 拖放一个Flowchart活动到空白项目的设计器面板中。同时，从Activities面板中拖放一个Anchor base控件，将Anchor base控件和Start连接起来。

(2) 双击Anchor base控件，如图5-2所示。

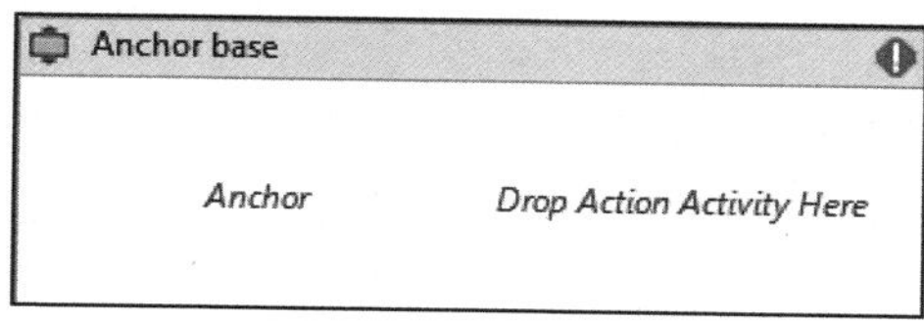

图5-2

(3) 有两个活动必须提供给Anchor base控件：Anchor和Action Activity。

(4) 在Anchor base控件中，拖放Anchor base活动(比如Find Element)到Anchor区域，并拖放Action活动(比如Type Into)到Drop Action Activity Here区域。Anchor base活动将找到想执行Action的元素旁边的相关元素，Action活动将执行指定的相应操作。

2. Element Exits

此控件用于检查 UI 元素的可用性。它检查 UI 元素是否存在;它还返回一个布尔结果。如果 UI 元素存在,返回 true;否则,返回 false。可以使用这个控件来检查 UI 元素是否存在。事实上,对于可用性没有确认或频繁更改的 UI 元素,使用这个控件是一个很好的做法。

我们只需从 Activities 面板中拖放 Element Exists 控件就可以了。双击它,可以看到一个 Indicate on screen 选项,单击这个选项来指定 UI 元素,它返回一个布尔结果。也可以从 Exists 属性获取该结果,只需要在 Properties 面板的 Exists 属性提供一个布尔变量就可以了。

3. Element Scope

此控件用于关联 UI 元素并对其执行多个操作,也可以在单个 UI 元素中使用一组操作。拖放 Element scope 控件并双击此控件,如图 5-3 所示。

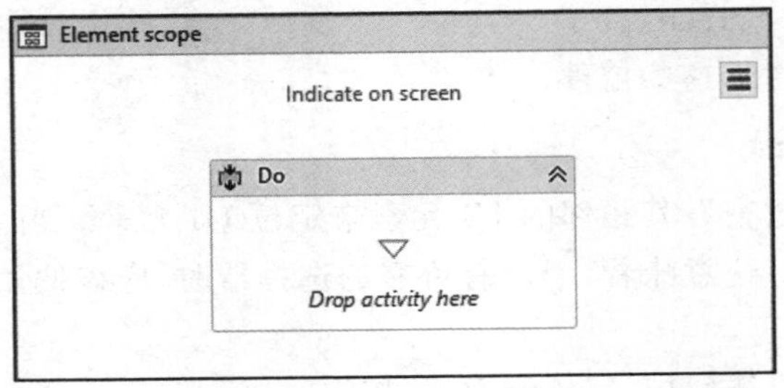

图 5-3

可以清楚地看到,必须通过单击 Indicate on screen 来指出 UI 元素,并且指定想要在 Do 顺序流中执行的所有操作;也可以在 Do 顺序流中添加许多活动。

4. Find Children

此控件用于查找指定的 UI 元素的所有子 UI 元素。它还能获取子 UI 元素的集合。可以使用循环来检查所有的子 UI 元素,或设置一些筛选条件来筛选 UI 元素。

从 Activities 面板中拖放 Find children 控件,双击它来指定想要的 UI 元素,也可以通过单击 Indicate on screen 指定,如图 5-4 所示。

如图 5-4 所示,必须在 Children 属性中提供一个类型为 IEnumerable<UIElements>的变量。此变量稍后将用于获取 UI 元素,如图 5-5 所示。

5. Find Element

此控件用于查找特定的 UI 元素。它等待 UI 元素出现在屏幕上,并将其返回。

此控件的使用方法和其他控件的相同,只需拖放此控件,并通过单击 Indicate on screen 指出 UI 元素就可以了。

可以给 Find Element 控件的 FoundElement 属性指定 UiElement 类型的变量,

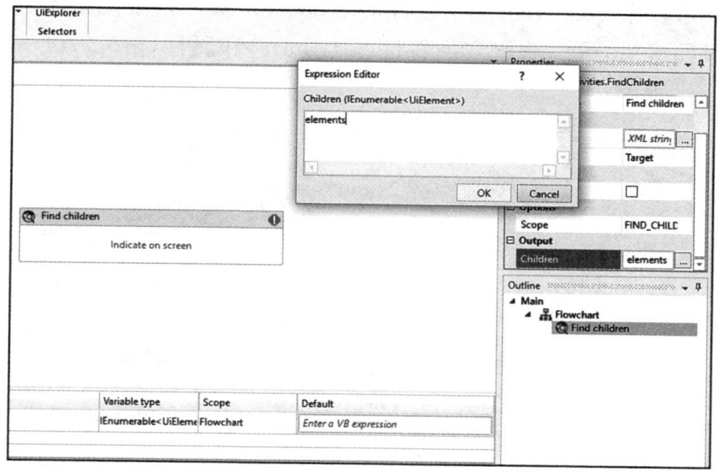

图 5-4

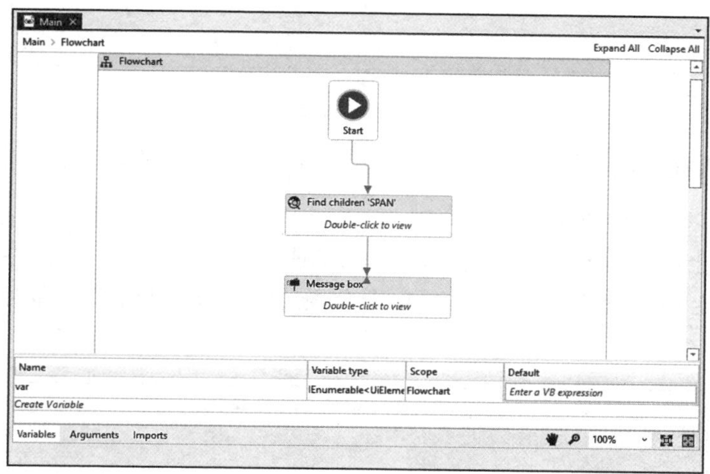

图 5-5

用来接收输出的 UI 元素。

6. Find Relative Element

此控件类似于 Find Element 控件，唯一的区别是，它使用相对固定的 UI 元素来正确识别 UI 元素。此控件可以在没有可靠选择器的情况下使用。我们只需拖放此控件，并通过单击 Indicate on screen 指出 UI 元素就可以了；还可以在指定 UI 元素后查看其选择器属性，以进行更好的分析。

7. Get Ancestor

此控件用于获取指定的 UI 元素的上级元素，必须提供一个变量才能获取输出的上级元素。可以给 Get Ancestor 控件的 Ancestor 属性指定变量名称。

获取上级元素后,可以获取它的特性(attribute)和属性(property)等来做进一步分析,如图 5－6 所示。

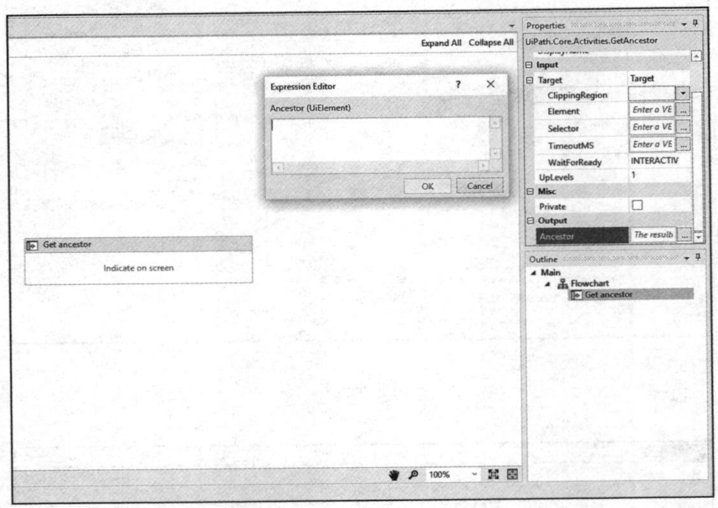

图 5－6

我们只需拖放此控件并通过单击 Indicate on screen 来指出 UI 元素就可以了。

8. Indicate On Screen

此控件用于在运行时指定和选择 UI 元素或区域。它让我们可以在运行工作流时灵活地指定和选择 UI 元素或区域,只需拖放此控件到项目中即可,如图 5－7 所示。

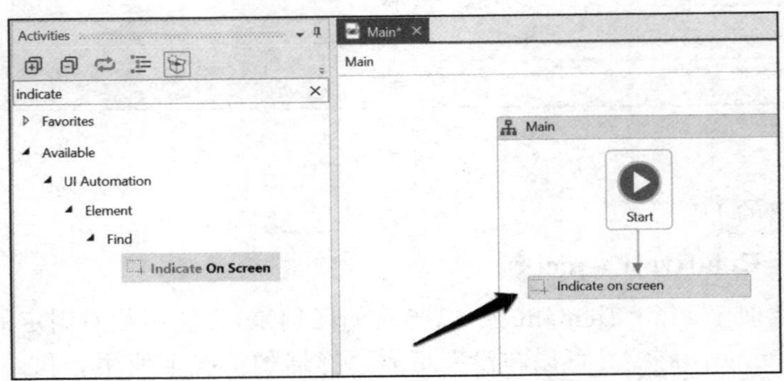

图 5－7

5.3 操控控件相关介绍

注：不要把这个跟任何活动(如 Type into)里的 Indicate on screen 混淆了。在前面的例子中，我们使用了各种控件里的 Indicate on screen(如图 5-8 所示)，这个按钮用于在工作流执行之前指定区域或 UI 元素，而 Indicate on screen 控件会在工作流执行之后执行它的流程。

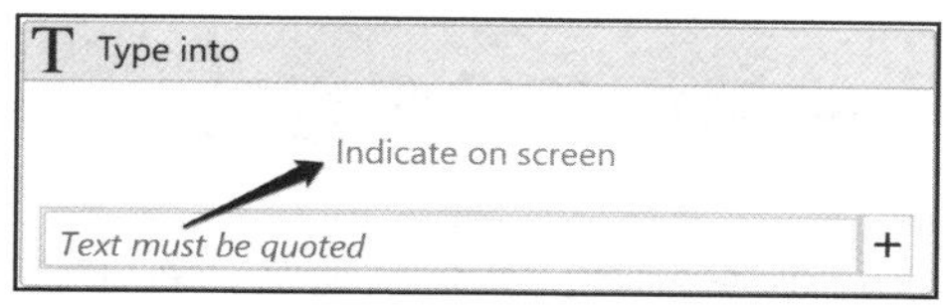

图 5-8

有三种技术可以用来等待控件：

① Wait Element Vanish(等待元素消失)；

② Wait Image Vanish(等待图像消失)；

③ Wait Attribute(等待属性)。

1. Wait Element Vanish 活动

这个活动用来等待某个元素从屏幕消失。来看一个使用 Wait Element Vanish 活动的例子：

(1) 创建一个空白项目，并给它起一个有意义的名字。

(2) 把一个 Flowchart 活动拖到设计器面板上，再把 Wait Element Vanish 活动拖到设计器面板上；把这个活动设为开始节点。

(3) 双击 Wait Element Vanish 活动，然后指定屏幕上哪个元素需要消失。

2. Wait Image Vanish 活动

Wait Image Vanish 活动类似于 Wait Element Vanish 活动，这个活动用来等待一个图像从 UI 元素消失。Wait Element Vanish 活动和 Wait Image Vanish 活动之间的唯一区别是，前者用来等待元素消失，后者用来等待图像消失。

3. Wait attribute 活动

这个活动用来等待指定元素的属性值等于一个字符串。我们需要显式指定这个字符串：

(1) 把一个 Flowchart 活动拖到设计器面板上。接着，把 Wait Attribute 拖到设计器面板上。然后，右击 Wait Attribute 活动，并把它设为开始节点。

(2) 双击 Wait Attribute 活动，需要指定三个值：属性、元素和文本属性；也需要指定哪个元素提供这个值，如图 5-9 所示。

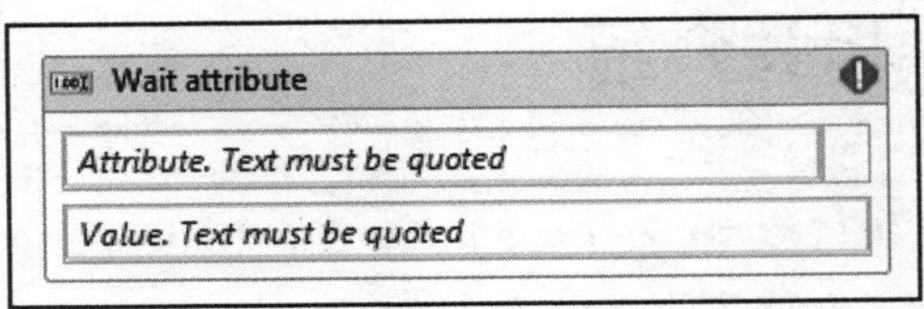

图 5-9

单击 Run 查看结果。

5.4 操作控件——鼠标和键盘活动

在使用 UiPath Studio 时，需要通过各种类型的控件来自动化任务，例如查找控件、鼠标控件和键盘控件等。本节将实现鼠标和键盘活动。

5.4.1 鼠标活动

那些跟鼠标交互有关的活动归入鼠标活动的范畴。UiPath Studio 里有三个鼠标活动：

① Click 活动；

② Double Click 活动；

③ Hover 活动。

1. Click 活动

当需要单击屏幕上的一个 UI 元素时，通常使用 Click 活动。使用 Click 活动非常容易，如下例所示：

(1) 把一个 Flowchart 拖到设计器面板上。在 Activities 面板的搜索框里搜索 mouse。拖出 Click 活动并右击，选择 Set as Start Node 选项。

(2) 双击 Click 活动。单击 Indicate on screen，并指定要单击的 UI 元素，如图 5-10 所示。

单击 Run 查看结果。

2. Double Click 活动

我们已经看了 Click 活动，Double Click 活动类似于 Click 活动，它只是执行双击操作。在项目里使用 Double Click 活动几乎和 Click 活动一样，就像我们在上一个例子里做的那样，但需要使用 Double Click 活动而不是 Click 活动，然后指定 UI 元素。

3. Hover 活动

Hover 活动用来在一个 UI 元素上悬停。有时候，我们需要在一个 UI 元素上悬停来执行某个操作。Hover 活动可以用于下面的情况：

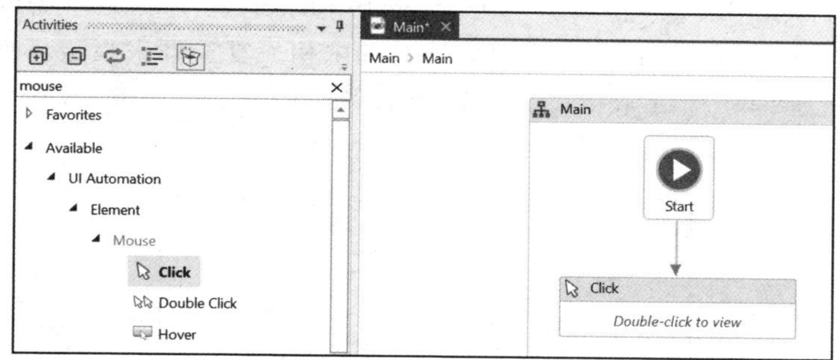

图 5－10

（1）把一个 Flowchart 拖到设计器面板上。在 Activities 面板的搜索框里搜索 mouse。拖出 Hover 活动并右击，选择 Set as Start Node 选项，如图 5－11 所示。

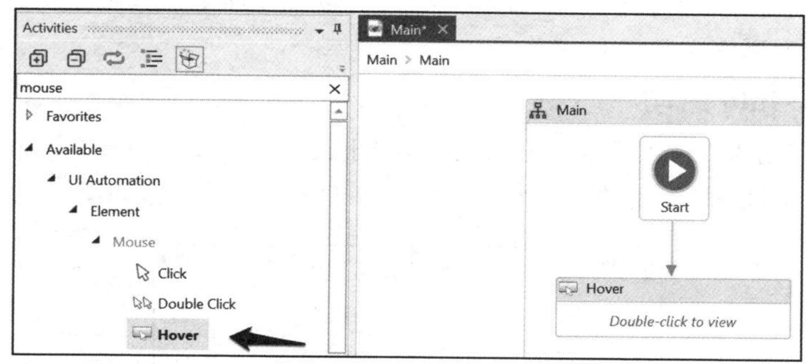

图 5－11

（2）双击 Hover 活动。单击 Indicate on screen 来指定想要悬停的 UI 元素。

单击 Run 查看结果。

5.4.2 键盘活动

在自动化任务时，经常需要处理键盘活动。键盘活动通常跟键盘交互有关。在 UiPath Studio 里，有以下键盘活动：

- Send hotkey；
- Type into；
- Type secure text。

1. Send hotkey 活动

这个活动用于从键盘发送击键作为屏幕输入。在以下例子中，将使用 Send hotkey 活动来滚动 Flipkart 的主页：

（1）把一个 Flowchart 拖到设计器面板上。在 Activities 面板的搜索框里搜索 mouse。拖出 Send hotkey 活动并右击选择 Set as Start Node 选项。

(2) 双击 Send hotkey 活动。单击 Indicate on screen 并指定所需的页面(在这里是 https://www.flipkart.com),可以通过选中相关复选框来指定任何键;也可以通过下拉列表选择一个键来指定。在这个的例子中,选择了 down 键,如图 5-12 所示。

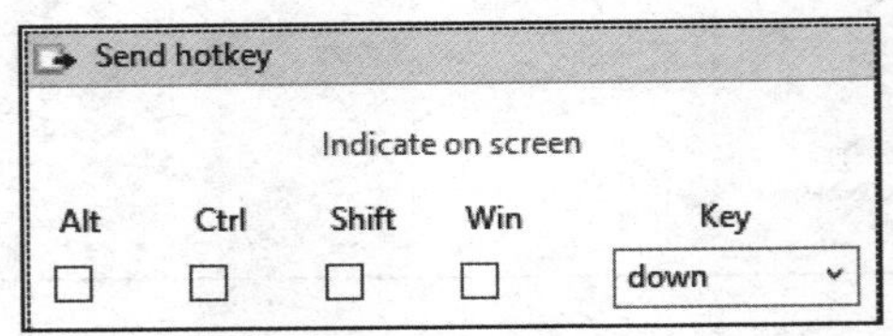

图 5-12

单击 Run 查看结果。

提示:要看到正确的结果,只需向下滚动网站就可以了。当这个活动完成它的任务时,我们会发现网页位置已经改变。

2. Type into 活动

这个活动用来在 UI 元素里输入文本,它也支持特殊键。Type into 活动类似于 Send hotkey 活动,需要发送击键和特殊键。特殊键是可选的,如图 5-13 所示。

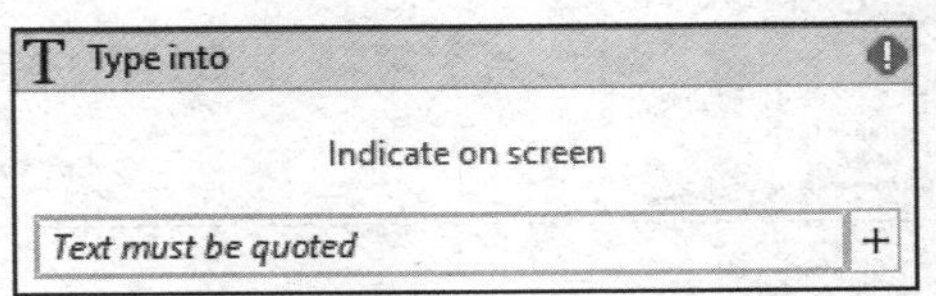

图 5-13

要使用这个活动,只需把它拖出来,并用"单击+图标"的方式从下拉列表中选择键来指定击键和特殊键(如果也想发送特殊键);也需要通过 Indicate on screen 指定文本输入的区域。

3. Type secure text 活动

这个活动用来向 UI 元素发送安全文本。它通过安全的方式发送字符串:

(1) 把一个 Flowchart 拖到设计器面板上。在 Activities 面板的搜索框里搜索 Keyboard,拖出 Type secure text 活动并右击,选择 Set as Start Node。

(2) 创建一个类型为 SecureString 的变量。双击 Type secure text 活动,并在 Type secure text 活动的 SecureText 属性里指定变量名;也需要通过 Indicate on screen 在屏幕上指定区域,如图 5-14 所示。

提示:我们还没有给 SecureString 类型的 variable1 赋值。在企业场景中,会使用 Get Credential 活动;当使用 Orchestrator 时,就可以使用 Get Credential 活动了。我们将在本书后面学习 Orchestrator。

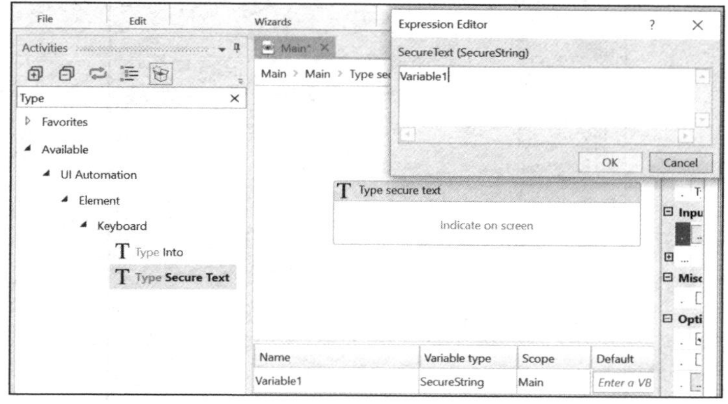

图 5-14

5.5 使用 UiExplorer

UiExplorer 是选择器的更高级版本，它是一个让我们灵活定制选择器的工具。先尝试通过一个例子来理解 UiExplorer 的概念。

在这个例子中，我们打算在 Notepad 窗口里输入一些文本。自动化这个任务非常容易，只需要使用 Type into 活动并通过 Indicate on screen 指定要输入的区域以及提供要输入的文本就可以了。假设打开了 Notepad 窗口，在里面输入一些文本，然后保存这个文件。如果想在里面再次输入一些文本，UiPath Studio 会提示错误。

这个实现没有任何问题。实际情况是，当在 Notepad 里输入一些文本时，UiPath Studio 会识别出文件、应用、类型、标题和类，并保存这些信息用于日后的识别。在保存文件时提供了名字，因此，标题已被系统改变（即 Notepad 窗口的名字已经改变）。当再次尝试输入一些文本时，UiPath Studio 无法识别 Notepad 窗口的实例。

可以通过 UiExplorer 来纠正它。我们已经自动化了在 Notepad 窗口里输入一些文字的任务。双击 Type into 活动；单击 Selector 属性的右边，展开 Targe 属性并找到 Selector 属性。此时，会打开一个窗口，单击 Open in UiExplorer 按钮，如图 5-15 所示。

这会打开一个窗口，可以看到 Selector Editor 窗口。分析那里给出的所有文本。可以看到标题 Untitled - Notepad。只需要编辑这个标题。在引号之间指定 test - Notepad，如图 5-16 所示。

这里的问题是，当打开 Notepad 窗口时，UiPath Studio 把标题属性保存为 Untitled - Notepad，当我们保存文件后它的标题就改为 test - Notepad 了。当我们下次尝试输入一些文本时，它无法识别这个标题，因为它已经从 Untitled - Notepad 改为 test - Notepad 了。只需编辑标题属性来修复这个错误就可以了。

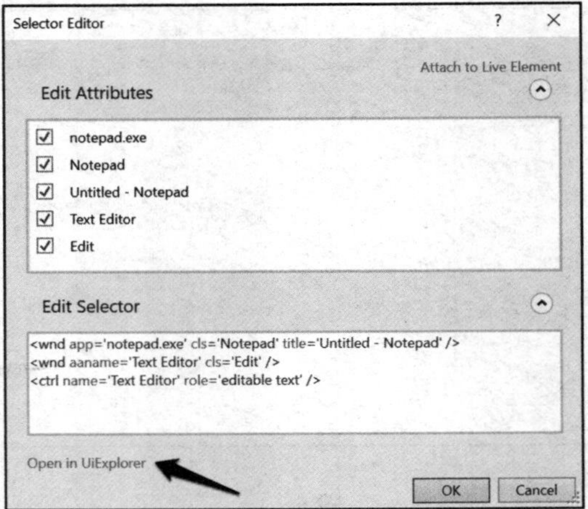

图 5-15

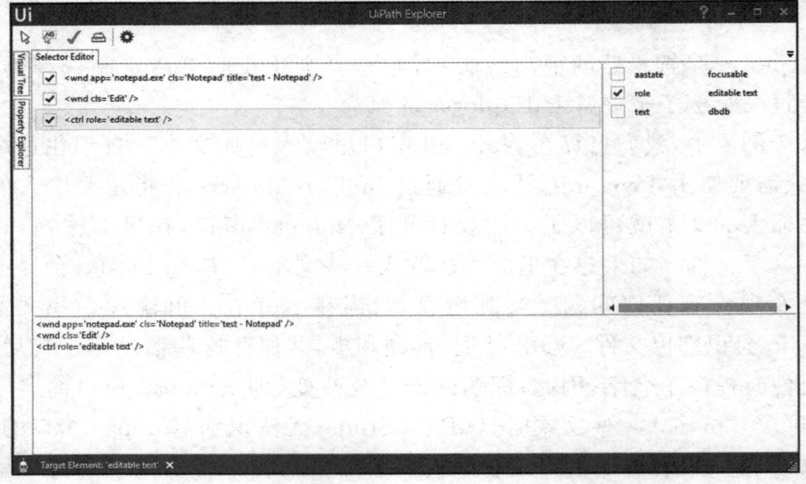

图 5-16

提示：UiExplorer 用来定制选择器和查看属性以及它们的相关值，仔细检查并找出应该更改的属性。

5.6 处理事件

事件会在某个操作执行时发生。事件有以下几种类型：

- 元素触发事件；
- 图像触发事件；

● 系统触发事件。

5.6.1 元素触发事件

这种事件处理单击和按键。

1. Click trigger

这个事件会在单击特定 UI 元素时发生。在使用 Click trigger 活动之前，需要使用 Monitor events 活动。如果没有 Monitor events，将无法使用 Click trigger。

双击 Monitor events，把 Click trigger 拖到 Monitor events 里。另外，把一个活动拖到 Monitor events 的 Event handler 区域里。这里使用 Message box 活动，也指定了字符串值。

在 Click trigger 里，需要指定想要单击的 UI 元素，如图 5－17 所示。

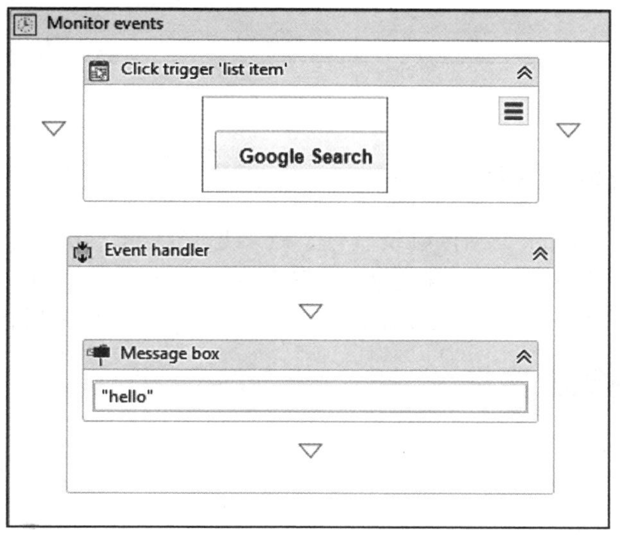

图 5－17

当单击操作在特定按钮上执行时，事件处理器将会被调用，而事件处理器里的活动也会执行。

2. Key press trigger 事件

这个事件类似于 Click trigger。Key press trigger 事件会在特定 UI 元素上执行击键时发生，它会在触发时调用事件处理器。

在使用 Key press trigger 事件时，需要指定按键或按键的组合。指定想执行这个操作的 UI 元素，如图 5－18 所示。

在指定的 UI 元素上按下按键时，事件处理器将会被调用。

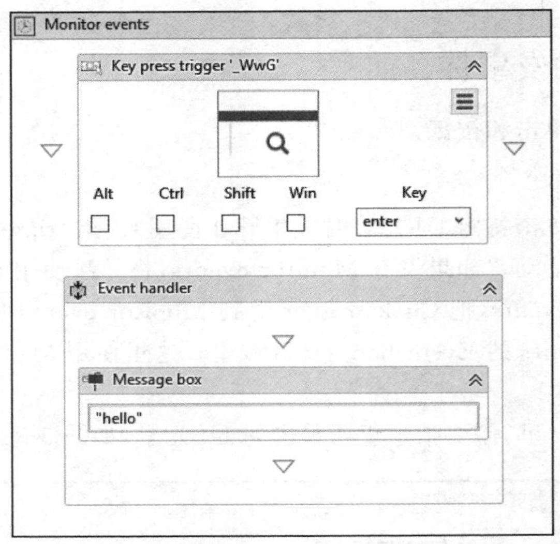

图 5-18

5.6.2 图像触发事件

Click image trigger 是图像触发事件。顾名思义,Click image trigger 用在单击图像时。只需在 Monitor events 里使用 Click image trigger 事件,并指定图像就可以了。在单击 Click image trigger 事件指定的图像时,事件处理器将会被调用。

5.6.3 系统触发事件

以下是系统触发事件:

- Hotkey trigger;
- Mouse trigger;
- System trigger。

1. Hotkey trigger 事件

这个事件会在特殊键按下时发生。因为我们已经看过触发事件,所以可以自行使用 Hotkey trigger 事件;需要在 Monitor events 里使用这个事件。

指定特殊键或按键组合。另外,提供将在事件发生时调用的事件处理器。

2. Mouse trigger 事件

这个事件会在鼠标按键按下时发生。在 Monitor events 里使用这个事件,并指定鼠标按键:鼠标左键、鼠标中键或者鼠标右键。

3. System trigger 事件

当需要使用所有键盘事件或所有鼠标事件,或者同时使用二者时,就会使用这个事件。在图 5-19 中，把 System trigger 事件拖到 Monitor events 里，可以指定触发器的输入属性。

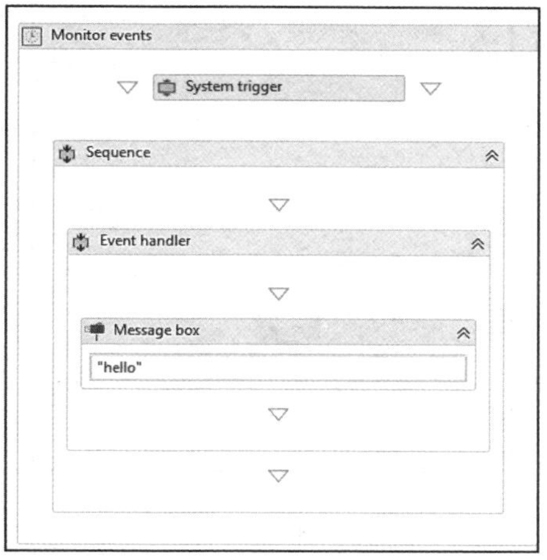

图 5-19

5.7 重温录制器

已经在第 2 章“录制和播放”里学习了任务录制。本节将进一步探索录制。正如之前所说的，UiPath Studio 里有四种类型的录制：

① 基本录制；

② 桌面录制；

③ Web 录制；

④ Citrix 录制。

5.7.1 基本录制

基本录制(basic recording)用来录制只有单个窗口的应用程序的操作，其使用完整选择器。它更适合执行单个操作的应用程序，而不适合有多个窗口的应用程序。选择器有两种类型，部分选择器(partial selector)和完整选择器(full selector)。完整选择器包含识别控件或应用程序的所有属性。

请注意，在图 5-20 中有不同的活动，但图中这些活动并未包含在容器里，它们是由基本录制器生成的。基本录制使用完整选择器生成不同的活动，并把它们直接放入顺序流里。

我们已经看到如何使用基本录制器自动化任务了，接下来看看其他录制器吧。

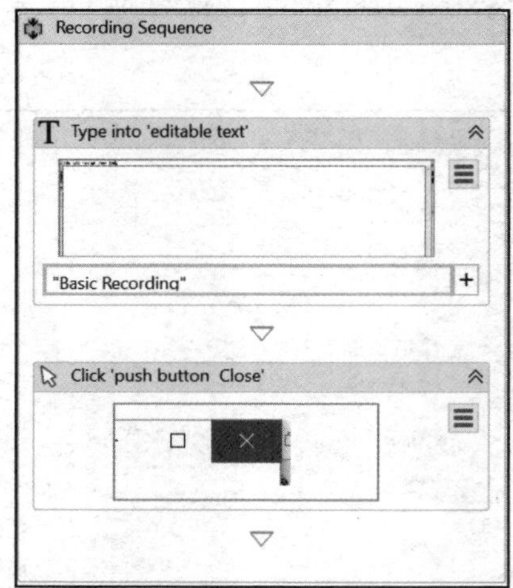

图 5 - 20

5.7.2 桌面录制

它类似于基本录制,其优势是适用于多个操作,非常适合自动化桌面应用程序。桌面录制器生成部分选择器,部分选择器拥有层次结构。为了正确地识别 UI 元素,它们分成父子视图。

请注意,在图 5 - 21 有一个 Attach Window 活动,其他活动嵌套在它之下。

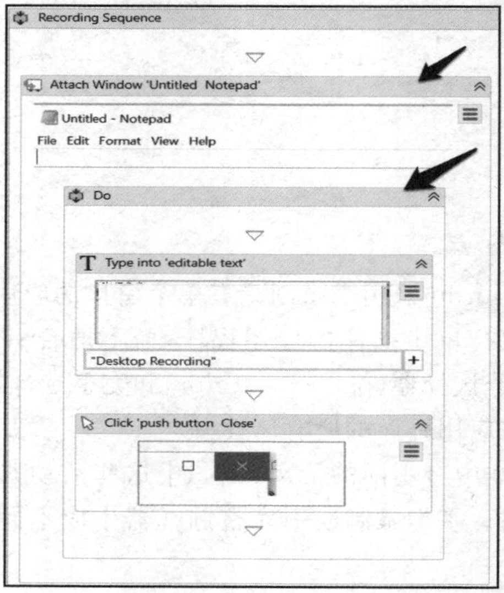

图 5 - 21

5.7.3 Web 录制

Web 录制可以通过 Web 录制器来做。要录制 Web 操作，应该安装浏览器的 UiPath 扩展；否则，没法使用 Web 录制自动化任务或操作。只需单击 Setup 图标，然后单击 Setup Extensions。选择浏览器并单击它，UiPath 扩展将会添加到指定的浏览器。

Web 录制类似于桌面录制，只需录制操作并保存就可以了。创建一个空白项目，拖出一个 Flowchart 活动。单击 Recording 图标并选择 Web 录制。可以自行录制 Web 上的操作，然后保存。

在我们的例子中，使用 Google Chrome(http://www.google.com)打开一个 Web 页面，然后单击 Web 录制器的 Record 按钮开始录制；接着，在 Google 的搜索框里输入一些文字，并执行 Click 活动；最后，按 Esc 键退出录制，并单击 Save and Exit 按钮。

现在，录制的顺序流已经在我们的设计器面板里生成了，把这个顺序流连接到 Start 节点，单击 Run 查看结果。Web 录制器生成的顺序流如图 5-22 所示。

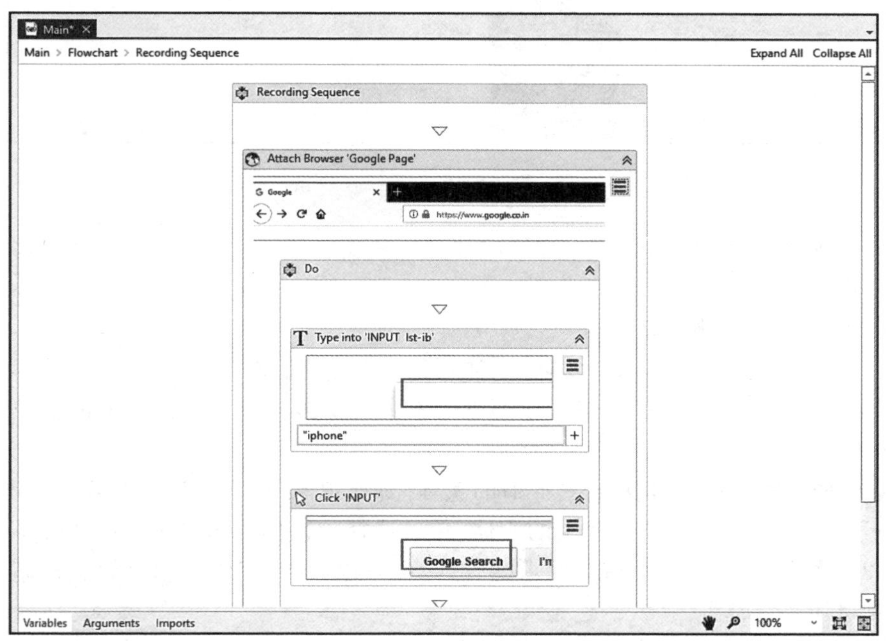

图 5-22

提示：在运行 UiPath 工作流之前，请确保打开了 Google 主页。

我们可以看到 Web 录制非常容易。还有另一种选项可以从网站提取信息，即可以使用数据抓取从网站轻松提取信息。

假设我们想从亚马逊网站提将取数据,比如,在亚马逊网站上搜索书籍并提取搜索结果。通过数据抓取从网站提取数据将变得非常容易:

(1) 创建一个空白项目,并给它起个有意义的名称,单击 Create。

(2) 打开亚马逊网站并搜索书籍,书籍的详细列表会显示在屏幕上,如图 5-23 所示。

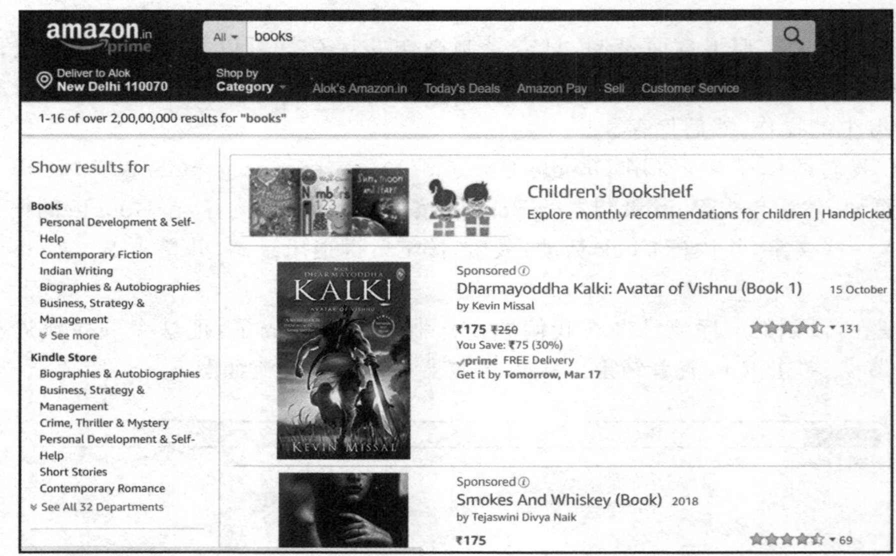

图 5-23

(3) 拖出一个 Flowchart 活动到设计器面板上。单击 Data Scraping 图标,将显示一个窗口。

(4) 单击 Next 按钮。

(5) 需要指定第一本书的实体,实体可以是名字、价格或作者等。

(6) 指定书名后,界面会提示索要下一本书的实体。指定第二本书的实体后,单击 Next。

(7) 如果选择书名作为第一本书的实体,那么必须选择书名作为第二本书的实体。不能选择书名作为第一本书的实体,然后选择价格作为第二本书的实体。

(8) 接着,会显示一个窗口要求配置列,也可以提取 URL。如果想这样做,选中 Extract URL 复选框。

(9) 也可以指定列名,单击 Next 按钮。

(10) 如我们所见,所有书名都提取到一个窗口了。如果想提取更多列或者更多实体,那就单击 Extract Correlated Data,并且再次指定书的另一个实体来提取更多列,就像前面所做的那样。之后,所有的数据将会被提取出来并添加到这个表中。在这个例子中只有一列,但如果提取了更多实体,更多列会添加到这个表中,如

图 5－24 所示。

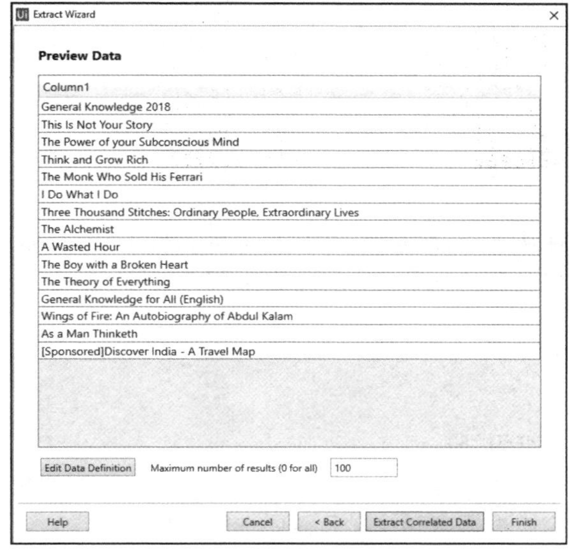

图 5－24

（11）单击 Finish 按钮。如果查询结果跨越多页，会提示指定网站上的页面导航链接（也就是网站的下一页按钮，我们用它来导航到另一页或下一页）。如果查询结果跨越多页，单击 Yes 按钮并指定这个链接，否则单击 No 按钮。

（12）单击 No 按钮，这将在 Flowchart 里生成一个数据抓取的顺序流；也会生成一个数据表，可以从这个数据表中获取信息。

5.7.4 Citrix

在处理远程桌面连接时，基本录制和桌面录制等方法就无法使用了。在 RDP 环境里，图像将从一台桌面电脑发到另一台，并通过分析鼠标按钮的指针位置来关联。因此，基本录制和桌面录制无法使用，因为这些录制技术无法跟图像交互。在 Citrix 环境里，有 Click text 活动和 Click image 活动，使用它们可以轻易地处理图像。

可以清楚地看到在 Citrix 录制里列出了这些活动：

- Click image；
- Click text；
- Type；
- Select & Copy；
- Screen scraping；
- Element；
- Text；

- Image。

所有这些活动都在 Citrix 环境里被广泛使用。可以像在基本录制或桌面录制里那样使用这些活动:唯一的区别是,需要指定屏幕上的一点,或者指定一个锚元素,就像在前面章节里使用的那样。

5.8 屏幕抓取

屏幕抓取是一种从文档、网站和 PDF 提取数据的方法,它是一种非常强大的提取文本的方法。可以使用 Screen Scraper 向导提取文本,Screen Scrape 向导有三种抓取方法:

① Full Text(全文);

② Native(原生);

③ OCR(光学字符识别)。

下面将逐一详细阐述这些方法。我们应该对这些方法有清楚的了解才能知道何时使用哪种方法。应该根据实际情况和需要选择最佳的方法:

- Full Text:Full Text 方法用于从各种类型的文档和网站中提取信息,其准确率为 100%。它是三种方法中最快的方法,甚至可以在后台工作。它也能提取隐藏文本,但不适用于 Citrix 环境。
- Native:这个方法类似于 Full Text 方法,但也有一些区别。它和 Full Text 方法一样具有 100%准确率,但速度比 Full Text 方法慢,而且不能在后台工作。不过,和 Full Text 方法相比,它有一个优势,能提取文本的位置;但它不能提取隐藏文本,也不能用于 Citrix 环境。
- OCR:这个方法用在前两个方法都不能提取信息的情况下。它使用两个 OCR 引擎:Microsoft OCR 和 Google OCR。它还有一个伸缩属性,即可以根据需要选择伸缩级别。改变伸缩属性会带来最佳结果。

三种方法之间的比较如下表所列。

功能方法	速 度	准确率	后台执行	提取文本位置	提取隐藏文本	支持 Citrix
Full Text	10/10	100%	可以	不可以	可以	不可以
Native	8/10	100%	不可以	可以	不可以	不可以
OCR	3/10	98%	不可以	可以	不可以	可以

来看一个从 UiPath 网站主页提取文本的例子:

(1) 创建一个空白项目,并给它起一个有意义的名称。

(2) 在浏览器里输入 https://www.uipath.com/,打开 UiPath 网站。

(3) 把一个 Flowchart 活动拖到设计器面板上。单击 Screen Scraping 图标,并指定想从哪个区域提取信息。我们只需选择 UiPath 网站上的一个区域,之后会弹出一个窗口提示“AUTOMATIC method failed to scrape this UI Element(自动方法无法抓取这个 UI 元素)”。默认情况下,Screen Scraper Wizard 会选择提取数据的最佳提取方法,但在我们这个例子中失败了,如图 5-25 所示。

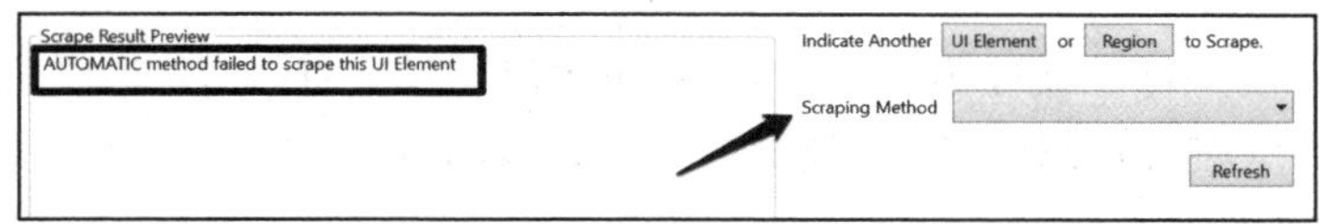

图 5-25

(4) 尝试选择另一个方法。选择 Full Text 方法,也失败了。然后,选择 Native 方法,也失败了,如图 5-26 所示。

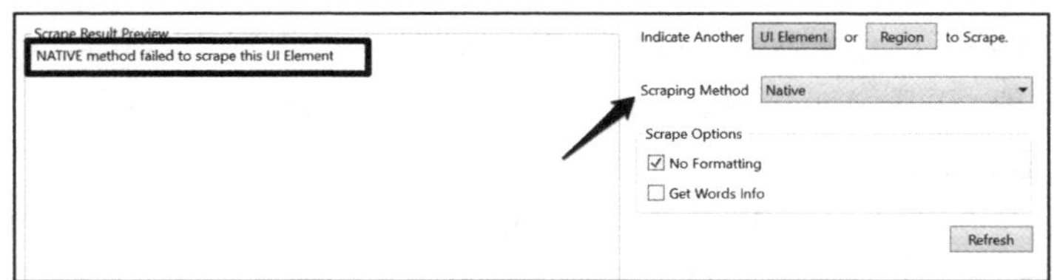

图 5-26

(5) 这次选择 OCR 抓取方法,可以清楚地看到提取的文本,如图 5-27 所示。

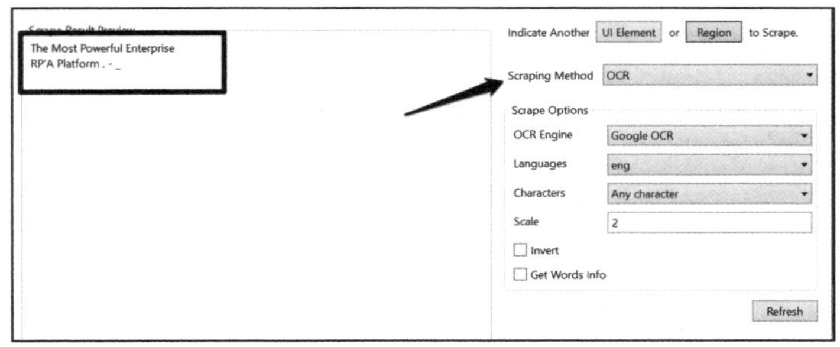

图 5-27

5.9 何时使用 OCR

有时候 Get Text 和 Click Text 等常规活动无法提取文字或执行操作,这正是 OCR 派上用场的时候,让我们在现有活动无法完成任务时灵活执行操作。

OCR 全称为 Optical Character Recognition(光学字符识别),它是一种文字识别技术,即把扫描的打印文档转换为电子格式。OCR 主要用于图像、扫描的文档和 PDF 等提取信息和执行操作。从图像、扫描的文档到 PDF 提取信息或数据是一件非常冗长费时的任务,常规活动不适合提取这些类型的输入,但 OCR 可以使用不同的方法和方案来提取信息。UiPath Studio 里有两个 OCR:

① Microsoft OCR;

② Google OCR。

Microsoft 的 OCR 又称为 MODI,Google 的 OCR 又称为 Tesseract。OCR 并不限于这两个,可以自由地使用其他类型的 OCR。让我们通过一个例子来看看什么时候应该使用 OCR。

假设我们打算通过 Get Text 活动从一个 Word 文档提取一些文字:

(1) 创建一个空白项目,并给它起个有意义的名称。

(2) 把一个 Flowchart 活动拖到设计器面板上。再把一个 Get Text 活动拖到设计器面板里并右击,选择 Set as Start Node 选项。

(3) 双击 Get Text 活动。单击 Indicate on screen,指定想从哪段文字提取信息;需要提供输出值,用于从 Get Text 活动获取文字。创建一个类型为 GenericValue 的变量,并指定变量名为 str。

(4) 拖出一个 Message Box 活动,把它连接到 Get Text 活动。双击 Message Box 活动,并指定之前创建的变量名(str),如图 5-28 所示。

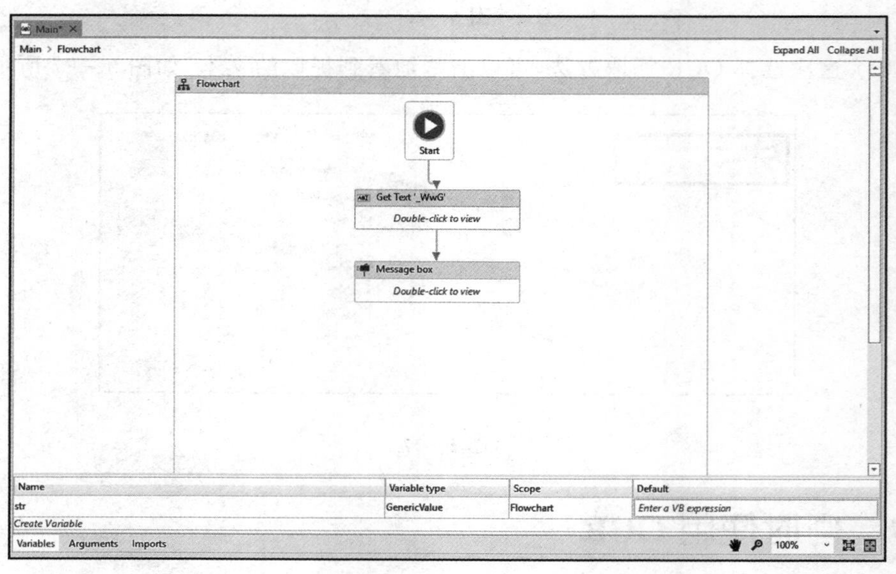

图 5-28

单击 Run 查看结果。可以在这个例子中清楚地看到使用 Get Text 活动无法正确提取文字。这时候该 OCR 出场了。我们将在后面学习如何使用 OCR 提取文字。

5.10 可用的 OCR 类型

UiPath Studio 里有两个 OCR：

① Microsoft OCR；

② Google OCR。

但是，我们可以自由地导入其他 OCR 引擎到项目里。Microsoft 和 Google 的 OCR 引擎都有它们自己的优势和劣势。Google OCR 的优势包括：

- 多语言支持可以添加到 Google OCR 里；
- 适合从小区域提取文字；
- 完全支持反色；
- 可以只按允许的字符来过滤。

Microsoft OCR 的优势包括：

- 默认支持多语言；
- 适合从大区域提取文字。

OCR 不是 100%准确，它在其他方法无法成功提取文字时是有用的；它适用于所有应用程序，包括 Citrix。

Microsoft 和 Google 的 OCR 都不是每种情况的最优方法。有时候我们需要寻找更高级的 OCR 来识别更复杂的文字，比如手写文档等。UiPath Studio 里还有一个 OCR，叫 Abbyy OCR 引擎。可以在 Activities 面板里搜索 OCR 找到这个 OCR 引擎。如果在 Activities 面板里没找到这个 OCR，则需要安装 UiPath. Core. Activities 包，如图 5-29 所示。

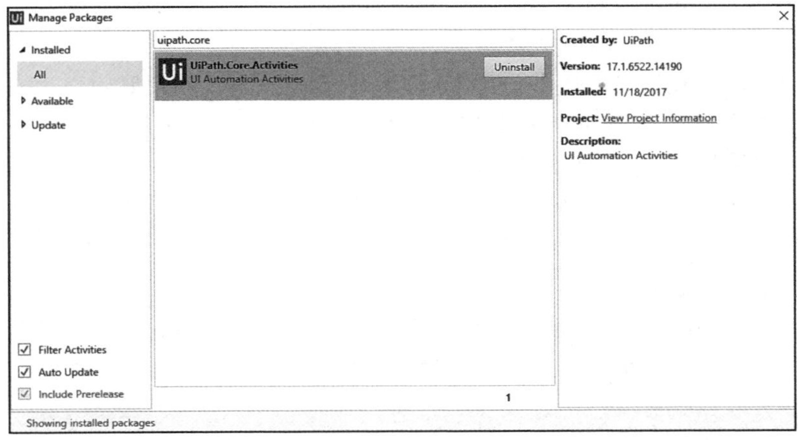

图 5-29

提示:在图 5-29 中,这个包已经安装好了,这就是为什么 UiPath. Core. Activities 右边有个 Uninstall 按钮。

5.11 如何使用 OCR

本节将讲解如何使用 OCR。假设有一个图像,我们需要提取里面的文字。在这种情况下,OCR 就会变得非常方便。在下面的例子中,我们将使用带有文字的随机 Google 图像,如图 5-30 所示。

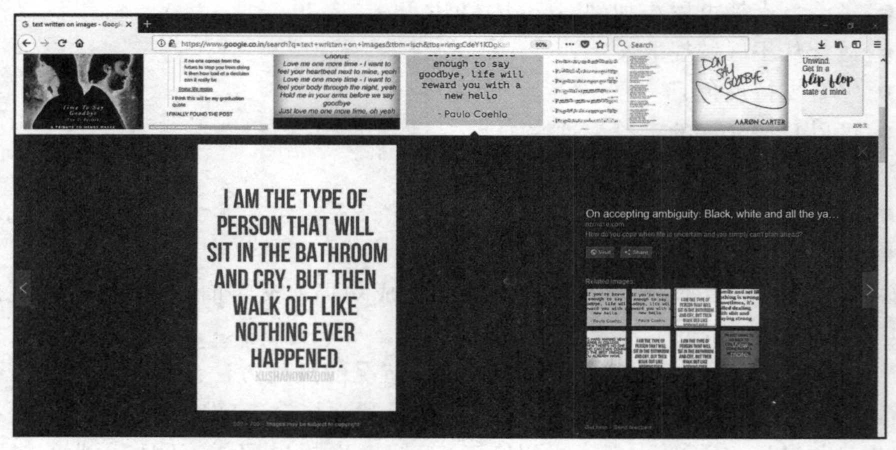

图 5-30

要从图 5-30 提取文字,应执行以下步骤:

(1) 打开 UiPath Studio 创建一个空白项目,给它起个有意义的名称。在设计器面板上,拖出一个 Flowchart 活动。

(2) 从 Activities 面板拖出一个 Get OCR Text 活动,并把它设为开始节点;双击它,并单击 Indicate on screen 选项,选择想从图像提取文字的指定区域。在我们的例子中,使用从 Google 搜索到的图像。

(3) 单击 Get OCR Text 活动的 Text 属性,弹出一个窗口,如图 5-31 所示。右击窗口,并选择 Create Variable 选项。给它起个有意义的名字,按回车,单击 OK 按钮,将创建这个名字的变量。

(4) 拖出 Message Box 活动,把它连接到 Get OCR Text 活动。双击 Message Box 活动,并指定之前在表达式框里创建的变量名(在我们的例子中是 result 变量)。

按 F5 查看结果。

提示:尝试更改 OCR 引擎的 Scale 属性,它会在某些情况下给出更好的结果。

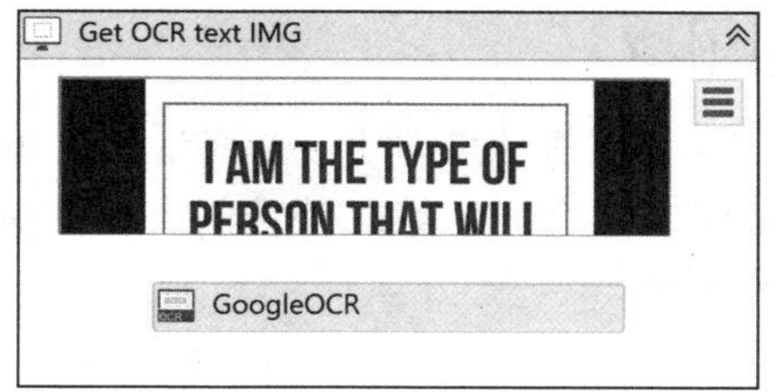

图 5-31

5.12 避免常见的故障点

在很多情况下，正常的实现会出错。下面将讨论这些错误点，并看看如何应对它们。本节将使用以下实体来应对错误点：

- 选择器；
- 变量的作用域；
- Delay 活动；
- Element Exists 活动；
- Try Catch 活动；
- ToString 方法。

5.12.1 选择器

有时候在使用选择器的过程中，会发现处理它们非常冗长费时，这是因为一个选择器有 attribute、title 和 class 等属性。当我们使用选择器来选择一个 UI 元素时，它会保存所有这些属性。应用程序的不同实例会有 UI 元素的不同属性。

选择器的问题是，当选择一个 UI 元素时，它捕获了它的属性。当使用这个选择器选择应用程序的不同实例的 UI 元素时，这些属性会有所不同。属性的不同将导致选择器无法识别应用程序的另一个实例的相同 UI 元素。

可以使用通配符或附加到活动元素(live element)来解决这个问题。UiPath 可以使用两个通配符：

① 问号(?)，代替一个字符；

② 星号(*)，代替一组字符。

我们只需把变量(不断改变的名字)换成通配符就可以了。也可以在选择器属性窗口使用 Attach to live element 选项，并再次指定元素。它会自动检测变量属性并修复它们。

5.12.2　变量的作用域

有时会在 Sequence 或者 Do 活动里创建一个变量。这样做会把变量的作用域限制到该活动中。若我们尝试从这个作用域之外访问一个变量，它是无法访问的。我们需要改变这个变量的作用域。

5.12.3　Delay 活动

在某些情况下，我们需要等待一个特定的操作。比如，在打开 Outlook 应用程序时，它(为了同步)需要链接到服务器。打开它需要一些时间(UI 元素在这个阶段不稳定)。

与此同时，机器人的活动正在等待 UI 元素变得稳定，以便执行操作。在等待一段时间之后，如果 UI 元素还没稳定，就会出现错误，因为这个活动找不到 UI 元素。因此，需要添加一个 Delay 活动来确保用于操作的 UI 元素已经稳定。在 Delay 活动的表达式文本框里指定延迟的时间，这个活动会让流程延迟指定的时间。

5.12.4　Element Exists 活动

这个活动用来确保所需的元素存在。它是用来确保我们正在寻找的元素存在于上下文中。这是检查活动是否存在的好方式。

5.12.5　Try Catch 活动

这个活动是用来应对异常的异常处理机制。把所有可疑的活动都放在 Try 块里。如果出现错误，就会被 Catch 块检查出来。

5.12.6　ToString 方法

有时，我们会忘记对变量使用 ToString 方法，从而最终出现错误。比如，在 Message Box 里输出一个整数变量时，我们需要应用 ToString 方法。

5.13　小　结

本章我们学习了 UiPath 里各种类型的控件，包括各种类型的鼠标活动和键盘活动，也重温了 UiPath Studio 的录制功能，学到了更高级的功能。UiExplorer 是另一个主题，它基本上是用来定制选择器的。此外，我们还学习了 OCR 的类型以及用途。最后，我们学习了使用屏幕抓取处理数据提取。

第6章

通过插件和扩展驯服应用程序

到目前为止，我们已经学习了如何录制自动化的步骤，也学习了控制流以及变量和数据表的使用，最重要的部分是理解和掌握控件。只有正确地找到应用程序的控件，才能成功地自动化一个流程。现在，我们在本章将进一步学习如何使用外部插件和扩展。除了基本的提取和桌面屏幕交互外，UiPath 还有很多插件和扩展来让 UI 自动化变得更容易。这些插件允许我们直接和那些应用程序交互或者让 UI 自动化变得容易。本章涉及的重要知识如下：

- 终端插件；
- SAP 自动化；
- Java 插件；
- Citrix 自动化；
- 邮件插件；
- PDF 插件；
- Web 集成；
- Excel 和 Word 插件；
- 凭证管理；
- Java、Chrome、Firefox 和 Silverlight 扩展。

6.1 终端插件

终端插件(terminal plugin)用来执行文字格式的命令(通常在一个黑色的窗口里)，它的速度比图形用户界面(GUI)方法快。它在授权(authority)和权限(permission)方面的范围更广。

在 UiPath Studio 里，有一个名为 UiPath. Terminal. Activities 的 NuGet 包，终端插件在 UiPath Studio 里预装了。如果没有安装，则需要手动安装它。要检查 Terminal 活动是否安装了，只需在 Activities 面板里搜索 Terminal，它会列出所有终端活动。如果 Activities 面板里没有列出活动，就需要安装 UiPath. Terminal. Activities 包。

要安装 Terminal 活动的 NuGet 包，单击 Manage Packages 图标，如图 6－1 所

示。(译者注:由于版本的差异,新版中 Manage Packages 的位置可能会不同,但仍可通过快捷键 Ctrl+P 打开。)

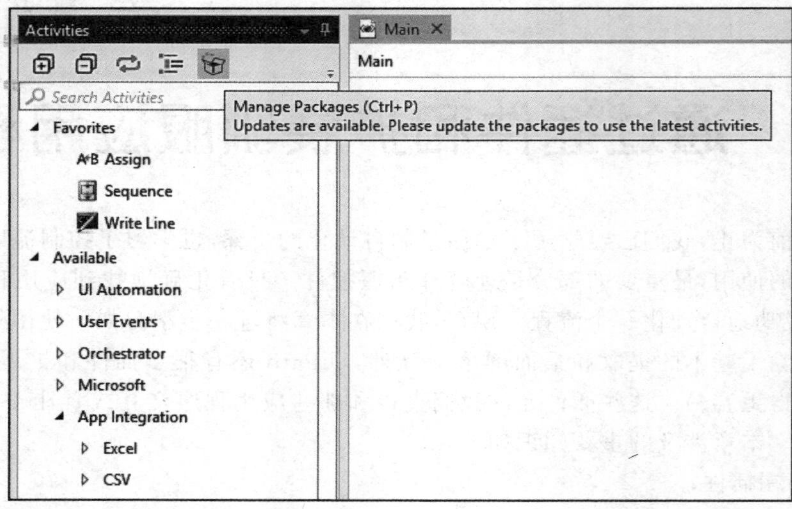

图 6-1

然后出现 Manage Packages 窗口。在搜索框里搜索 terminal,如图 6-2 所示。UiPath. Terminal. Activities 旁边有一个 Uninstall 按钮,这是因为 Terminal 活动已经在 UiPath Studio 里安装了。如果没有安装。UiPath. Terminal. Activities 旁边会显示 Install 按钮。

图 6-2

6.2 SAP 自动化

不管是软件还是机械的机器人，自动化无处不在。企业拥有的信息不仅是最新的，也是最准确的。在今天的市场中，如果企业无法保持信息更新，那将受到信息化的冲击。使用 UiPath 的 SAP 自动化集成了最新的技术，更适合企业组织。今天，SAP 自动化成了 IT 行业的热词。现在，容易出错的数据库和未填写或部分填写的文档大多都被抛弃了。使用 UiPath 的 SAP 自动化可以很容易避免这些问题。它能很容易地自动化任务，并使企业更高效。

UiPath 的 SAP 自动化的一些优点如下：

- 它兼容所有最适合企业的 SAP 自动化技术。
- 它很准确(99.999%的情况)，并可交付最好的结果。它避免了雇员可能出现的常见错误。
- 雇员要求更高的薪水，并且必须考虑全职员工(FTE)。SAP 自动化针对 FTE 提供模块化方案。
- 它可伸缩。可以设立上百个机器人，并且不需要监视它们；也没有必要经常看它们，机器人可以独立工作。

SAP 自动化需要一些步骤，我们在自动化时应该注意这一点。有时 Click 活动无法识别 UI 元素。在自动化 SAP 的过程中，当 Click 活动无法工作时，可以使用 Click text 活动和 Click image 活动。有时需要从 SAP 提取表格数据，迭代这个表格并不容易。在这种情况下使用选择器来识别表格的单元格，可以实现一个循环来迭代表格中的每个单元格。

现在，我们怎么知道循环应该在什么时候停止迭代表格的单元格呢？可以把代码放入 Try Catch 活动，当异常出现时(异常会在这个循环遇到空的单元格或者到达表格的末尾时出现)，就会被 Catch 块捕获，这样就可以迭代这个表格的所有单元格了。

在与复选框和单选框交互时，使用 Get Attribute 活动来判断它们是否被选中。在处理很难找到的 UI 元素时，比如，某个文字右边的小按钮，我们需要想想人类的操作。人类将如何对这些步骤做出反应？

6.2.1 SAP 自动化如何影响数据输入任务

数据录入是一项复杂的任务。雇员在整个过程中都要灵活应对，不断地检查错误。有些任务雇员能胜任，比如查看表单的信息并提取出来，他们可以正确分类文档；这些任务对于系统(计算机)来说是困难的。当然，人类可能出错，但软件不会。UiPath 结合了两者的优势——自动化的好处和模仿人类的好处，使软件机器人经过训练可以查看表单、复制数据或者留意按键操作，这极大地减少了程序中的错误(相比人类执行相同任务)。除了这些流程,UiPath 使用某种方法来忽略网站、SAP 软件或者其他应用程序上的无关信息,只优先考虑重要信息。这意味着,不管 SAP 应用程序多么难处理,UiPath 都能轻易处理每个操作。它可以扩展到任何平台上的任何应用程序。

6.2.2 SAP 自动化的常见使用场景

SAP 自动化的一些使用场景如下:

① 从任何应用程序填写表单;

② 在 SAP 和其他应用程序之间复制、粘贴数据;

③ 比较屏幕上的数据字段;

④ 更新系统中的一个实体的状态;

⑤ 从任何应用程序或网站中抓取数据。

UiPath 易于使用。事实上,我们不需要了解一门编程语言或者任何脚本语言。UiPath 的机器人可以通过可视化编程界面来训练。我们可以为现有的应用程序定义复杂的工作流,并训练我们的机器人;一旦训练好了,机器人就能以较低的成本独立运行。一个软件机器人的工作效率约等于三个雇员,这节省了大量的时间和金钱。

UiPath Studio 内置了库和活动,可以对机器人进行培训,并使流程自动化。这意味着它能从一个应用程序复制、粘贴一些实体到另一个应用程序,这样雇员就有更多时间处理逻辑复杂的工作了。这能提高了生产力和效率。

6.3 Java 插件

Java 插件软件是 Java 运行时环境(JRE)的一个组件。JRE 允许小应用程序(使用 Java 编程语言编写的软件程序)在各种浏览器里运行。

为什么通过 UiPath Studio 使用 Java 插件

假设我们需要自动化一个 Java 应用程序。我们不能在 Java 应用程序上使用预装的活动,因为这种活动无法被正确识别。因此,为了在 Java 应用程序上使用活动,我们需要安装 Java 插件。

执行以下步骤,在 UiPath Studio 里安装 Java 插件:

(1) 单击 SETUP 向导,如图 6-3 所示。(译者注:由于版本的差异,新版中功能区的位置可能没有 SETUP 选项,因此下面步骤中的 Setup Extensions 所在的位置也会有差异。)

(2) 单击 Setup Extensions 并选择 Java,如图 6-4 所示。

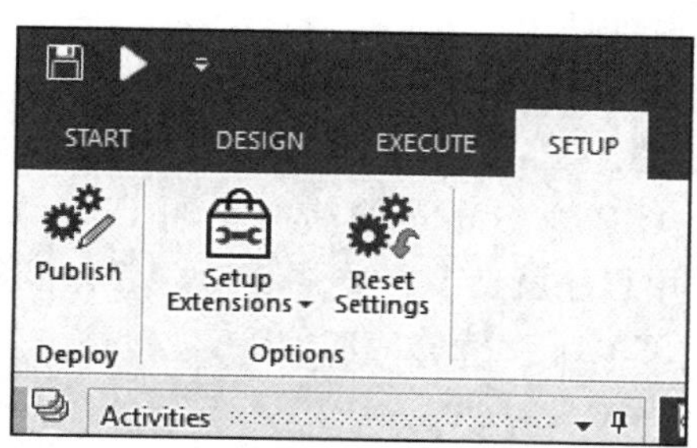

图 6-3

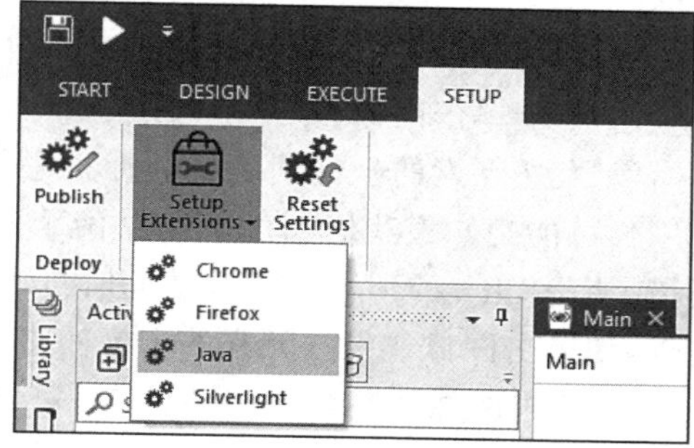

图 6-4

确认窗口将会弹出，显示 Java 插件已经成功安装。

要检查 Java 插件是否正常工作，打开 UiExplorer，单击任何 Java 应用程序，并选择一个元素。如果选中的是整个窗口而不是那个元素，那么 Java 插件没有安装成功；相反，如果那个元素被正确选中了，那么 Java 插件就安装成功了。

6.4 Citrix 自动化

我们前面已经处理过常见的自动化，即自动化桌面应用程序或 Web 应用程序。我们很容易处理这些拥有图形用户界面的应用程序。UiPath 找到我们单击的元素，并识别它们。因此，下次机器人执行流程时，就能成功地找到相同的元素。我们已经看到这些类型的操作了。但如果我们有远程桌面链接，并需要使用这个远程桌面链接来自动化应用程序，这将是一件冗长费时的任务。

能否自动化运行在另一台机器上的应用程序，并通过之前用在简单 GUI 上的活动远程访问它呢？答案是不能。

来看看为什么不能。假设我们需要自动化一个桌面应用程序，使得机器人能在这个应用程序上执行所有需要的操作，我们可以简单地使用单击、双击或者其他活动来自动化它。但是，我们不能在远程链接另一个系统时使用这些活动。为什么单击和双击等常规活动在远程桌面链接上不能工作呢？远程桌面链接的问题在于，它把一个系统的图像发送给另一个系统，单击或双击等录制活动可能无法准确地捕获远程系统里控件的位置。

可以通过例子更好地理解上述内容。假设 A 机器的屏幕分辨率是 1 366×768，B 机器的屏幕分辨率是 1 024×768，我们使用远程桌面把 A 机器链接到 B 机器。现在，分辨率为 1 024×768 的 B 机器正在通过 A 机器访问；而实际发生的是，B 机器窗口的前端图像正被发送到 A 机器。因此，我们不能单击图像。因为两个机器有不同的分辨率，在远程桌面链接期间发送元素的坐标到另一个机器是有问题的，也是很困难的。

我们已经指出在通过远程桌面链接自动化时的两个问题:

① 不能单击图像;

② 发送元素的坐标到另一个机器是有问题的。

你可能想知道我们如何解决这两个问题。UiPath Studio 自带一个叫 Citrix 的环境,使用 Citrix 环境,在远程访问时自动化应用程序就会变得非常容易。它有很多选项,使单击图像或发送元素的坐标变得容易。Citrix 支持的活动如下:

- 单击图像;
- 单击文字;
- 输入;
- 发送热键;
- 选择和复制;
- 屏幕抓取和抓取数据;
- 复制文字。

要使用 Citrix 环境自动化,则需要选择 Citrix 录制模式。在 UiPath Studio 里,单击 Recording,并选择 Citrix,如图 6-5 所示。

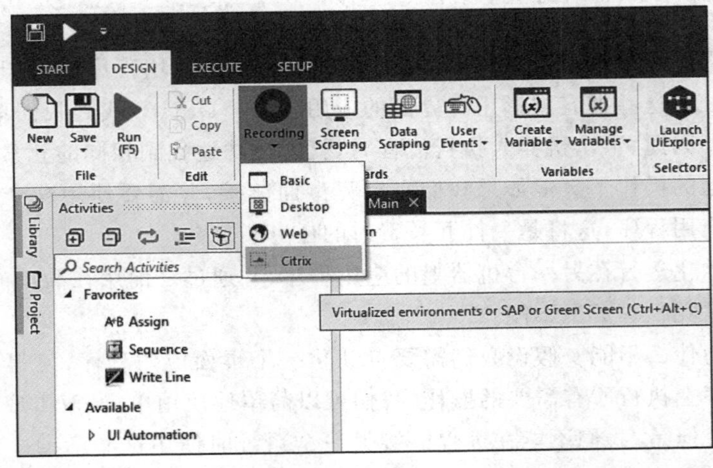

图 6-5

现在,可以使用各种控件和活动来帮助我们远程自动化应用程序。

Citrix 环境如何工作

Citrix 可以通过远程桌面协议(RDP)的方式灵活工作,它可以捕获图像及其相关元素的位置,使得它们在另一台机器上可以被轻易找到。不管屏幕分辨率是多少,它都能轻易识别元素。

请看下面的例子(我们不打算在这里使用 RDP,这个例子只是示范 Citrix 的活动)。

假设我们要在 Google 搜索框里输入一些文字并单击 Search 按钮。单击 UiPath Studio 顶部的 Recording 图标,选择 Citrix 选项,将会弹出一个窗口。然后,导航至 Google,并从弹出菜单选择 Type 活动,如图 6-6 所示。

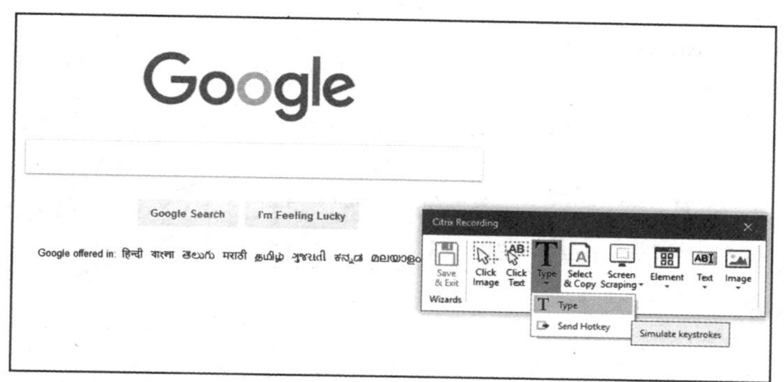

图 6-6

会显示一个弹窗,输入想搜索的文字。另外,选中 Empty Field 选项,按下回车键,如图 6-7 所示。

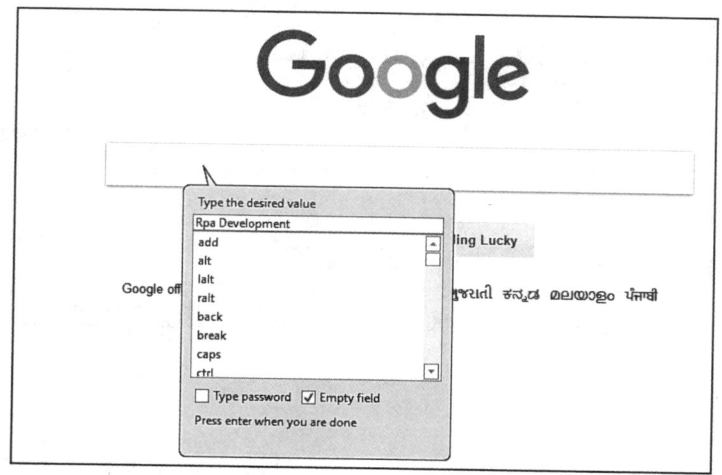

图 6-7

会再次显示一个弹窗。现在,从 Citrix Recording 活动选择 Click Image,需要选择 Google 搜索框的整个搜索区域。这次,会要求指定屏幕上的一个点。只需指定前面选择的元素(在我们的例子中是搜索框区域),如图 6-8 所示。

单击 OK 和"Save & Exit"就完成了。可以清楚地看到,UiPath 生成了如图 6-9 所示的顺序流。

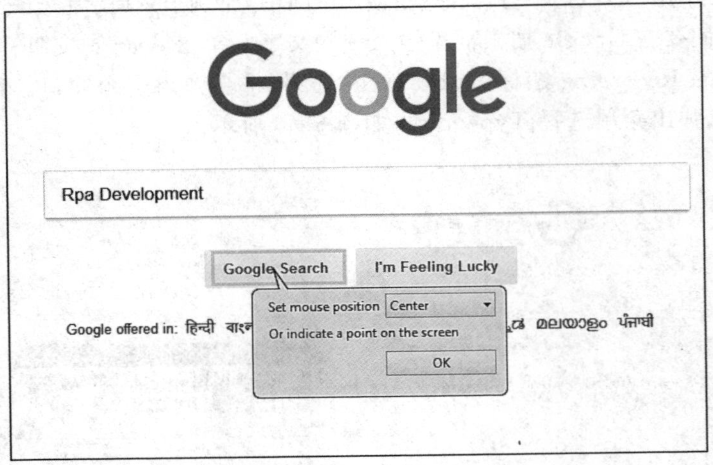

图 6-8

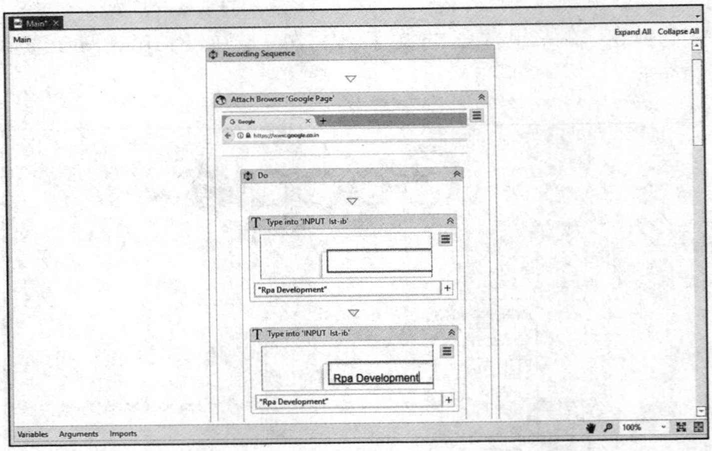

图 6-9

按 F5 查看结果。

提示:这里没有使用 Open Browser 活动。因此,需要在执行这个程序之前打开 Google. com。如果不想这样,可以在录制顺序流之前拖出 Open Browser 活动。

6.5 邮件插件

想要使用任何邮件活动,需要安装 Mail 包。要检查 Mail 包是否安装,只需在 Activities 面板里搜索 Mail,它会列出所有邮件活动。如果这些活动没有在 Activities 面板里列出,那么需要安装 UiPath. Mail. Activities 包。

想要安装 Mail NuGet 包，单击 Activities 面板顶部的 Manage Packages 图标，将会显示 Manage Packages 窗口。在搜索框里搜索 mail，如图 6－10 所示，UiPath. Mail. Activities 旁边有个 Uninstall 按钮。这是因为邮件活动已经在 UiPath Studio 里安装了。如果没有安装，UiPath. Mail. Activities 旁边将会显示 Install 按钮。

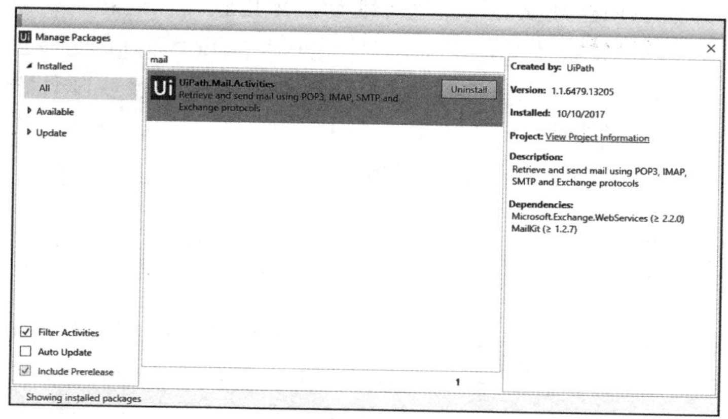

图 6－10

在 UiPath Studio 里有各种邮件活动可以使用，如图 6－11 所示。

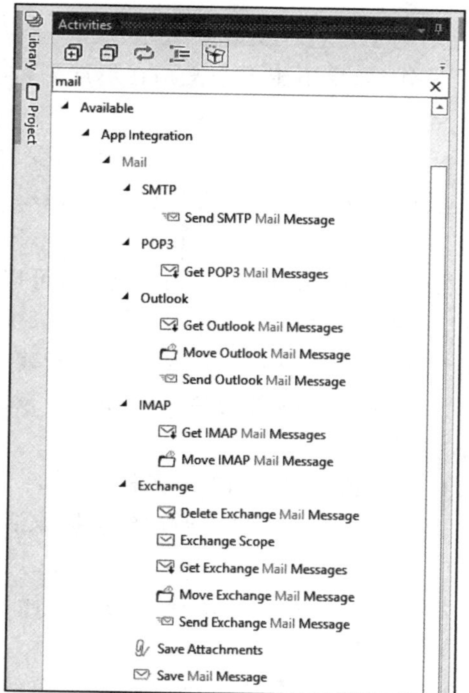

图 6－11

一些常用的邮件活动如下：

① SMTP：可以用来发送邮件消息。

Send SMTP Mail Message 活动：这个活动用来发送邮件到另一个邮件地址。

② POP3：虽然它不是首选的，但它仍然可以用来接收邮件消息。

Get POP3 Mail Messages 活动：这个活动用来接收邮件消息。

③ IMAP：可以用来接收邮件消息，它是一个比 POP3 更好的选择。

GET IMAP Mail Messages 活动：这个活动也可以用来接收邮件消息。它使我们可以灵活操作邮件消息，并且可以远程访问。

一旦我们熟悉了这些，就可以轻松尝试剩下的活动了。

6.6 PDF 插件

PDF 全称为 Portable Document Format（可移植文档格式），它使文档具备平台独立性。为什么要用 PDF 呢？假设我们在系统里安装了 Microsoft Word 2007，并且创建了一个 doc 文件。这个 doc 文件可以在任何系统上打开。假设一个系统安装了 Microsoft Word 2017，如果我们在这个应用程序中查看这个 doc 文件，应用程序的格式是不会一样的。这是因为 Microsoft 的应用程序有不同的架构和规范，它们的格式不一样。

在这里，PDF 就派上用场了。它在所有系统上保持一致，这就是为什么所有保密文档都用 PDF 收发。另外，如果不想一个文档在不同平台上有不一样的显示，应该把该文档转换成 PDF 格式。

想要使用任何 PDF 活动，需要安装 PDF NuGet 包。要检查 PDF 包是否安装，只需在 Activities 面板上搜索 PDF 活动，它会列出所有 PDF 活动。如果 PDF 活动不在 Activities 面板里显示，就需要安装 UiPath. PDF. Activities 包。

单击 Activities 面板顶部的 Manage Packages 图标，可以安装 PDF NuGet 包。在 Manage Packages 窗口的搜索框里搜索 PDF，如图 6－12 所示，UiPath. PDF. Activities 旁有个 Uninstall 按钮。这是因为 PDF 活动已经安装在 UiPath Studio 里了；如果没有安装，UiPath. PDF. Activities 旁边会显示 Install 按钮。

一些常用的 PDF 活动如下：

(1) Read PDF Text：用于读取任何 PDF 文档上写的文字。但是，Read PDF Text 活动不能保证提取全部文字。或者可以通过屏幕抓取活动从 PDF 文件提取所有字段。要抓取 PDF 文件，单击菜单里的 Screen Scraping，然后指定需要提取数据的区域。如果文字提取失败，就把提取类型改成 OCR，并把 Scale 设为 3 或者以上。选择 Google 或者 Microsoft OCR。

(2) Read PDF With OCR：用于读取 PDF 文件的图像部分。假设 PDF 文件里有图像，并且上面有文字，Read PDF Text 活动将无法读取这些文字。这就是 OCR

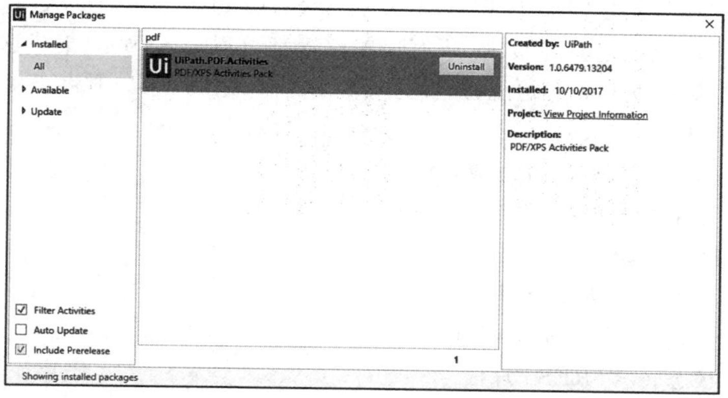

图 6-12

派上用场的时候了。有时候，一些文字可能是写在彩色背景上的，这种情况可以通过 Read PDF With OCR 活动轻松处理。

如果 Read PDF Text 和 Read PDF With OCR 都无法提取文字，我们仍然可以使用屏幕抓取方法来提取 PDF 的数据（有时候，需要指定相关元素来识别文字），如图 6-13 所示。

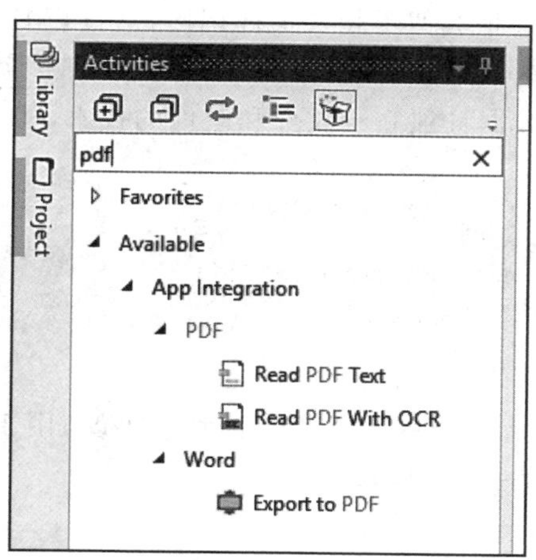

图 6-13

根据需要选择最适合项目的方法。

6.7 Web 集成

创建一个 Web 项目，比如公司网站、B2B 门户或者电子商务网站，这都要牵涉范围很广的技术，如数据库设计、网络、设计、用户体验、用户可访问性、搜索引擎优化和项目管理。这些技术也需要 HTML、CSS、JavaScript、JQuery、AJAX、系统分析与设计、测试、运维以及很多其他技术,所有这些活动都可以归入 Web 集成这个类别。因此,Web 集成牵涉一个很大的流程,要把所有这些对完成 Web 项目至关重要的技术和组件链接起来。

以下技术广泛用于 Web 集成:

- 应用程序编程接口(API);
- 可扩展标记语言(XML);
- 简单对象访问协议(SOAP);
- JavaScript 对象表示法(JSON);
- 表征状态转移(REST)。

(1) API:API 集成用得很多,很难找到一个没有暴露 API 的现代 Web 应用程序或网站。API 集成允许软件或 Web 应用程序实时与其他软件或 Web 应用程序交互。

UiPath Studio 有两种工作方式:它可以从一个应用程序自动提取数据,并传给一个 Web 服务;也可以从 Web 服务获取数据,并输入另一个应用程序。我们已经探索并实现了 UiPath 自动化用户界面。API 是连接 Internet 上的两个应用程序或系统最容易的方式。

(2) XML:XML 是一种类似于超文本标记语言(HTML)的标记语言。XML 被设计用来存储和传输数据,它也具备自描述性;可以说它扩展了 HTML 的功能。它是一种用于存储和传输数据且独立于软件和硬件的技术,如:

```
<Message><To>John</To>
    <From>Ava</From><Subject>Reminder</Subject>
    < Message Body>Do not forget to meet me this
weekend! </Message body></Message>
```

可以在 XML 里创建任何父节点结构。

(3) SOAP:SOAP 是一个基于 XML 的消息协议,用于计算机之间交换信息。可以说 SOAP 是 XML 的一个应用。

SOAP 的优点如下:

- 是一种用在 Internet 上进行通信的通信协议;
- 可以扩展 HTTP 请求;
- 可以用于广播消息;
- 平台独立;
- 语言独立;
- 通过 XML 方式定义了发送什么信息以及如何发送;
- 使得客户端应用程序可以轻易连接到远程服务并调用远程方法;也可以用在各种消息系统中。

(4) JSON:JSON 是一种轻量级的数据交换方式。它具备自描述性,并且易于理解。JSON 最重要的特点是语言独立性。

在浏览器和服务器之间交换数据时,数据只能是文本。JSON 是基于文本的。我们可以把任何 JavaScript 对象转成 JSON,并把 JSON 发送到服务器。不仅如此,大多数语言都有它们自己的方法在它们的对象和 JSON 之间实现来回转换。也可以把从服务器获取的任何 JSON 转成 JavaScript 对象。通过这种方式,我们可以把数据当作 JavaScript 对象来用,并且无需任何解析。

(5) REST:REST 依赖于无状态的、基于客户端和服务器架构的、可缓存的通信协议。它是一种用于设计网络应用程序的架构风格,它的理念是不使用 SOAP 等复杂技术来连接计算机,而使用简单的 HTTP 在计算机之间构建调用。

互联网本身就是基于 HTTP 的,可以看作基于 REST 的架构。基于 REST 的应用程序使用 HTTP 请求来发送、读取和删除数据。REST 是轻量级的,它简单且功能齐全。换句话说,基本上没有什么是可以通过 Web 服务做到却不能通过 REST 架构做到的。

6.8 Excel 和 Word 插件

Microsoft Office 插件是最重要的插件。本节将介绍 Excel 和 Word 插件,大多数项目会使用这两个插件中的一个。

6.8.1 Excel 插件

Excel 是 Microsoft 开发的一个应用程序,它是 Microsoft Office 套装的一部分。Excel 可以创建和操作以“.xls”或“.xlsx”扩展名保存的文件。Excel 的常见用途包括基于(单个)单元格的计算。比如,通过 Excel 电子表格可以创建一个表格,使用公式来计算每行每列,创建我们自己的月度报销清单等。

和 Microsoft Word 等字处理器不同,Excel 文档包含行和列,每列都包含一个单元格。我们可以在里面保存一个值,这个值可以是文字、字符串或者数字。

在 UiPath Studio 里,有一个 NuGet 包叫做 UiPath.Excel.Activities,这个 Excel 活动是预装在 UiPath Studio 里的。万一没有安装,也可以手动安装。要检查 Excel 活动是否安装,只需在 Activities 面板上搜索 Excel 活动,它会列出所有 Excel 活动。如果 Excel 活动没在 Activities 面板里列出,则需要安装 UiPath.Excel.Activities 包。

想要安装 Excel NuGet 包,单击 Activities 面板顶部的 Manage Packages 图标。在 Manage Packages 窗口的搜索框里搜索 excel,如图 6－14 所示。UiPath.Excel.Activities 旁边有个 Uninstall 按钮,这是因为 Excel 活动已经在 UiPath Studio 里安装了。如果没有安装,UiPath.Excel.Activities 旁边会显示 Install 按钮。

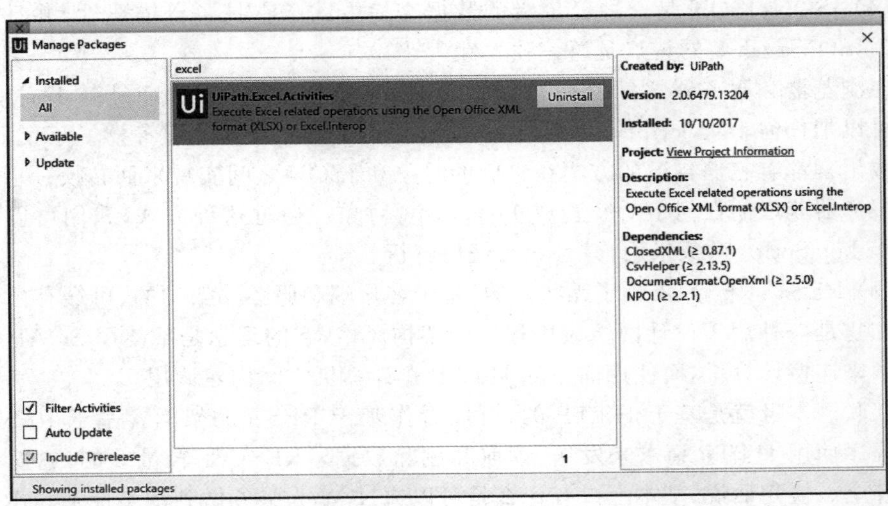

图 6－14

6.8.2 Word 插件

Microsoft Word 通常叫做 Word 或者 MS Word。Microsoft Word 是一个 Microsoft 设计的广泛使用的商业字处理器，它是 Microsoft Office 套装的一个组件。Microsoft Word 同时支持 Windows 和 Mac 操作系统。

以下是 Microsoft Word 的特性：

- 它使得屏幕上显示的所有内容在打印或移至另一个程序时都能以相同的方式显示；
- Microsoft Word 有一个用于拼写检查的内置字典；
- 具有文本级功能，如粗体、下划线、斜体和删除线效果；
- 具有页面级功能，如段落和对齐；
- Microsoft Word 与很多其他程序兼容，最常见的是 Office 套件的其他成员。

在 UiPath Studio 里，有一个 NuGe 包叫 UiPath. Word. Activities，Word 活动是预装在 UiPath Studio 里的。万一没有安装，需要手动安装它。要检查 Word 活动是否安装，只需在 Activities 面板里搜索 Word 并按回车键，它会列出所有 Word 活动。如果 Word 活动没有在 Activities 面板里列出，那么需要安装 UiPath. Word. Activities 包。

想要安装 Word NuGet 包，单击 Manage Packages 图标。在 Manage Packages 窗口的搜索框里搜索 word，如图 6－15 所示，UiPath. Word. Activities 旁边有个 Uninstall 按钮，这是因为 Word 活动已经在 UiPath Studio 里安装了。如果没有安装，UiPath. Word. Activities 旁边将有 Install 按钮。

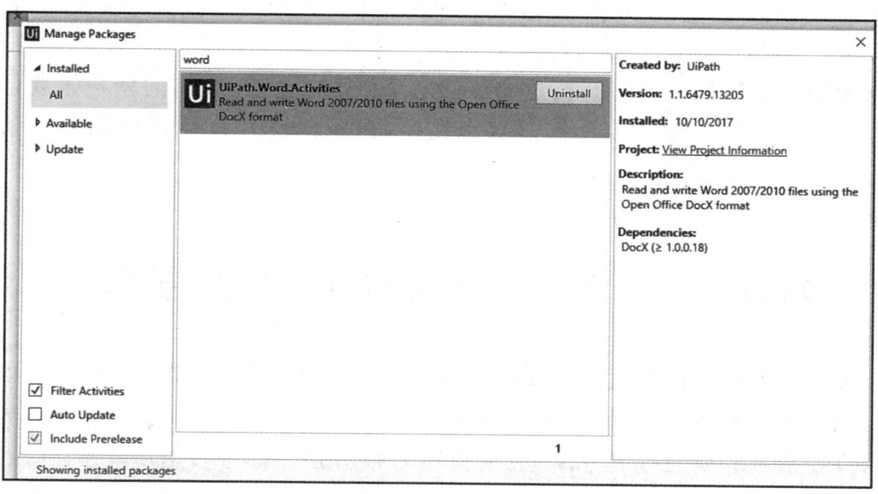

图 6－15

6.9 凭证管理

在 Windows 操作系统中，可以通过凭证管理器查看用户的网络登录凭证，即用户名和密码。借助 UiPath Studio，可以使用一些凭证活动自动化创建、操作和删除凭证的流程，如图 6－16 所示。

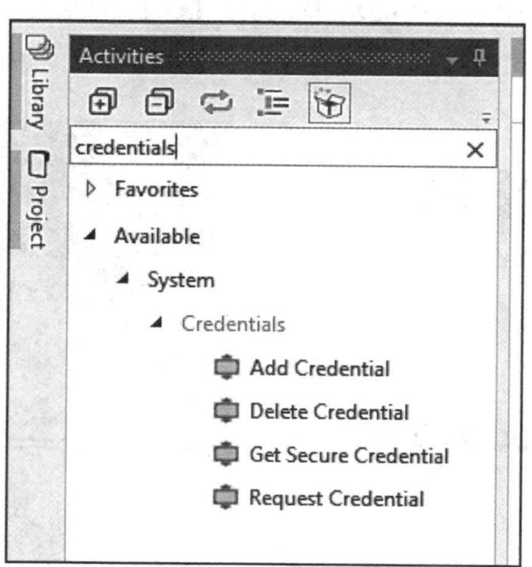

图 6－16

凭证活动如下：

● Add Credential 活动：可以添加一个凭证在项目里使用，只需指定用户名和密码。

- Get Credential 活动:这个活动用来获取用户名和密码以供将来使用,它可以进一步检查凭证是否有效。
- Request Credential 活动:这个活动用来显示一个对话框,向用户索要他们的凭证。然后把用户名和密码保存在字符串变量中,以便日后用来登录应用程序。
- Delete Credential 活动:这个活动用来删除保存的凭证。

6.10 Java、Chrome、Firefox 和 Silverlight 扩展

扩展是小的软件程序,它们可以用来修改和扩展任何浏览器的功能。可以通过 HTML、JavaScript 和 CSS 等 Web 技术构建自己的扩展。扩展几乎没有用户界面。

Java 扩展在需要自动化 Java 应用程序时很有用。如果没有这个扩展,UiPath Studio 就没法正确地找到 Java 应用程序的 UI 元素。

Chrome 和 Firefox 扩展在使用 Chrome/Firefox 浏览器时会派上用场。这样说的意思是,在使用 UiPath Studio 自动化时,如果我们与浏览器交互,得先给浏览器安装扩展。类似地,如果想使用集成了 Microsoft Silverlight 的应用程序,需要安装 Silverlight 扩展。

几乎所有扩展都采用了类似的安装方法。一旦我们熟悉这个方法,就可以自行安装其他扩展。

在 UiPath Studio 里,可以在 Setup Extensions 菜单里找到所有扩展。单击 UiPath Studio 窗口顶部的 SETUP 选项卡,如图 6-17 所示。

单击 Setup Extensions 图标,并选择想选择的扩展,如图 6-18 所示。

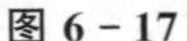
图 6-17

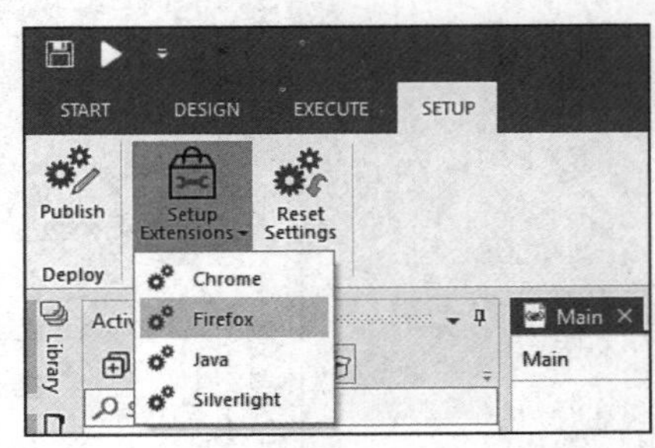

图 6-18

在这个例子中,我们打算从下拉列表选择 Firefox 扩展。Firefox 浏览器会自动打开,并提示添加 UiPath,只需单击 Add 按钮,如图 6-19 所示。

我们的扩展已经成功安装,将弹出对话框让我们确认。如果想安装其他扩展,只需从下拉列表中选择想要的扩展就行了。

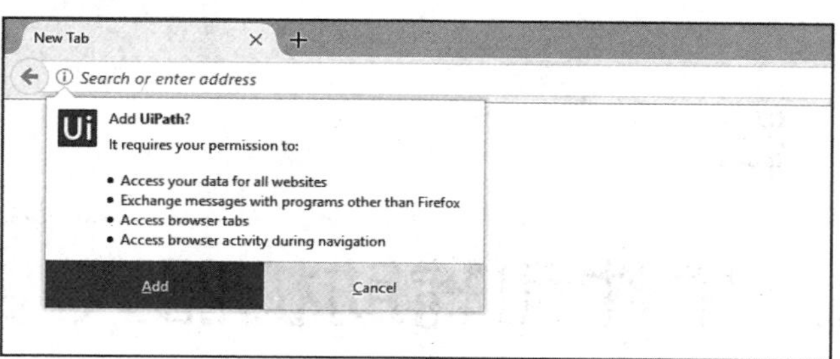

图 6-19

6.11 小 结

本章讲解了插件的作用以及它们如何增加自动化的范围。随着时间的推移，很多新的插件将会被引入。这些插件和扩展的安装可能是类似的，但是，这些插件的内部原理可能有很大区别，我们也了解了终端插件和 PDF 插件是不同的。本章也介绍了 Java、Chrome、Firefox 和 Silverlight 扩展，以及邮件、Web 和 SAP 的集成。凭证管理也是本章的一个亮点。

第 7 章将重点关注辅助机器人和事件触发器。

第 7 章

处理用户事件和辅助机器人

在 UiPath 中,有两种机器人可以用于自动化流程:一种是后台机器人(Back Office Robot),它在后台可以独立工作,这意味着它无需用户的输入,不与用户交互;另一种是前台机器人(Front Office Robot),又叫辅助机器人(Assitant Robot)。

本章将探讨前台机器人。我们将学习在自动化流程中触发事件的不同方式——简单的按键,单击鼠标等。为了讲解清楚,将示范如何监视各种事件。

本章将讲解以下内容:

- 什么是辅助机器人;
- 监视系统事件触发器;
- 监视图像和元素触发器;
- 通过键盘事件启动辅助机器人。

7.1 什么是辅助机器人

辅助机器人是前台机器人,它们需要与用户交互。在这种情况下,自动化仅在特定事件或用户操作触发时才会执行。触发器事件基本是告诉机器人启动它的自动化流程的命令,比如,我想把一些文字输入记事本应用程序,具体来说,我想让机器人在我单击记事本应用程序中的文本区域时输入记事本(在这里,单击就是触发器活动)。

让我们通过以下步骤详细了解:

(1) 拖出 Monitor events 活动:从 Activities 面板拖出一个 Monitor events 活动,触发器事件要在里面工作;否则就会出错。Monitor events 活动看起来是这样的,如图 7-1 所示。

(2) 拖出想要的触发器活动:把想要的触发器拖到 Drop trigger 区域,Activities 面板里有很多触发器活动。这里选择 Click Trigger 活动,如图 7-2 所示。

(3) 在 Monitor events 活动中创建工作流:在 Monitor events 活动中的 Event Handler 区域里,创建我们要在触发器活动工作时执行的工作流或者任务。这里使用 Type Into 活动,指定记事本窗口的空白区域,如图 7-3 所示。

以上简单介绍了辅助机器人的用法。

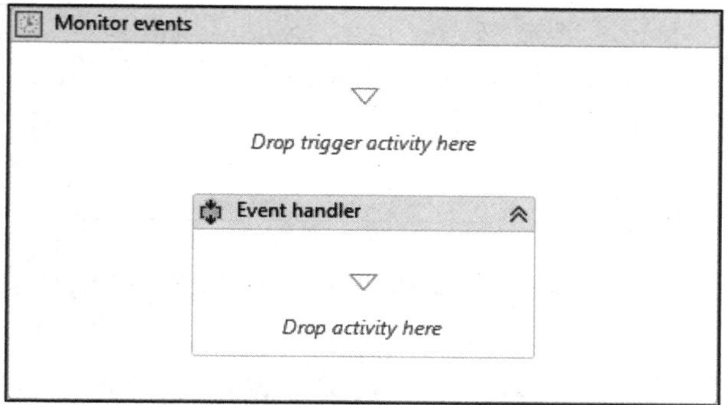

图 7-1

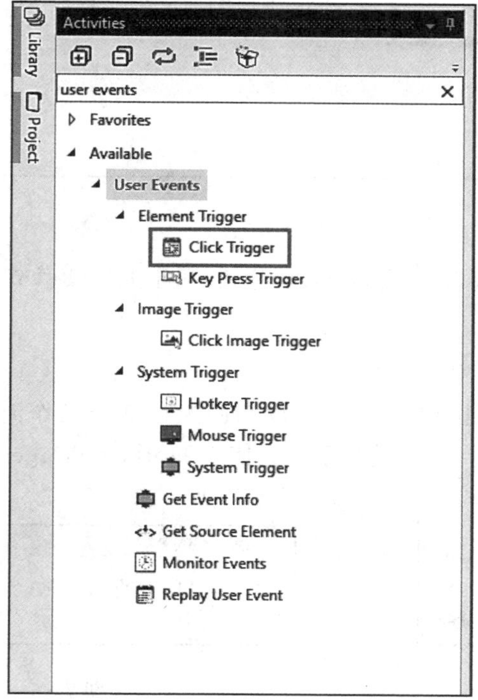

图 7-2

7.2 监视系统事件触发器

有三个系统触发器事件，即 Hotkey Trigger、Mouse Trigger 和 System Trigger，如图 7-4 所示。

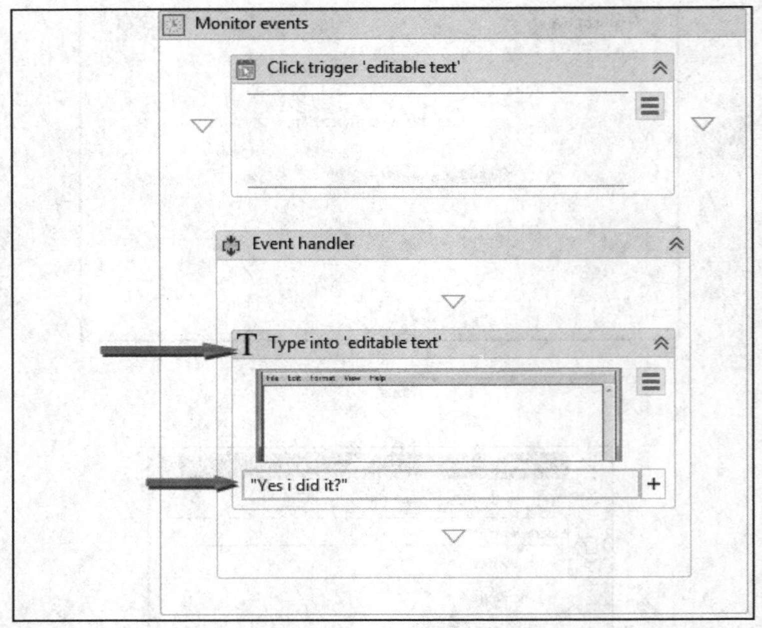

图 7-3

虽然这三个触发器都可以用于触发活动,但正如后续章节中讲述的,它们的用法不同。

1. Hotkey Trigger

Hotkey Trigger 用于快捷键。假设我们想让某个工作流在用户按下 Alt+F4 或者其他快捷键时执行,这种情况下就会使用 Hotkey Trigger,如图 7-5 所示。

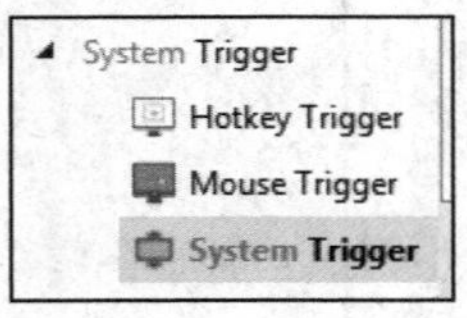

图 7-4

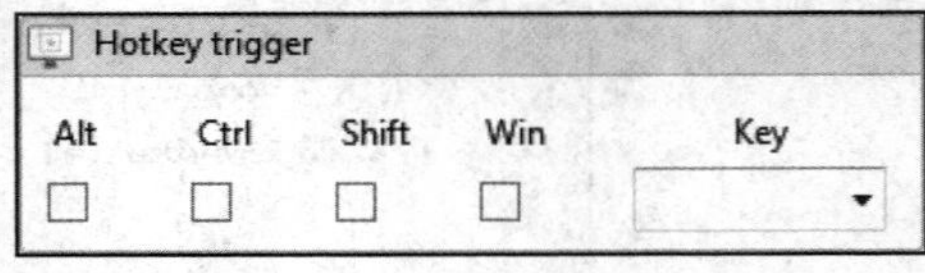

图 7-5

2. Mouse Trigger

当我们想在执行鼠标操作(左击、右击或中键单击)时触发事件,Mouse Trigger 就会派上用场,如图 7-6 所示。

如图 7-6 所示,可以选择通过哪种类型的单击来触发事件,也可以结合使用其他特殊键和鼠标操作。

3. System Trigger

System Trigger 是最后一种系统触发器活动。系统触发器用于在鼠标操作、键盘操作或者两者都有的情况下触发事件，可以从 Properties 面板选择它们；也可以选择要执行的操作。也就是说，转发事件或阻塞事件，如图 7－7 所示。

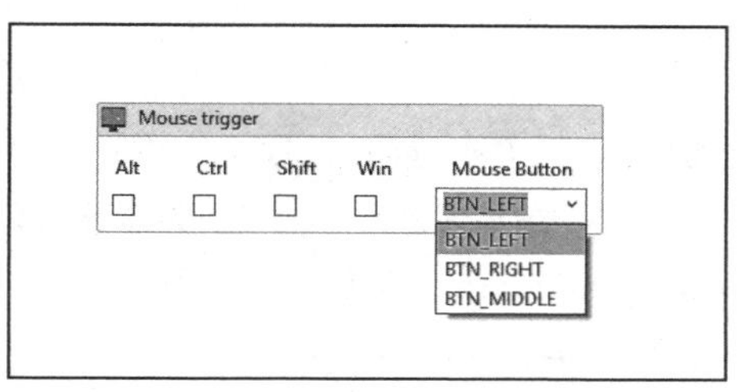

图 7－6

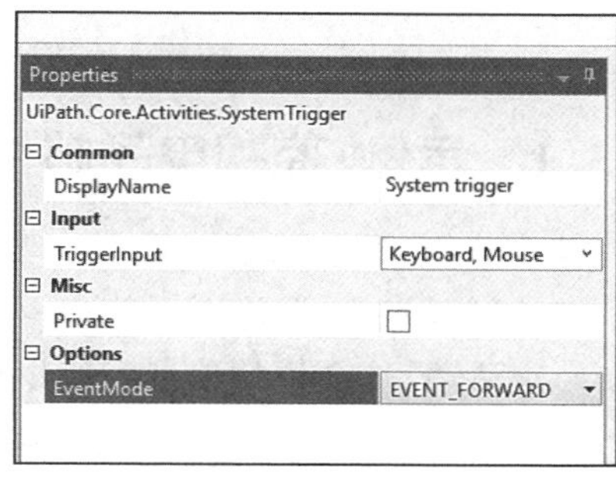

图 7－7

7.3 监视图像和元素触发器

通过图像触发器，当用户在 Click image Trigger 活动指定的某个图像上单击时就会触发事件。通过单击 Indicate element on screen，可以选择在单击时触发事件的图像。在 Element Trigger 中，有两个活动可以使用，即 Click Trigger 和 Key Press Trigger，如图 7－8 所示。

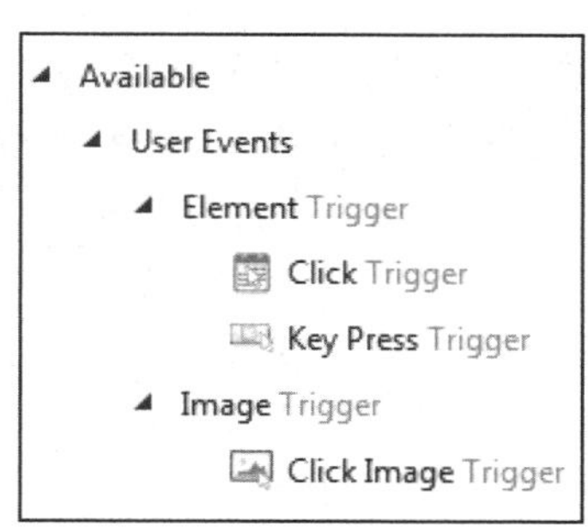

图 7－8

(1) 要在用户单击 UI 元素时触发事件，可以使用 Click Trigger 活动，如图 7－9 所示。

(2) 当我们需要通过按键或者在屏幕上选择图像来触发事件时，就会使用 Key Press Trigger 活动，如图 7－10 所示。(译者注：在屏幕上选择元素的目的是指定监听按键的目标，选择图像这个操作本身不会触发事件。)

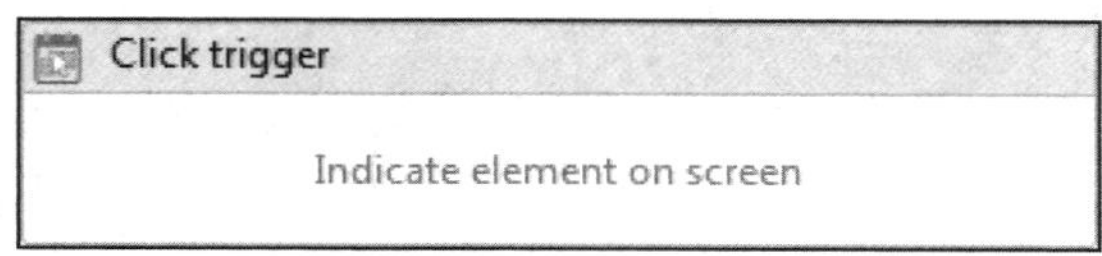

图 7－9

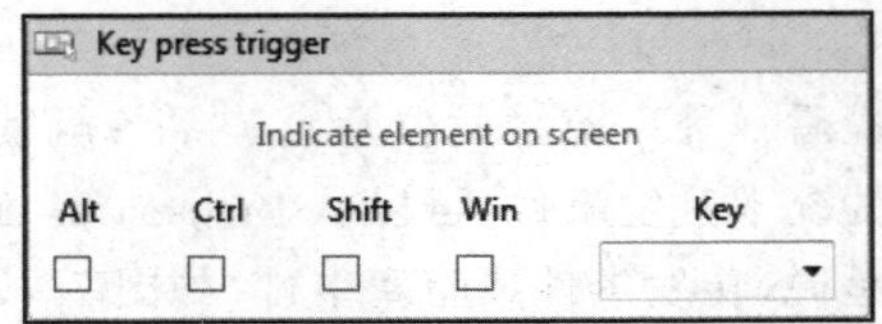

图 7-10

7.3.1 示例:监视电子邮件

为了讲解清楚,将通过 Gmail 监视发送邮件事件,步骤如下:

(1) 打开浏览器并浏览至 www.gmail.com:要实现这一点,需要拖出 Open Browser 活动,在必填的地址字段里输入 www.gmail.com,如图 7-11 所示。

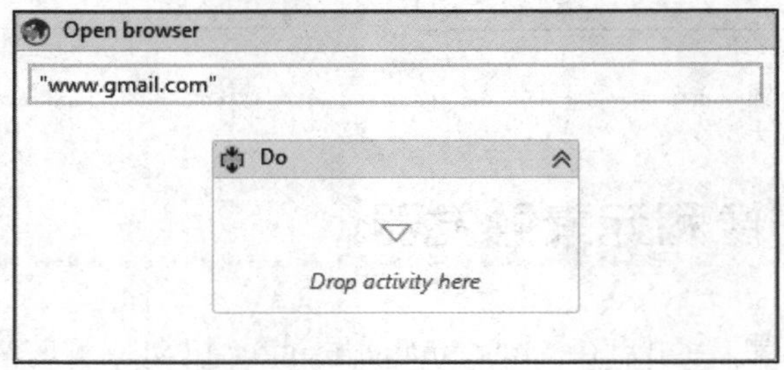

图 7-11

(2) 获取用户名和密码:在输入地址后,要向用户索要用户名和密码。要实现这一点,将使用 Input Dialog 活动,如图 7-12 所示。拖出两个 Input Dialog 活动,分别

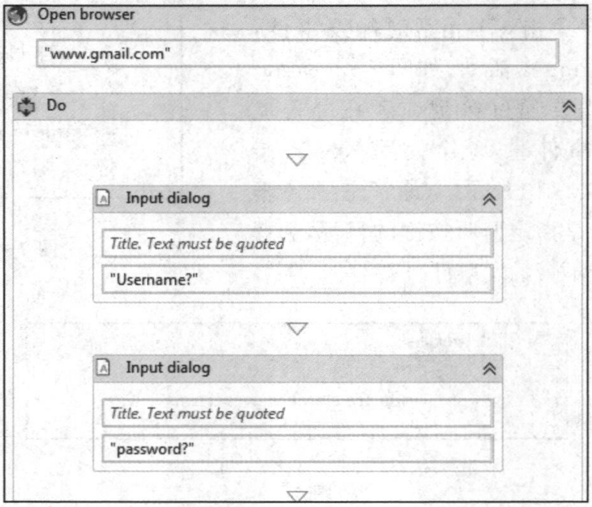

图 7-12

向用户索要用户名和密码。直到用户在每个对话框里输入相应内容并单击 OK,机器人才会工作。

一旦用户输入用户名和密码,这些信息会被保存在两个变量里:user 和 pass,可以在 Properties 面板里通过 Input Dialog 的属性把它们的值转成变量。在 Result 属性的空白文本框右击并选择 Create Variable,把它命名为 user,如图 7-13 所示。

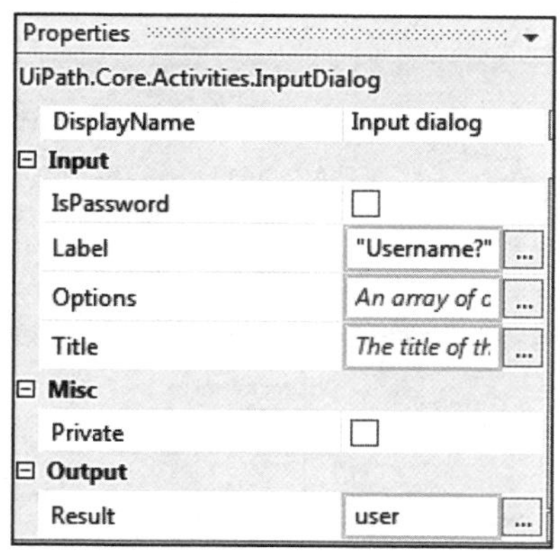

图 7-13

(3) 输入用户名和密码:使用 Type Into 活动输入用户名和密码,并指定对应的字段用于输入用户名和密码。一旦用户输入用户名和密码,就可以单击登录按钮或者在键盘上按 Enter 键来登录。使用 Send Hotkey 活动来发送 Enter 键,如图 7-14 所示,通过这个操作可以实现单击登录按钮。

(4) 通过 Hotkey Trigger 触发发送电子邮件事件:按下 Enter 键将会触发。在按下 Enter 键时,机器人会执行剩下的发送电子邮件任务。为此,将会使用 Hotkey Trigger 活动。要先拖出 Monitor events 活动,因为触发器只能在其底下工作,如图 7-15 所示。

因为要用 Hotkey Trigger,所以把 Hotkey Trigger 活动拖到这个区域里,如图 7-16 所示。

在 Event Handler 区域里,需要给出发送邮件的步骤,这将包含若干步骤。为此,我们创建了一个工作流,它包括发送一封电子邮件需要执行的所有步骤,包括从单击 Compose 按钮到单击 Send 按钮,正如后续步骤所述。

(5) 向用户索要收件人的电子邮件地址、电子邮件主题和正文:使用三个 Input dialog(输入对话框),一个用于电子邮件地址,一个用于主题,一个用于内容。正如图 7-17 所示,使用 Input dialog 来获取收件人的电子邮箱地址。

现在把用户输入的电子邮件地址保存在一个名为 name 的变量中(可以在 Properties 的 Output 框里通过按下 Ctrl + K 快速创建一个变量),如图 7-18 所示。(译者注:准确来说,应该是 Output 类别中的 Result 输入框。)

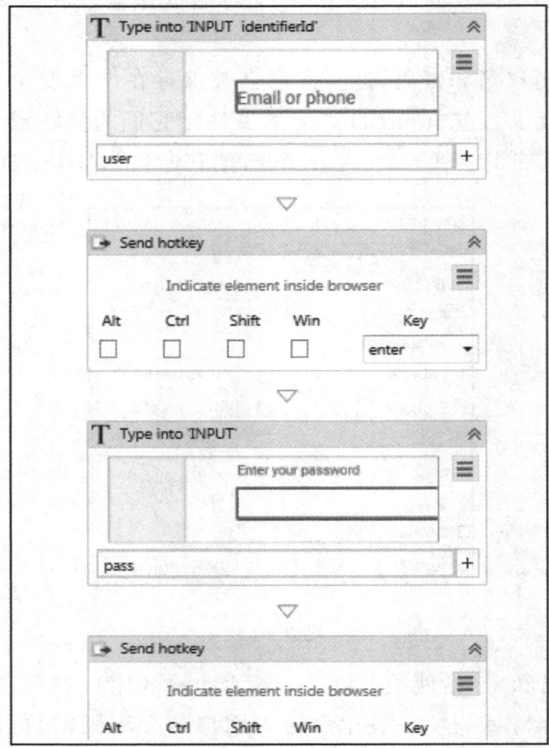
Type into 'INPUT identifierId'
Email or phone
user
Send hotkey
Indicate element inside browser
Alt
Ctrl
Shift
Win
Key
enter
Type into 'INPUT'
Enter your password
pass
Send hotkey
Indicate element inside browser
Alt
Ctrl
Shift
Win
Key

图 7 - 14

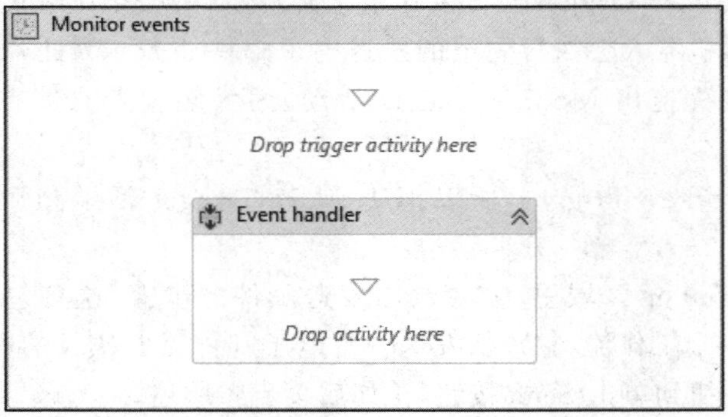

Monitor events
Drop trigger activity here
Event handler
Drop activity here

图 7 - 15

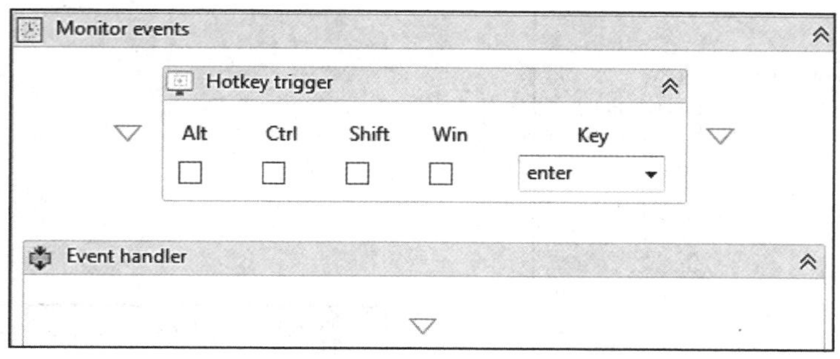

图 7-16

Input dialog
Title. Text must be quoted
"Email ID?"

图 7-17

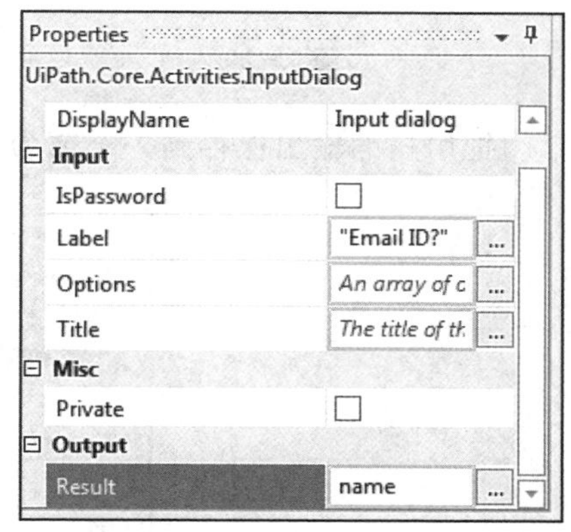

图 7-18

在第二个 Input dialog 里，将要求用户输入电子邮件的主题，如图 7-19 所示。

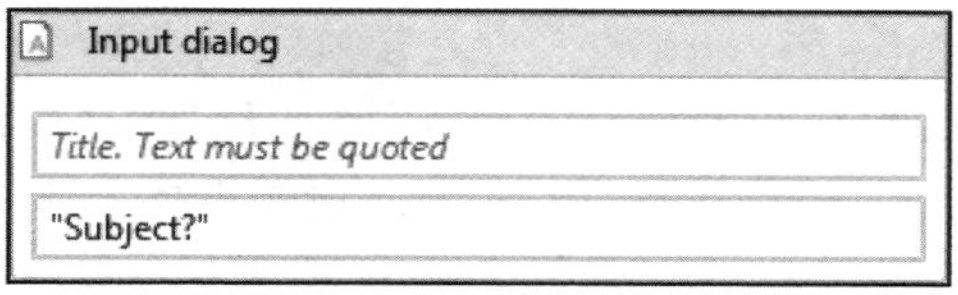

Input dialog
Title. Text must be quoted
"Subject?"

图 7-19

它的输出即用户输入的结果，将保存到一个名为 Subject 的新变量，如图 7-20 所示。（译者注：原文的变量名有误，从图上看应为 subject。）

在第三个输入 Input dialog 里，用户需要输入其想要发送的邮件消息，如图 7-21 所示。

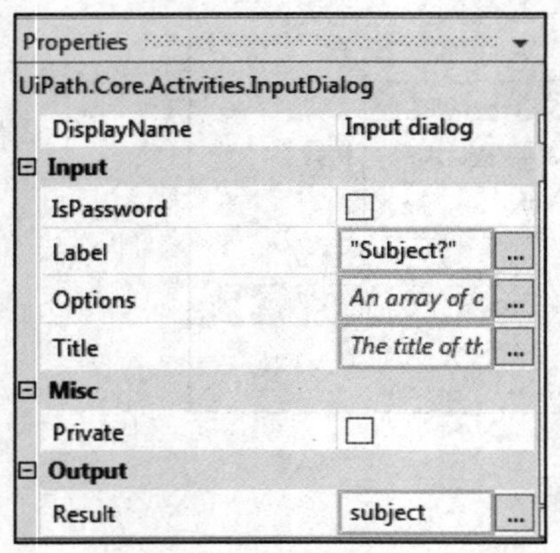

图 7-20

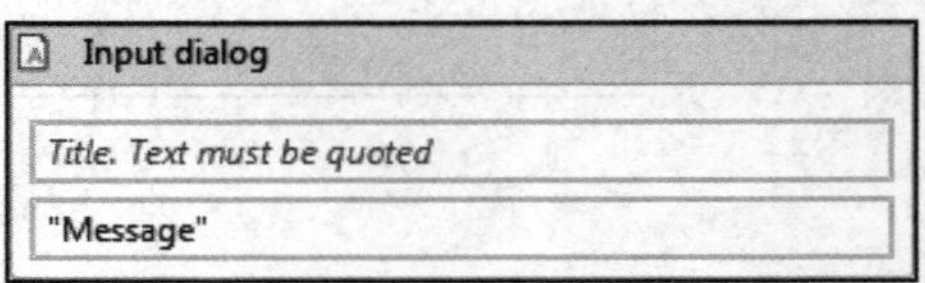

图 7-21

把用户的输出保存到一个名为 message 的变量,如图 7-22 所示。

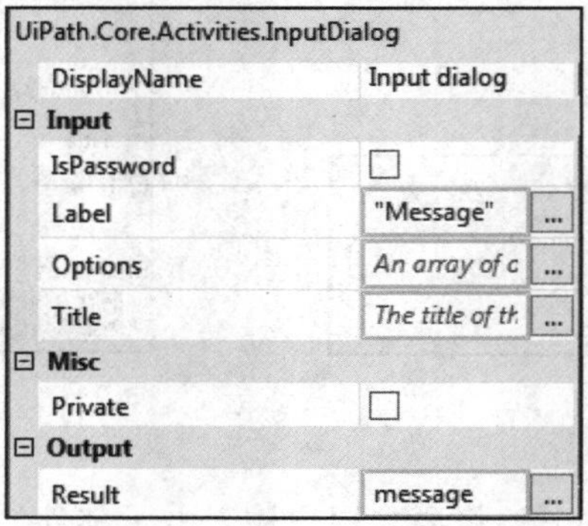

UiPath.Core.Activities.InputDialog	
DisplayName	Input dialog
⊟ Input	
IsPassword	☐
Label	"Message"
Options	An array of c
Title	The title of th
⊟ Misc	
Private	☐
⊟ Output	
Result	message

图 7-22

(6) 输入详细信息:现在我们拥有发送邮件所需的所有详细信息,下一步将输入发送电子邮件所需的字段,使用 Type into 活动来实现这一步,如图 7-23 所示。

拖出 Type Into 活动,然后双击它并指定想输入电子邮件地址的地方。因为我们已经把电子邮件地址保存到 name 变量了,所以我们会把它输入这个字段,如图 7-24 所示。

下一个需求是指定想输入邮件主题的地方。因为我们已经把主题保存到 Subject 变量了(译者注:原文此处变量名有误,应为全小写的 subject),所以我们把它输入这个字段,如图 7-25 所示。

现在需要指定想输入邮件消息的地方。因为我们已经把邮件的内容保存到 message 变量了,所以会把它输入这个字段,如图 7-26 所示。

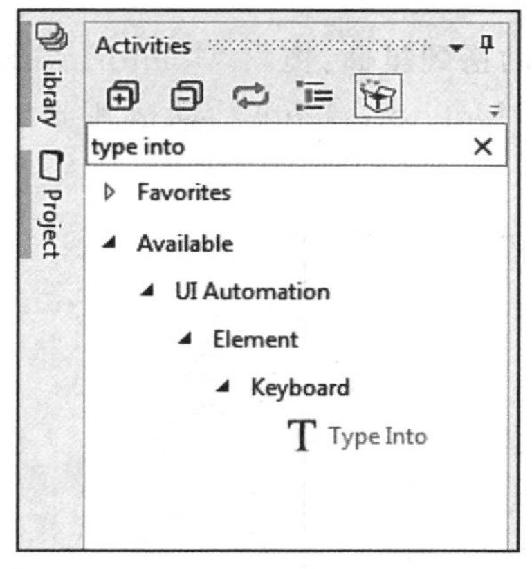

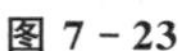

图 7-23

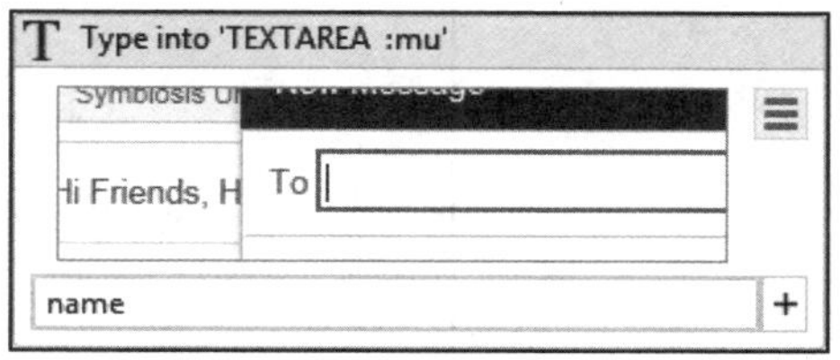

图 7-24

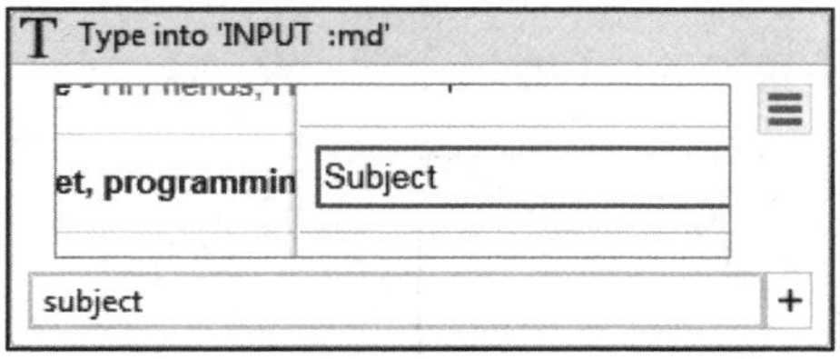

图 7-25

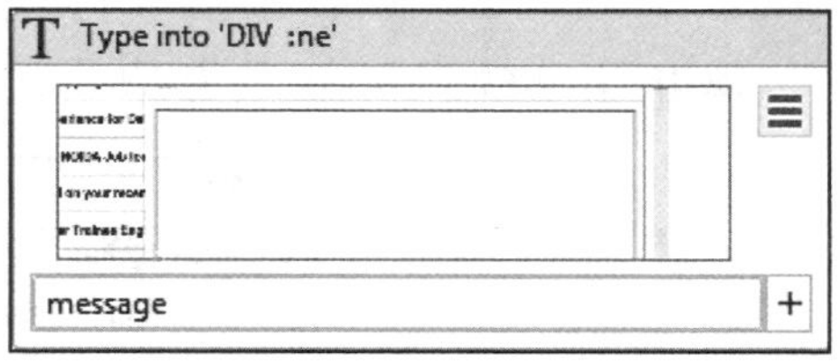

图 7-26

(7) 单击 Send 并确认是否成功发出：最后一步是单击 Send 按钮发送邮件并完成流程。要单击 Send 按钮，将使用 Click 活动并指定 Send 按钮，这样做能使机器人轻易找到要单击的地方，如图 7-27 所示。

如果你想的话，机器人还可以在邮件发出后给出通知。为了实现这个通知，将使用 Message Box 活动，它会显示 message is sent 这条消息，如图 7-28 所示。当消息显示时，在用户单击 OK 之后，整个工作流将会结束，因为所有步骤都执行完了。

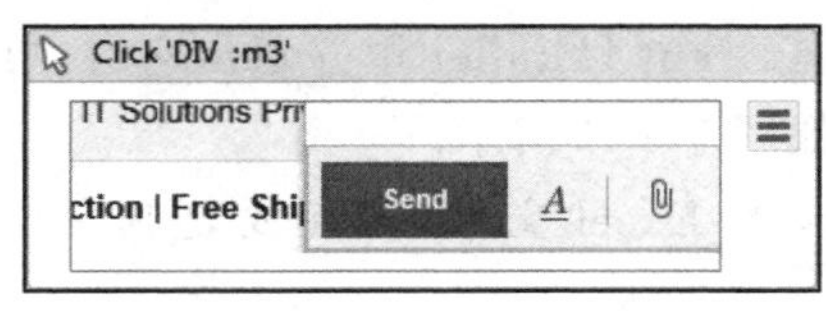

图 7-27

图 7-28

7.3.2 示例：监视复制事件并阻断它

来看一个监视复制事件并阻断它的示例。在这个示例中，有一个 Excel 文件，我

们想在用户按下 Enter 键时从它复制数据:

(1) 拖出 Monitor events 活动,并把触发器活动拖到里面:拖出 Monitor events 活动并双击它,如图 7-29 所示。(译者注:如果把 Monitor events 活动拖到 Flowchart 活动里,需要双击 Monitor events 活动才能看到图 7-29。)

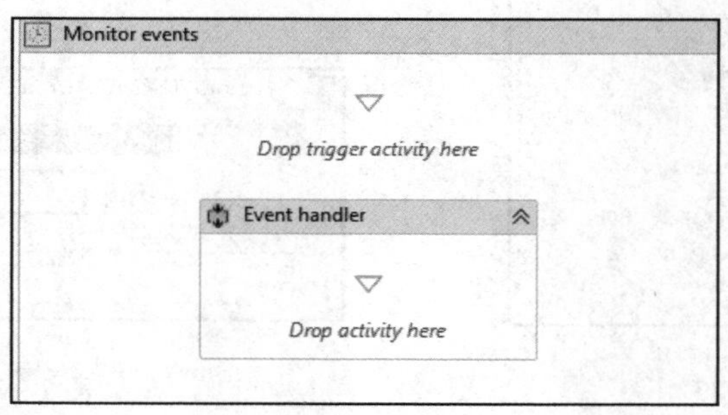

图 7-29

拖出 Hotkey Trigger 活动,从下拉列表中选择 enter 键,如图 7-30 所示。

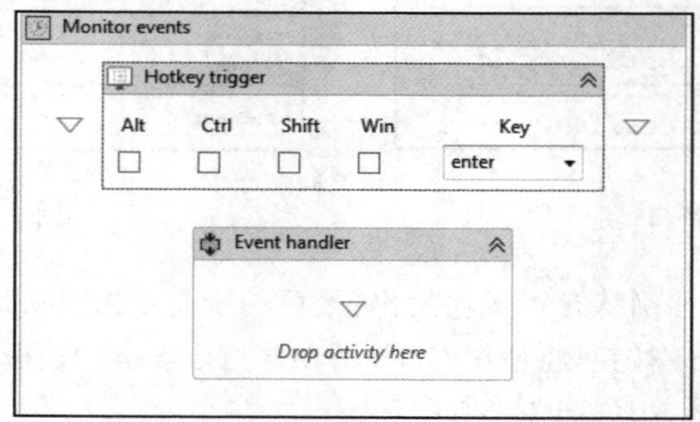

图 7-30

(2) 把一个 Excel Application Scope 拖到 Event Handler 区域里:需要把一个活动拖到 Event Handler 下面。在示例中,这个活动是从 Excel 复制数据并粘贴到其他地方的。当把 Excel Application Scope 活动拖到 Event Handler 里并双击它时,可以看到,先要浏览我们想复制信息的 Excel 文件,如图 7-31 所示。

正如图 7-31 所示,选择了一个名为 movies 的 Excel 文件,现在要复制它的内容。

(3) 使用 Read Range 活动,提取数据,并把它粘贴到一个新的 Excel 文件里:在 Do 活动里拖出 Read Range 活动,从这个 Excel 文件读取所有数据。将把这些提取的数据保存到一个名为 movies 的变量,如图 7-32 所示。

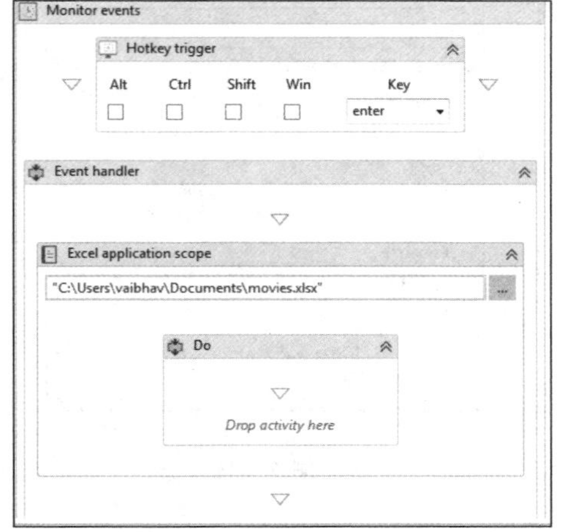

图 7－31

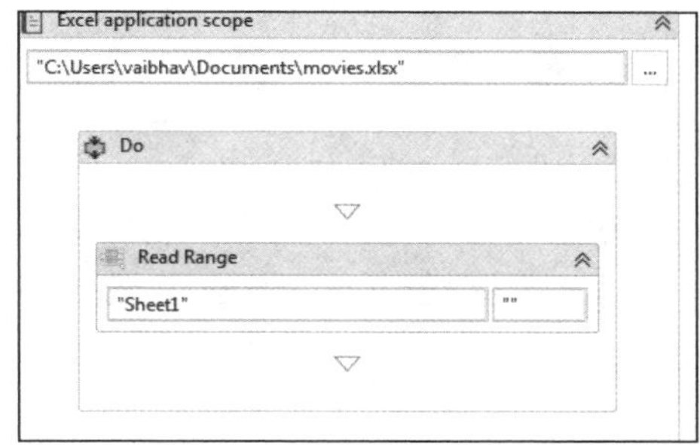

图 7－32

我们已从这个 Excel 文件读取数据。下一步，想把它保存到一个变量。为此，单击 Read Range 活动，拖到 Properties 面板。然后，按下 Ctrl ＋ K 创建一个变量，并把它命名为 movies，如图 7－33 所示。

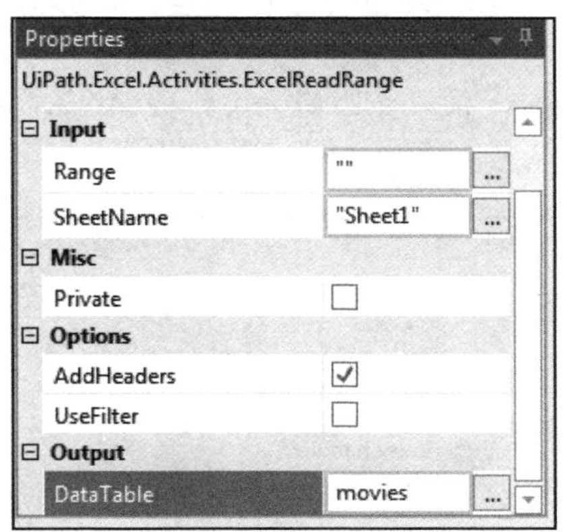

图 7－33

(4) 追加到另一个 Excel 文件：现在，因为保存了所有数据，所以可以拖出另一个 Excel Application Scope；然后，指定想追加数据的文件。在 Do 活动里，拖出 Append Range 活动；选择之前声明的变量作为输入，即 movies，如图 7－34 所示。（译者注：图 7－34 中的变量名有误，应为 movies。）

(5) 阻断已触发的事件：要阻断已触发的事件，可以在 Properties 里从触发器的属性中选择 EVENT_BLOCK 事件作为事件类型，如图 7－35 所示。（译者注：就是把 EventMode 属性的值设为 EVENT_BLOCK。）

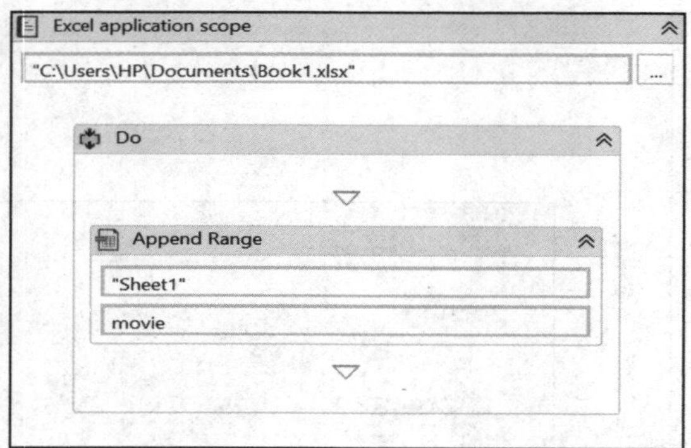

图 7-34

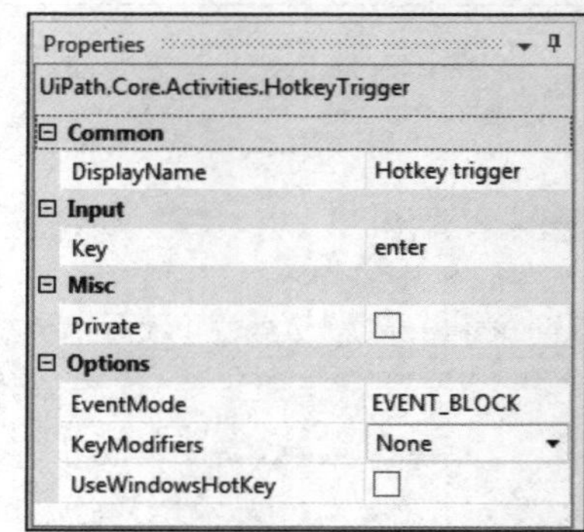

图 7-35

7.4 通过键盘事件启动辅助机器人

假设想让辅助机器人只在触发一个事件时才开始执行自动化任务。比如，用户想让他的机器人在其按下 Alt + W 时打开并在记事本窗口里输入，这可以使用 Hotkey Trigger 实现。另外，在 Event Handler 里，只需创建或者录制一组需要执行的步骤就行了。详细过程如下：

(1) 拖出 Monitor events 活动：把 Monitor events 活动拖到工作流中，双击它时，显示如图 7-36 所示。

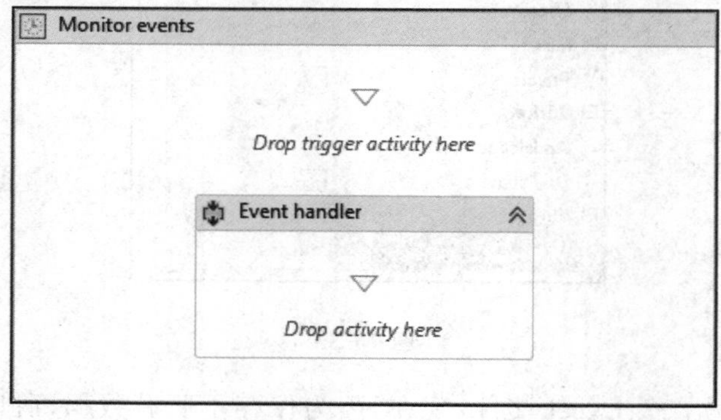

图 7-36

(2) 拖出 Hotkey Trigger 活动：在下一步里，使用 Hotkey Trigger 活动让用户开始自动化流程。把 Alt + W 设为热键，当用户按下这个热键，这个事件就会被触发，如图 7-37 所示。

(3) 打开记事本并在里面输入：最后一步是录制一组要执行的步骤。打开记事

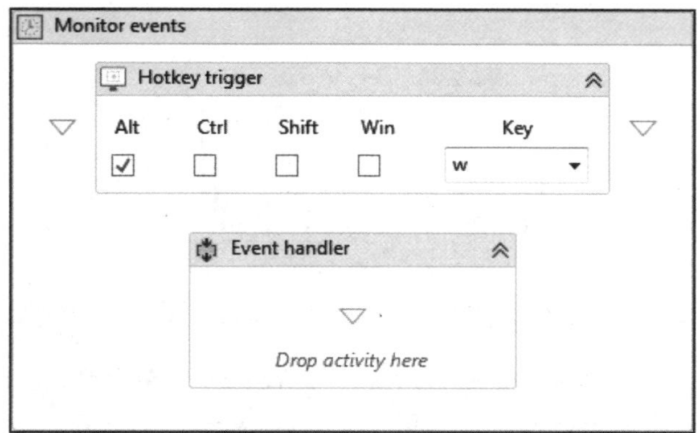

图 7 - 37

本，然后在里面输入。为此，只需使用 Desktop 录制器。首先，双击窗口里的记事本应用程序，如图 7 - 38 所示。（译者注：从图 7 - 38 来看，应该是单击任务栏上的记事本按钮，原文描述的场景可能是双击桌面上的记事本图标。）从 Properties 面板把 ClickType 设为 CLICK_DOUBLE。

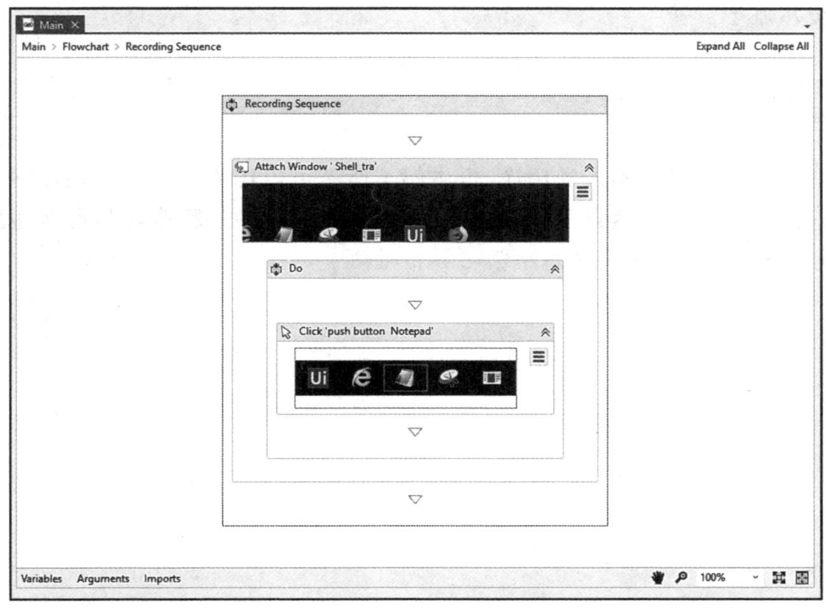

图 7 - 38

之后，录制输入操作，并关闭记事本窗口。单击 Do not Save，因为不想保存用户的文件。（译者注：这里是指不保存记事本的内容，但录制的自动化内容是要保存的。）生成的顺序流如图 7 - 39 所示。

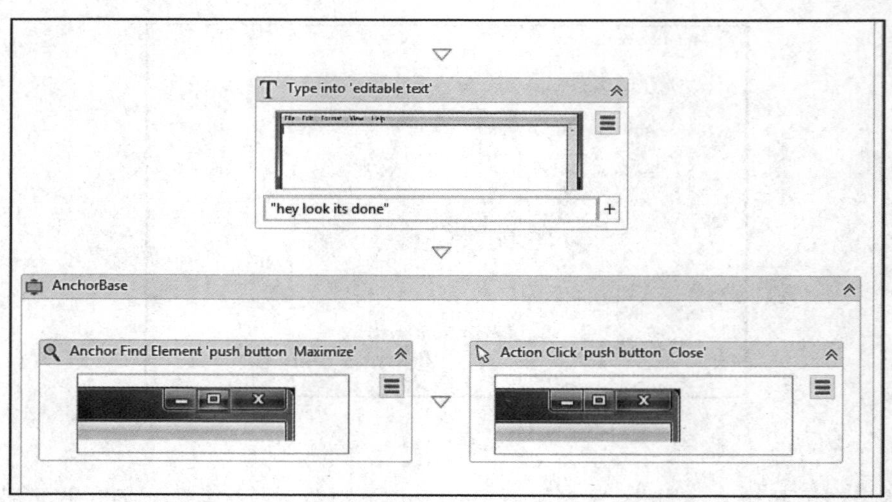

图 7-39

提示:我们还指定了锚来正确识别要单击的按钮(在这里,关闭窗口按钮的锚是最大化按钮),这会让机器人更容易找到 UI 元素。按下 Alt + W,机器人就开始执行这个顺序流了。

7.5 小　结

本章讲解了辅助机器人的用途,也讲解了所有可以用来触发操作的监视事件,还介绍了它们的示例。虽然自动化程序做好了,但在执行的过程中还是可能碰到问题。为了处理这些场景,将在第 8 章中学习异常处理。

第 8 章

异常处理、调试和日志记录

有时自动化程序的执行会失败，要处理这些情况，可以使用异常处理活动。本章会先讲解 UiPath 中各种可用的异常处理方法，也会讲解日志记录。本章的一个重点是通过调试来检查工作流是否正常工作，并修复错误。

本章涵盖的主题：

- 异常处理；
- 常见异常和处理方式；
- 日志记录和截屏；
- 调试技巧；
- 收集故障转储；
- 错误报告。

8.1 异常处理

异常处理是一种在程序或过程无法执行流程时处理异常的方法。要在程序中处理异常，最好的做法是使用 Try Catch 活动。Try Catch 活动可以在 Activities 面板里找到，把 Try Catch 活动拖到工作区里就可以处理异常了。要在 Try Catch 块中处理错误，可以把整个流程分成四个部分，这样可以简化事情：

- 拖出 Try Catch 活动；
- Try 块；
- Catch 块；
- Finally 块。

通过以下步骤构建一个 Try Catch 块来处理异常：

(1) 拖出 Try Catch 活动：创建一个空白项目，把 Flowchart 活动拖到设计器面板里。在 Activities 面板里搜索 Try Catch 活动，并把它拖到 Flowchart 里，把它设为开始节点，如图 8－1 所示。

(2) Try：当双击 Try Catch 活动时，Try 活动的空位就会显示，如图 8－2 所示。

在 Try 块里，将放置我们想要执行的活动。可以放置一个 Write Line 活动来测试 Try Catch 块的效果，如图 8－3 所示。

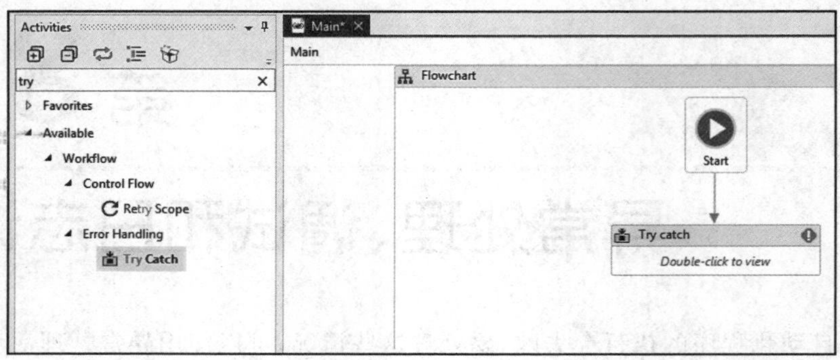

图 8-1

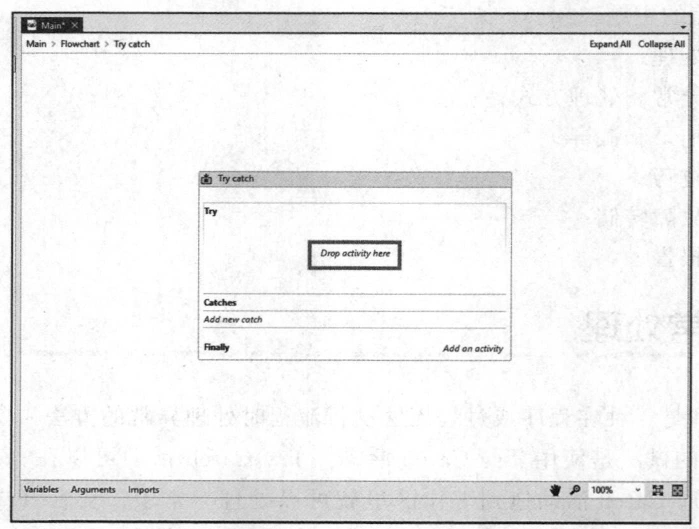

图 8-2

(3) Catches:在 Catches 活动里,首先单击 Add new catch,接着单击 Add Exception 选项,该选项用于选择异常的类型;多数情况下都会选择 System. Exception。图 8-4 显示了异常的类型,更多异常可以通过单击 Browse for Types 选项来查看。

假设这个执行过程失败了:比如 Click 活动无法执行,因为找不到 UI 元素。在这种情况下,可以在 Catches 块里查看已经出现的错误,或者在某个特定错误出现时换用其他方法。如图 8-5 所示,我们将在 Catches 块中放置活动。要输出消息,使用 Message Box。

单击 Add new catch 时,需要选择异常的类型,我们已经选择了 System. Exception。现在,在异常块里,放置了一个 Message Box 活动,输入 exception. ToString 会显示执行中出现的错误。

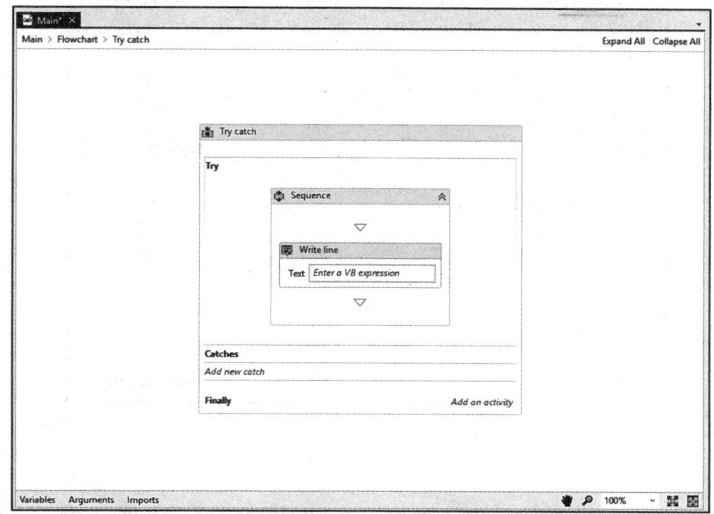

图 8-3

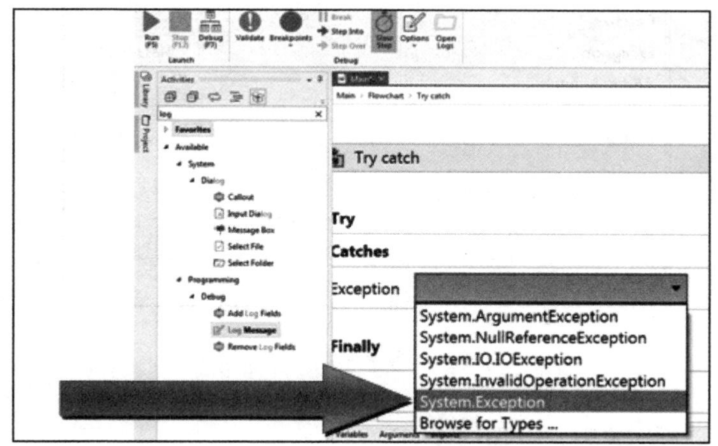

图 8-4

(4) Finally:若我们为顺序流定义了异常,Finally 块总会执行,不管顺序流的执行成功与否。假设想向用户显示一条消息,告知流程已经完成。为了确保整个 Try Catch 活动的执行,我们只会在 Finally 块提供的区域中放置一个 Message Box 活动,如图 8-6 所示。

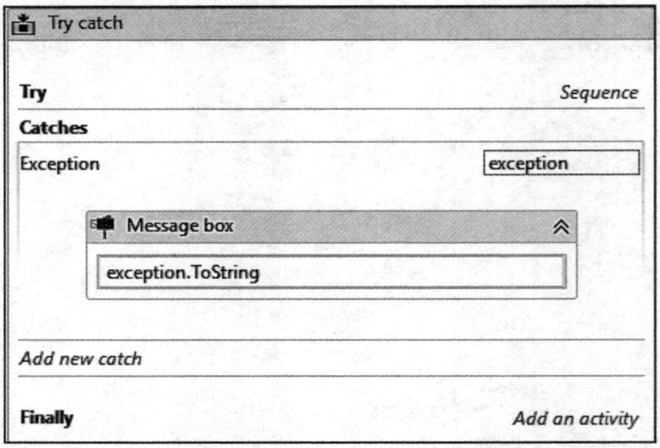

Try catch
Try Sequence
Catches
Exception exception
Message box
exception.ToString
Add new catch
Finally Add an activity

图 8 - 5

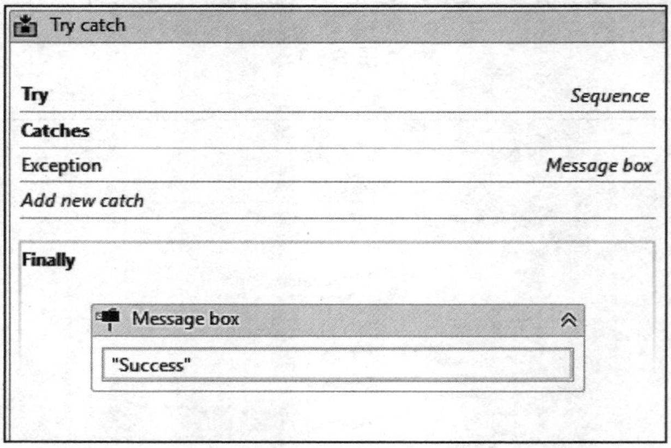

Try catch
Try Sequence
Catches
Exception Message box
Add new catch
Finally
Message box
"Success"

图 8 - 6

8.2 常见异常和处理方式

实现异常处理能使机器人在每种可能的情况下工作,处理任何可能触发的异常。有几个常见的异常在我们使用 UiPath 时经常会碰到。

1. 找不到 UI 元素

在使用 UiPath 时,尤其是在 Web 上,可能会遇到找不到 UI 元素这种类型的错误,原因是网页的动态行为导致的。要处理这种异常,需要修改选择器的属性,或者向选择器添加新的属性,让 UI 元素更容易找到。比如,如果有一个动态改变的变量,可以使用通配符让机器人更容易找到它。正如图 8 - 7 所示,可以使用通配符(在

这里是 * ）编辑选择器的动态属性；另一个办法是把它关联到活动元素（live element）。

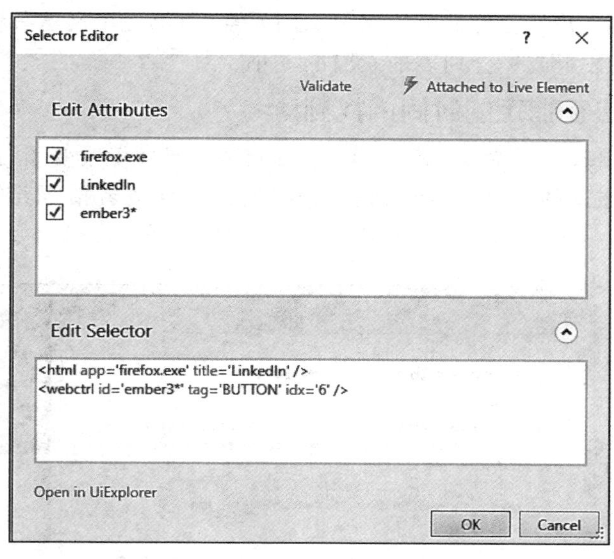

图 8－7

2. 处理运行时异常

在使用 UiPath 时，可能会遇到运行时错误。要纠正这些错误，其中一个最佳方法是使用 Try Catch 活动，它可以用来处理运行时异常。通过在 Catch 块里放置后备方案，也可以解决前面遇到的错误。因此，把顺序流或者工作流放在 Try Catch 活动里将会帮助我们处理运行时的异常。

3. 对象引用没有设为对象实例

这种错误通常出现在某个变量所需的默认值没有提供的情况下。在这种情况下，我们要给需要的变量一个默认值，如图 8－8 所示。在图 8－8 所示的空白区域中，输入这个变量的默认值就可以解决这个问题。

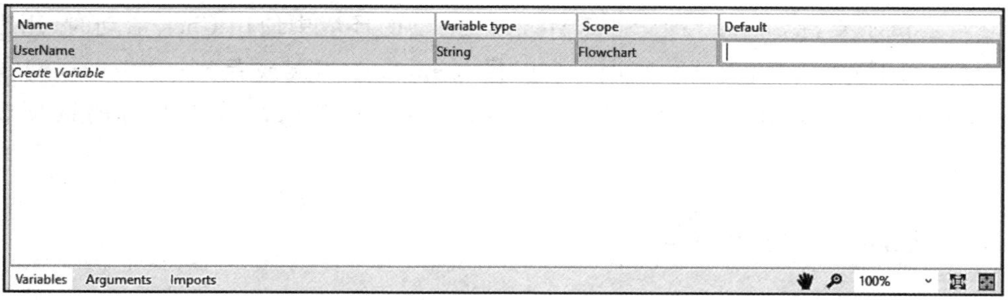

Name	Variable type	Scope	Default
UserName	String	Flowchart	
Create Variable			

Variables Arguments Imports 100%

图 8－8

4. 索引超出数组的边界,索引超出范围

当我们尝试通过超出范围的索引迭代数组元素时,就会出现这种错误。当我们不知道数组的大小,并且随意地使用索引访问元素时,就会出现这种情况。要解决这个问题,必须检查数组或集合列表的索引的大小。

5. 图像无法在指定的时间内找到

这种异常的出现是因为找不到图像,这可能是由于环境改变了,比如分辨率或者主题设置改变。在这种情况下,使用某个选择器的属性或者指定元素锚(anchor)都会有帮助,如图 8-9 所示。

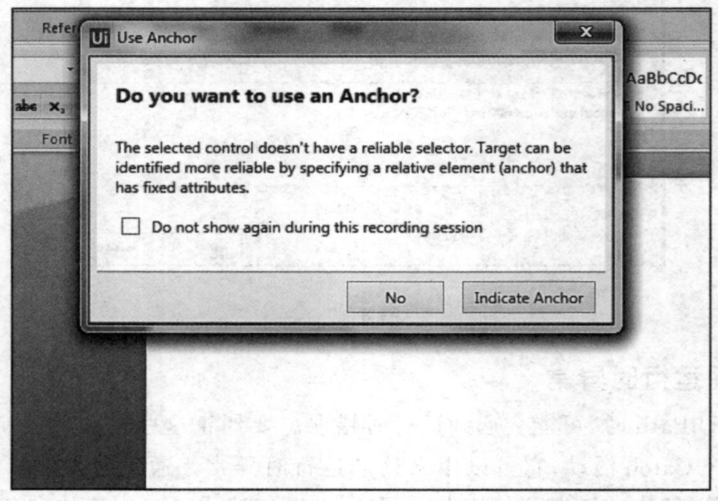

图 8-9

正如图 8-9 所示,当无法正确地找到这个图像时,Indicate Anchor 会帮助我们指定附近的 UI 元素,让录制器可以找到正确的图像。

6. 一般单击错误——无法在这个 UI 节点上使用 UI 控件 API,请使用 UI 硬件元素方法

当尝试不支持 Simulate 或 Send Message 活动的环境中使用 Click 活动时(用来单击 UI 元素),就会出现这种错误。有时候,Simulate Click 或者 SendWindow Messages 可能被选中。在这种情况下,当异常出现时,只需取消选中对应的选项就行了。

8.3 日志记录和截屏

UiPath 采用多进程架构,可以在执行器中单独执行每个工作流,执行器由 Ui-

Robot 管理。因此，如果任何执行器停止工作，那么整个流程并不会受到影响。

8.3.1 客户端日志记录

客户端日志基本上使服务器能够记录链接情况。这些日志可供内容提供者在各种场景中使用，如生成账单，跟踪媒体服务器的使用，或者根据客户端服务器的速度提供质量合适的内容。

对于在 UiPath 中进行客户端日志记录，我们有一个 NLog 配置文件，使之更容易也更灵活地整合数据库、服务器或者其他 NLog 目标。日志记录可以使用 NLog.config 文件配置。UiPath Studio、机器人和工作流执行都会在客户端生成日志消息：

- 由工作流执行产生的消息会记录为执行日志源；由 UiPath Studio 产生的消息会记录为 Studio 源；由 UiPath 机器人产生的消息会记录为机器人日志源。
- 也可以从 UiPath Studio 访问这些日志。

可以通过单击 EXECUTE 选项中的 Open Logs 访问保存的日志。默认情况下，这些日志保存在“%Local App%\UiPath\Logs”里：

- 对于出现的所有错误，包括变量和参数的值，可以通过在 UiRobot.exe 的配置文件中把<Switches>节点的 Log 参数从 0 改为 1 来启用自动日志记录机制，该文件位于 C:\Users\USername\AppData\Local\UiPath\app - 17.1.6435。
- 有两个活动可以用于日志记录，它们是 Log Message 活动和 Write Line 活动。

8.3.2 服务器日志记录

如果配置了 UiPath 服务器，那么执行过程中生成的所有日志也会发送到服务器；可以在任何时候按 Ctrl ＋ PrtScrn 截屏。

8.4 调试技巧

UiPath Studio 提供各种调试技术检查工作流是否成功执行以及查明错误并修正它们。在 UiPath 窗口顶部，可以看到 EXECUTE 区域中有各种调试方法，如图 8 - 10 所示。

正如图 8 - 10 所示，这里有各种调试技术：

① 设置断点；

② 慢速单步(Slow Step)；

③ 突出显示(High Lighting)；

④ 中断。

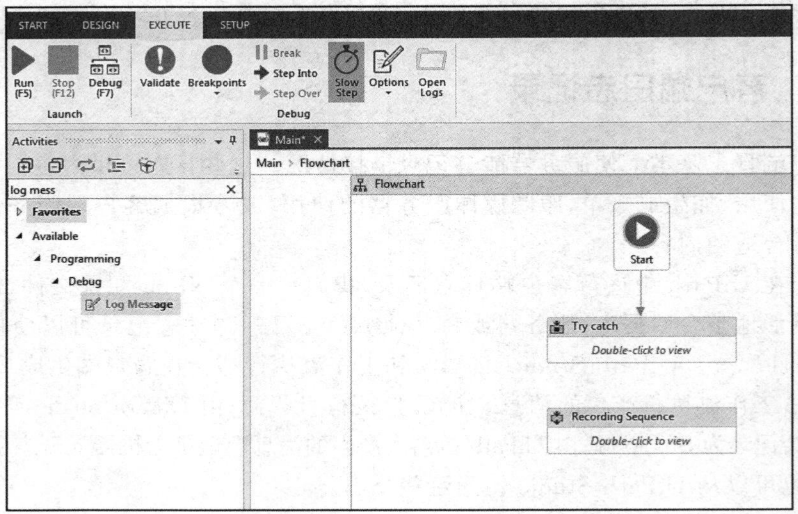

图 8-10

8.4.1 设置断点

在调试工作流时,如果想让程序执行至特定位置,可以在其间设置断点。当需要在一个活动完全结束之前停止时,这会很有帮助。在这种情况下,我们应该在上一个活动上设置断点,如图 8-11 所示。

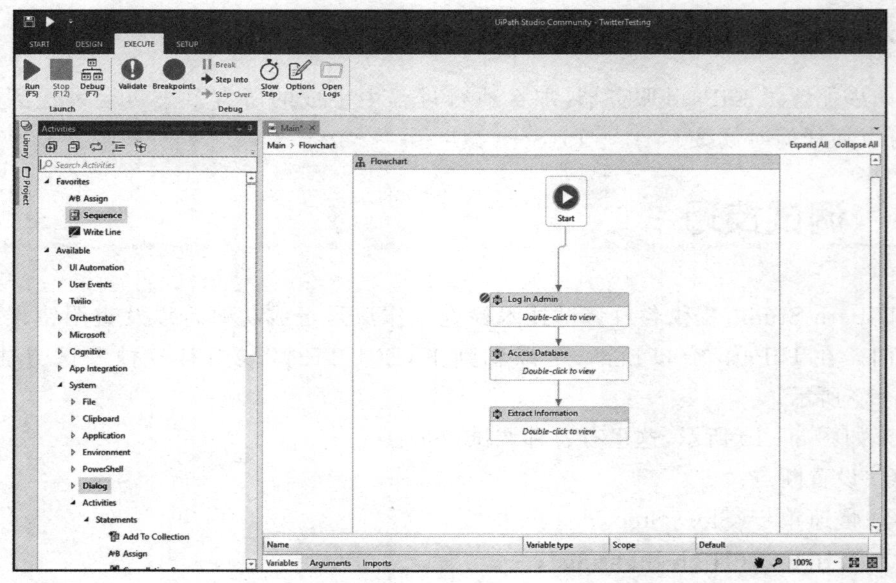

图 8-11

突出显示的区域表示断点,执行过程在断点之后停止。如果要继续执行,需要单击顶部箭头指向的 Continue 按钮,如图 8-12 所示。

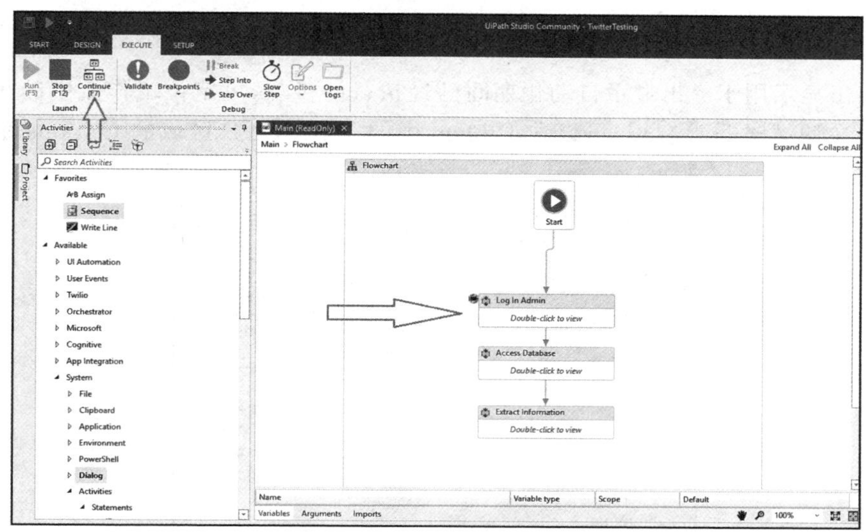

图 8-12

当单击 Step Into 时,相关的部分开始执行;单击 Step Over 之后,执行将会跳到下一个部分。

8.4.2 慢速单步

这是 EXECUTE 区域里的一个功能,我们可以通过它降低特定流程或活动的执行速度。这样就可以定位每个流程,看清楚哪里出错了。在 Output 面板中,所有活动或步骤都可以查看。图 8-13 示范了如何使用 Slow Step 功能。

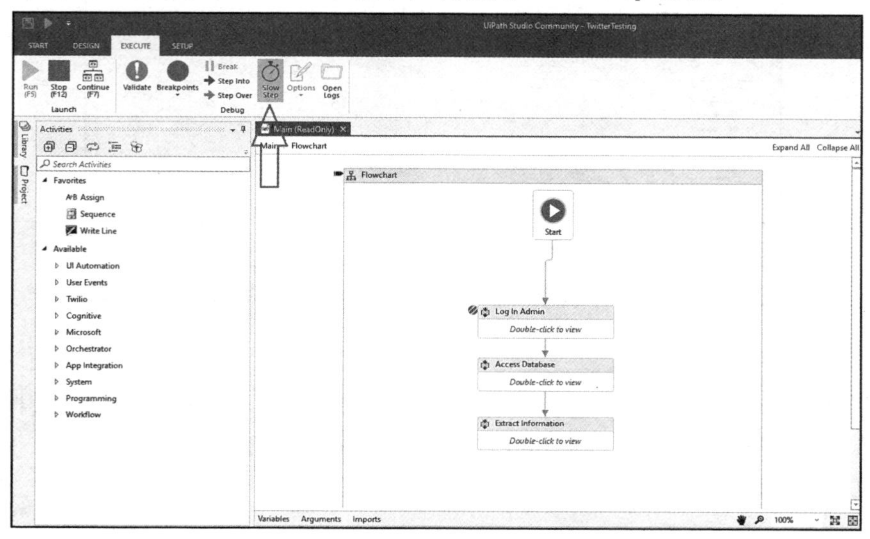

图 8-13

正如图 8-13 中的箭头所示,单击 Slow Step 时,这个步骤的执行时间会增加。

8.4.3 突出显示

突出显示用于突出显示自动化期间已经执行的步骤,可定位工作流中的每个步骤。这在调试时非常有用,可以在 Ribbon 中的 EXECUTE 区域的 Options 菜单中找到它,如图 8-14 所示。

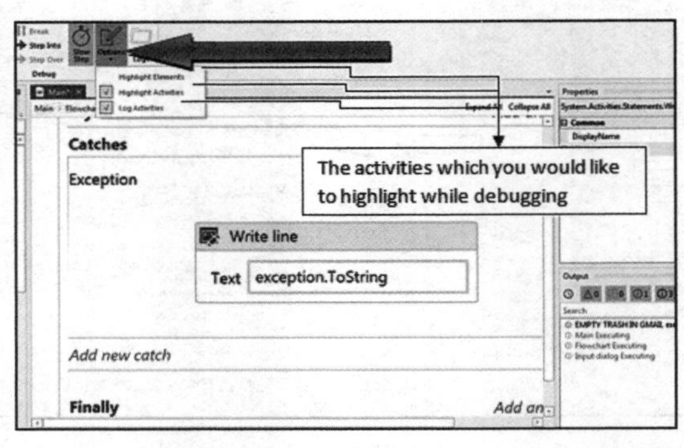

图 8-14

8.4.4 中　断

中断功能用于在某个时候中断一个流程。假设有一个流程执行七个活动,而我们想在某个活动中断执行过程,如图 8-15 所示,使用中断功能。

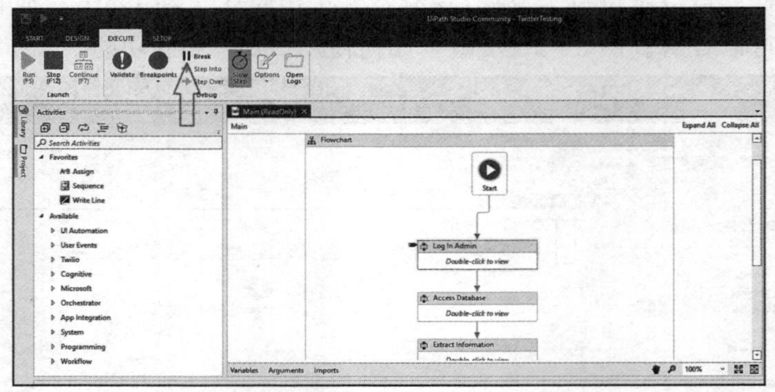

图 8-15

在调试时可以使用 Break 选项(图 8-15 箭头所示),可以在任何时候选择中断。如果想继续执行,只需单击 Continue,如图 8-16 箭头所示。

也可以在任何时候单击 Stop 选项停止执行。

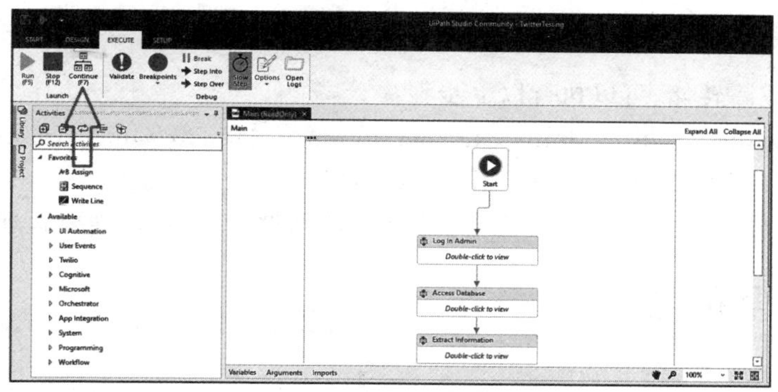

图 8-16

8.5 收集故障转储

收集故障转储(crash dump)基本上是指在 UiPath Studio 出现故障时收集信息,可以选择启用和禁用故障转储。这些转储向我们提供 UiPath 故障信息。内存转储有两种类型:完全转储(full dump)和小型转储(minidump)。完全转储向我们提供故障的全部信息,而小型转储只向我们提供故障的主要信息。

在出现故障时,首先要确定出现故障的进程。通常,屏幕上会显示一个对话框,说明故障的性质和涉及的应用程序。UiPath 的进程可能出现故障,如 UiStudio.exe、Uiexplorer.exe 或者 Uilauncher.exe,用户想自动化的目标应用程序也可能出现故障。

8.5.1 启用故障转储

以下步骤可以启用故障转储:

(1) 要启用故障转储,先要从 https://cdn2.hubspot.net/hubfs/416323/QuickAnswers/EnableFullDump.reg?t=1513326308120 下载 EnableFullDump.erg 文件用于完全转储,或者从 https://cdn2.hubspot.net/hubfs/416323/QuickAnswers/EnableMinDump.reg?t=1513326308120 下载 EnableMiniDump.erg 文件。(译者注:原文有误,这两个文件的扩展名应该是".reg"。)

(2) 双击这个文件,并单击 Yes。需要管理员权限来访问注册表设置。

(3) 转储文件夹是"%TEMP%",它的完整路径像这样:C:\\users\username\AppData\Local\TEMP。

(4) 当应用程序出现故障时,可以在 TEMP 文件夹里找到.dmp 文件。比如,如果 UiExplorer 出现故障,TEMP 文件夹里会找到 UiExplorer.exe.7429.dmp 这种文件。

8.5.2 禁用故障转储

要禁用故障转储,可以执行以下步骤:

(1) 从 https://cdn2. hubspot. net/hubfs/ 416323/QuickAnswers/DisableDump. reg? t=1513326308120 下载 DisableDump. reg 文件。

(2) 双击这个文件,并单击 Yes 来禁用故障转储,这个操作需要管理员权限。

8.6 错误报告

用户可能会在 UiPath 中遇到错误,而且想报告错误。如前所述,UiPath 有两种类型的用户:

① 企业版用户;

② 社区版用户。

8.6.1 企业版用户

如果是企业版用户,可以通过非常简单的方式向 UiPath 社区报告错误:

① 打开链接 https://www. UiPath. com/contact-technical-and-activations。

② 会被重定向到一个页面,在那里需要填写一份简单的表单,包含一些基本细节,然后上传包含错误的文件,如图 8-17 所示。

③ 上传后,单击 Submit 按钮。UiPath 将会提供合适的解决方案。

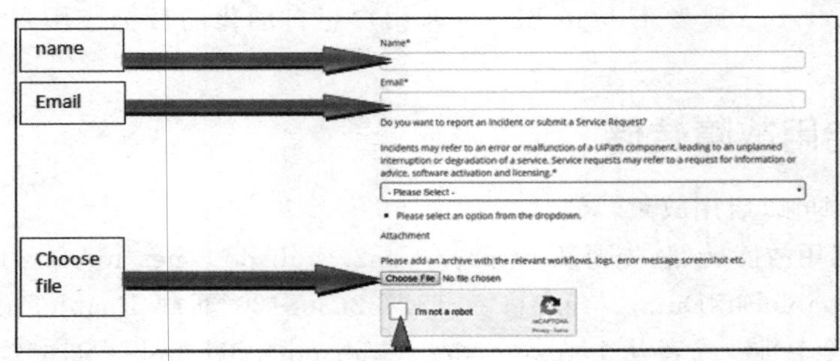

图 8-17

8.6.2 社区版用户

因为社区版是免费的,UiPath 并未向社区版用户提供支持。但是,遇到的错误的所有解决方案都可以在 UiPath 论坛找到。所有类型的错误以及它们的解决方案在论坛中都有充分的讨论。用户也可以打开资源页面,查找其问题的解决方案。可以访问 https://forum. /UiPath. com/,如图 8-18 所示。

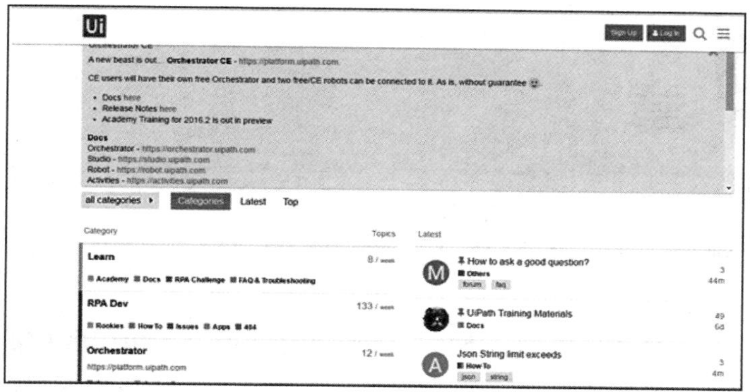

图 8-18

8.7 小 结

本章学习了如何使用异常处理技术、记录错误信息、截屏，以及其他用于调试和报告的有用信息；也学习了如何调试代码，如何构建自动化项目，以及如何使用异常处理。但是，学习并不止步于此。第 9 章将深入学习管理和维护代码的最佳实践。

第 9 章

管理和维护代码

单单创建一个自动化项目是不够的。通过合适的方式组织我们的项目也很重要。不管决定使用哪种结构，都要合理命名每个步骤。一个项目也可以在一个新的项目里重用，这对用户来说是非常方便的；本章解释了可以重用项目的方式。我们也将学习配置技术，并通过示例加深了解。最后，将会学习如何集成 TFS 服务器。

本章将会涉及的主题：

- 项目组织；
- 嵌套工作流；
- 工作流的可重用性；
- 注释技巧；
- 状态机；
- 何时使用流程图、状态机或者顺序流；
- 配置文件的用法和示例；
- 集成 TFS 服务器。

9.1 项目组织

在处理任何自动化项目时，使用一组适当的规则非常重要，这样才能有效地组织项目。在 UiPath 中，处理项目时可以考虑的一些最佳实践如下：

- 为每个工作流选择合适的结构；
- 把流程分解成更小的部分；
- 使用异常处理；
- 提高工作流的可读性；
- 保持干净。

下面将详细说明每种最佳实践。

9.1.1 为每个工作流选择合适的结构

在创建新项目时有各种不同结构可以使用。需要根据正在进行的自动化流程类型，从那些结构中选择最佳选项。图 9－1 展示了所有结构。

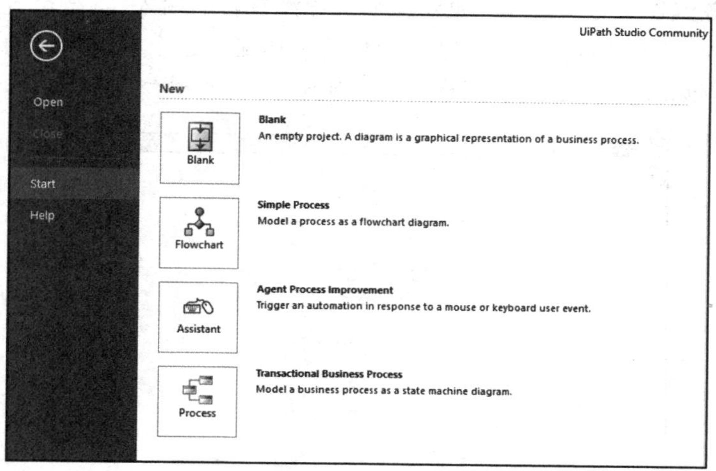

图 9－1

1. 空白流程

空白项目只是一个空白页面,可以在其上创建想要的结构。也就是说,如果要设计的工作流是单向的顺序流,可以从 Sequence 活动开始,如果要设计一个更大、更复杂的工作流,可以使用 Flowchart 活动。这取决于用户的需要或者要进行的自动化类型。图 9－2 展示了空白项目。

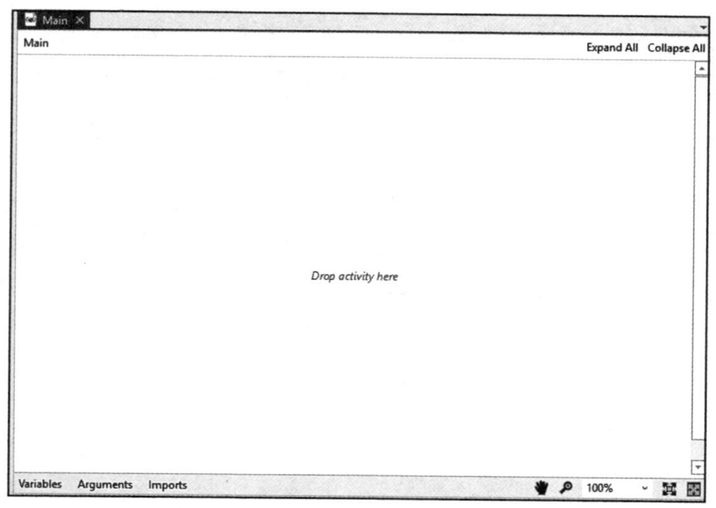

图 9－2

2. 简单流程

简单流程可以构建成具有用户输入空间的流程图。在这里,我们使用顺序流来处理后续事务流程所需的输入。如果这个事务没有新的输入,将结束流程。在这个事务流程中,我们需要构建可以用来自动化的工作流。这个默认生成的流程在需要的时候可以删除或者修改,简单流程的例子如图 9-3 所示。

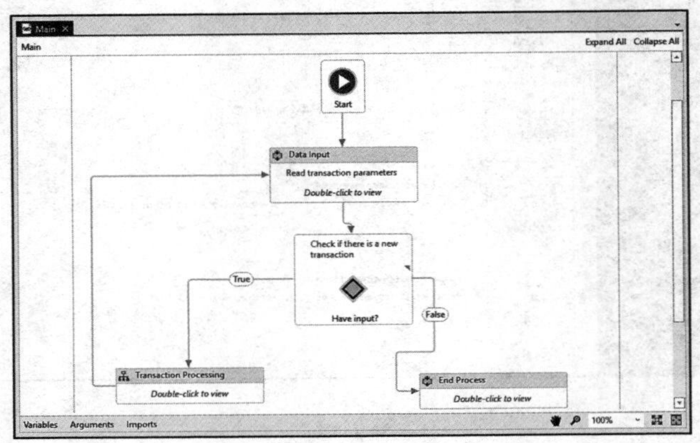

图 9-3

3. 辅助流程改进

这个结构会在响应鼠标或键盘用户事件时触发自动化流程。基本上,当用户自动化涉及输入或单击操作的流程时就会用到它。这个流程中包含的简单结构如图 9-4 所示。

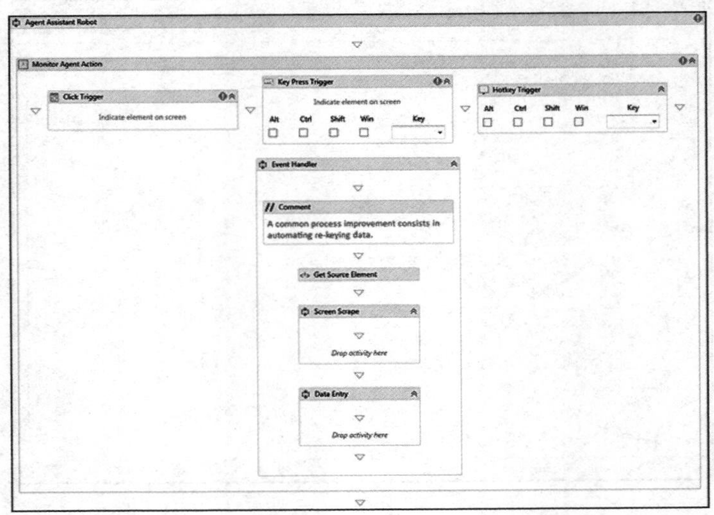

图 9-4

4. 事务性业务流程

如果想把一个业务流程建模成状态机图，将使用这个结构，它基本上就是事务性业务流程自动化如何工作的示例。如果想构建一个更好的机器人来自动化这种流程，最好使用这个结构。

这个结构包含不同状态：

- Init：在 Init 状态中，需要配置我们的设置、凭证（如果有的话），并且初始化这个事务用到的所有变量。（在这个事务中使用的）应用程序的所有配置文件都会被机器人读取和处理。Init 状态也会调用在这个事务中使用的所有应用程序。
- Get Transaction Data：在这个状态中，所有事务数据都从 Init 状态获取。如果没有事务数据，它就会把控制权转交 End Process 状态。
- Process Transaction：在这个状态中，所有事务数据都会被处理。
- End Process：这个状态保证所有流程都完成了，没有可用事务数据。它也会关闭在这个事务中使用的所有应用程序，如图 9 - 5 所示。

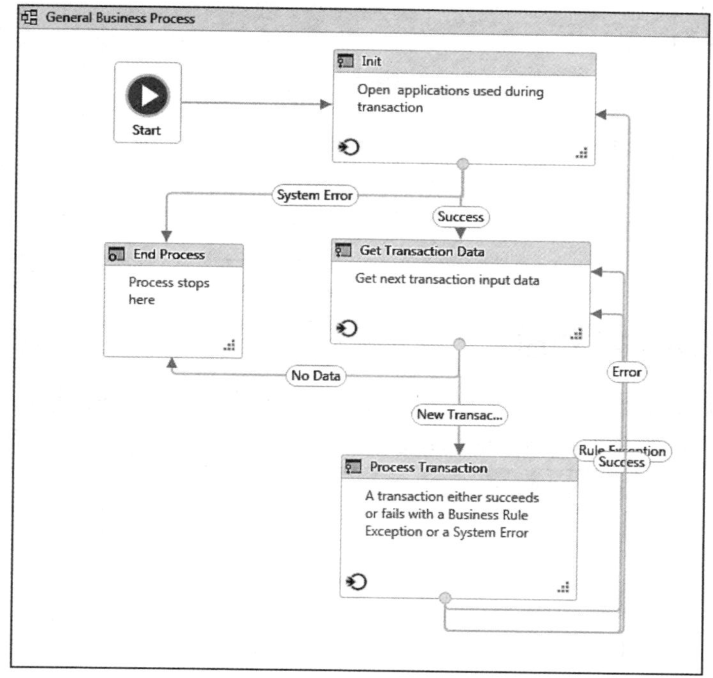

图 9 - 5

（译者注：在新版的 UiPath Studio 中，“简单流程”更名为“事务流程”，“辅助流程改进”更名为“基于触发器的有人值守自动化”，“事务性业务流程”更名为“机器人企业框架”。)

9.1.2 把流程分解成更小的部分

要构建任何项目,都必须使用各种活动;但使用太多活动会使项目变得笨拙,同时降低可读性。我们应该把项目设计成各个部分都能独立存在,可以通过工作流实现这一点。我们应该把项目的每个独立的部分都放入单个工作流,然后可以在项目合适的位置调用所有工作流。把项目分解成工作流可以使项目更干净、更可维护。现在,任何开发者如果想调试我们的代码,他们可以检查不同的工作流,很容易就可以查出哪个工作流出现特定错误。如果项目没有分解成工作流,开发者要修复任何错误都将是一场噩梦。因此,把自动化分解成更小的部分能使调试更容易,也能让工作流跨越不同项目,如图 9-6 所示。

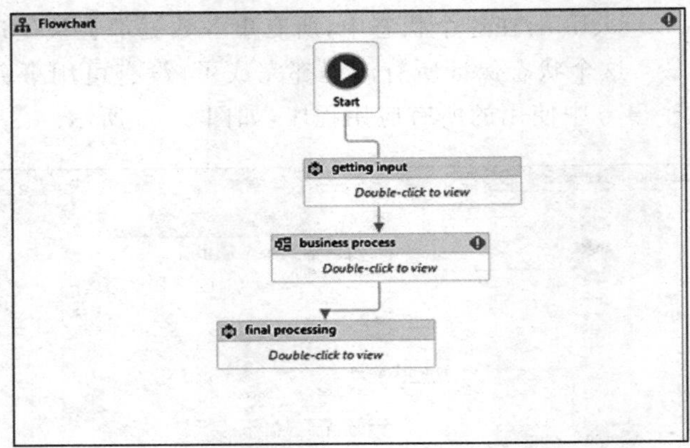

图 9-6

9.1.3 使用异常处理

在处理项目时,最好使用异常处理,因为它可以降低出错的风险。例如,使用 TryCatch 块可以为我们提供正确的错误消息,这有助于处理异常。前面已经解释过

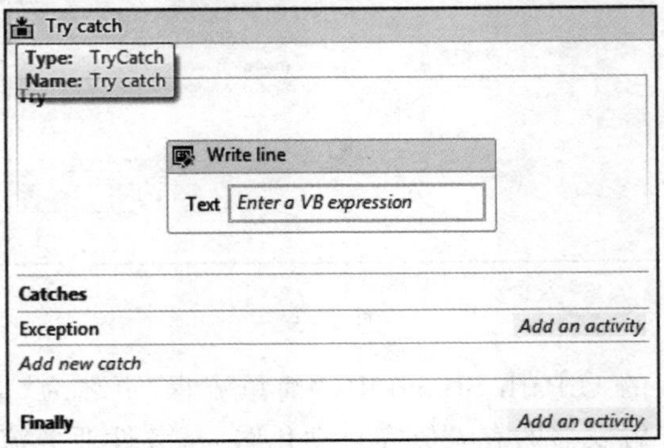

图 9-7

各种异常处理技术，这些技术在处理项目时非常有用。图 9－7 示范了使用 Try Catch 活动来处理异常。在这里，我们使用了 Write Line 活动来显示 Catch 块或 Finally 块检测到任何错误的消息（已在图 9－7 中突出显示）。

9.1.4 提高工作流的可读性

使用要执行的操作来命名活动是一个很好的实践，这样可以确保我们回到工作流时可以轻易找出里面使用的每个步骤。这在查找和修复错误时非常有用，因为在调试期间显示错误时可以指明流程。如果活动得到恰当命名，我们就能准确知道工作流的哪个部分不能工作了。比如，我们将创建一个工作流，让用户猜数字，并据此执行加法，最后显示结果。这个流程中设计步骤的恰当命名如图 9－8 所示。

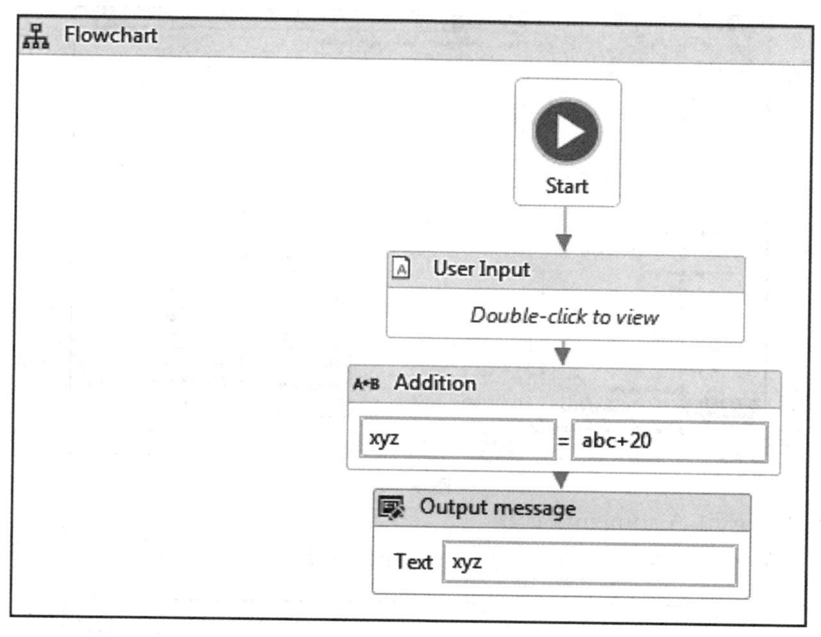

图 9－8

9.1.5 保持干净

一个好的开发者可以写出干净可读的代码，一个 RPA 开发者也应如此。干净的代码可以让我们非常容易地理解整个流程，不管是开发者还是其他正在阅读它的人。

9.2 嵌套工作流

在使用 UiPath 时,最好把整个流程分解成更小的部分,然后把这些工作流嵌套到更大的工作流或者 Main 工作流中。这可以通过 Activities 面板里提供的 Invoke Workflow File 活动做到。把一个工作流或很多工作流嵌套到单个工作流中涉及多个步骤。

如何在一个工作流中嵌套另一个工作流

假设有两个工作流,在这个例子中,我们将在一个工作流中调用另一个工作流:

(1) 把 Invoke Workflow File 活动添加到第一个工作流,如图 9-9 所示。

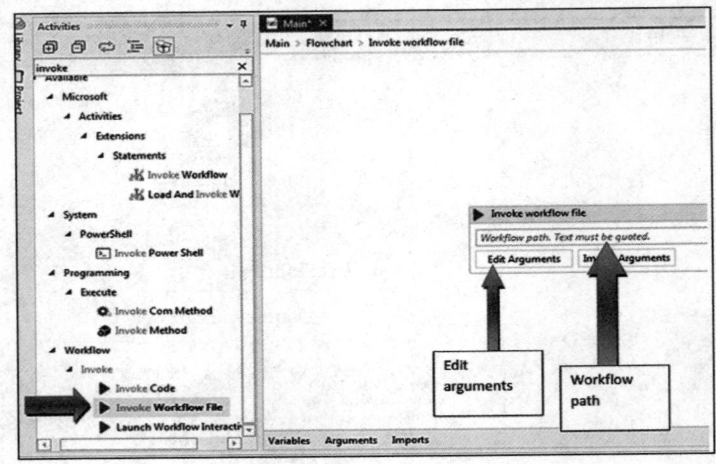

图 9-9

(2) 单击 Edit Arguments 选项。

(3) 定义一个参数,并在显示的调用工作流参数里输入它,如图 9-10 所示。

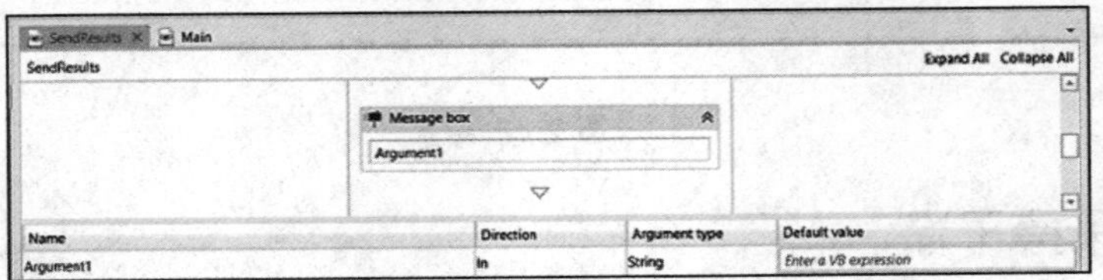

图 9-10

(4) 在第二个工作流里的 Arguments 面板中,创建一个名字和第一个工作流一样的参数。现在可以像其他变量一样使用这个参数了。

9.3 工作流的可重用性

重用工作流能使自动化流程更容易、更好，因为可以在我们正在尝试自动化的项目中使用先前创建的工作流。有两种方法可以做到这一点：

① 调用工作流文件(Invoke Workflow File)；

② 模板。

如果有一个复杂的自动化项目，调用工作流文件是一个很好的选择，可以把它分解成更小的部分。通过调用工作流文件活动，我们可以在项目中调用所有文件，并把所有更小的部分集中到单个工作流中。但是，如果想在项目中调用先前创建的工作流，那么当修改后者时，前者也会受到影响。因此，建议最好是只有一个复杂的工作流时才用调用工作流文件活动。正如图 9－10 所示，调用工作流文件活动需要相关 XAML 文件的路径。

9.3.1 调用工作流文件

如果有一个复杂的自动化项目，调用工作流文件是一个很好的做法。我们可以把它分解成更小的部分，然后通过调用工作流文件活动，把所有这些更小的部分集中到单个工作流文件中。但是，如果想在新的工作流中调用先前创建的工作流，并修改新的工作流，那么先前的工作流也会受到影响。(译者注：原文这里有点问题，实际的情况是，修改被调用的工作流会影响调用它的工作流。)因此，建议最好是只有一个复杂的工作流，并且把流程分解成更小的部分，然后放在一起使用时才使用调用工作流文件活动。

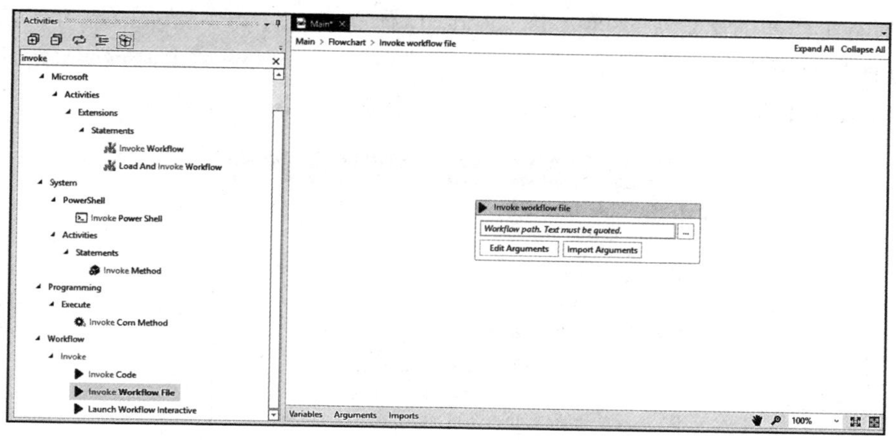

图 9－11

正如图 9－11 所示，调用工作流文件活动需要一个变量表达式。我们可以创建一个变量，并设置调用工作流文件活动所需的超时。

9.3.2 模　板

把工作流保存为模板有助于保留原本的工作流文件。因此,不管在模板中做了什么修改,都不会改变原本的工作流。在创建通用、短小的自动化代码段时,通常会使用模板,它们可以重复使用并且适用于多个工作流。因此,如果你的工作流并不经常改变,可以使用模板。常见的例子是使用数据、数据表和 XML 文件创建自己可重用的代码段。

把工作流添加成模板

按照指定的步骤把工作流添加成模板,步骤如下:

(1) 在 Library 里添加一个新的文件夹,如图 9-12 所示。

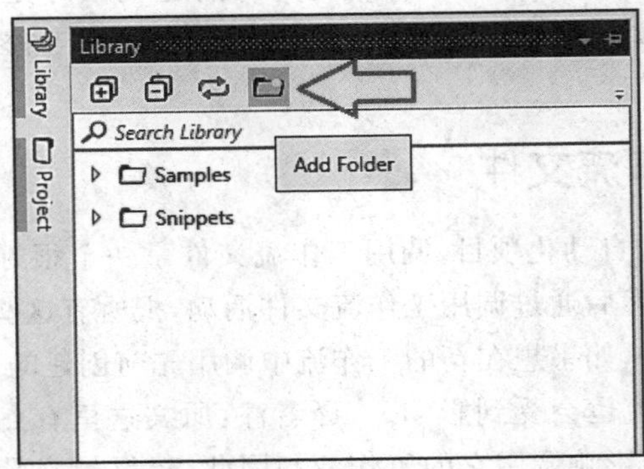

图 9-12

(2) 单击 Add Folder 图标后,可以浏览包含工作流的文件,只需从列表中选择包含所有工作流的文件夹就可以了。现在,任何时候在任何工作流中都可以从 Library 面板使用这个文件夹。

(3) 也可以通过右击并选择 Remove 选项来移除已经添加的文件,如图 9-13 所示。

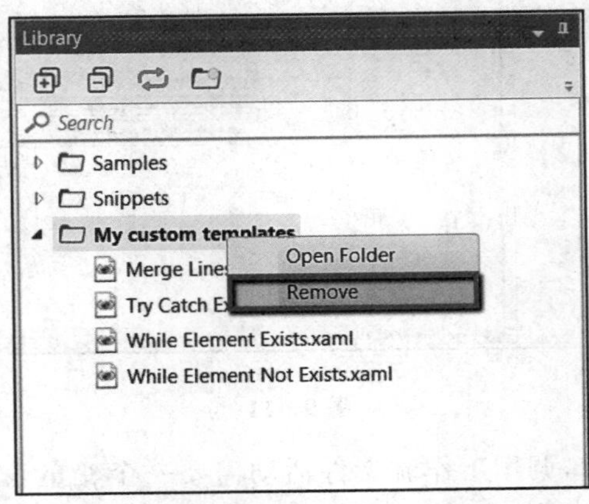

图 9-13

9.4 注释技巧

在工作流中使用注释是一个很好的实践，因为这可以更好地描述这个工作流完成了哪些步骤。因此，在一个复杂的工作流中进行注释有助于调试。

- 在工作流中使用注释所需的包要从 Package Manager 功能中安装，它可以在 Activities 面板（Manage Packages 图标）找到。可以从包中安装 UiPath. Core. Activities，将在 Activities 面板里找到 Comment 活动，如图 9－14 的箭头所示（它在这里已经装好了）。

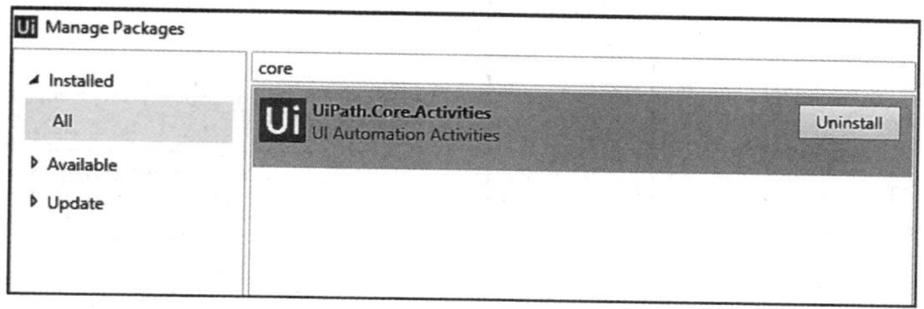

图 9－14

- 一旦安装好这个包，只需从 Activities 面板拖出 Comment 活动，并在指定的工作流之间添加注释，如图 9－15 所示。

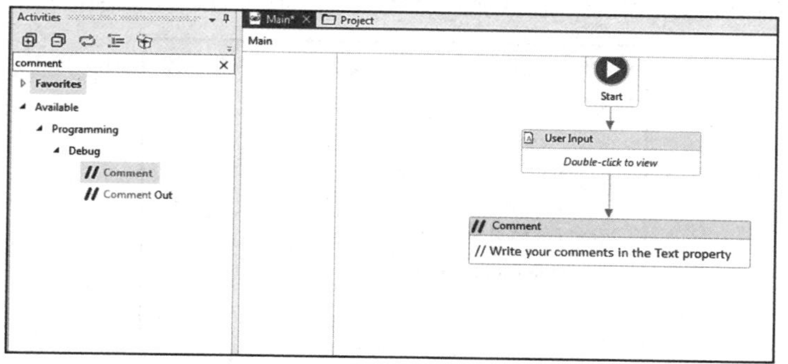

图 9－15

9.5 状态机

状态机的执行使用有限状态集。当它被一个活动触发时，它可以进入一个状态；当它被另一个活动触发时，它可以退出那个状态。状态机的另一个重要方面是转移。（译者注：原文使用 transaction，从上下文来看应为 transition，下同。）状态机可以添加条件,根据这些条件,转移可以从一个状态跳到另一个状态。这些都是通过状态之间的箭头或分支来表示的。

状态机有两个专属活动,即 State 和 Final State,如图 9-16 所示。

State 活动包含三个部分:Entry(进入)、Exit(退出)和 Transitions(转移),而 FinalState 只有 Entry。可以通过双击来展开这些活动并查看和编辑它们:

● FinalState 活动:它包含在进入这个状态时需要处理的所有活动,如图 9-17 所示。

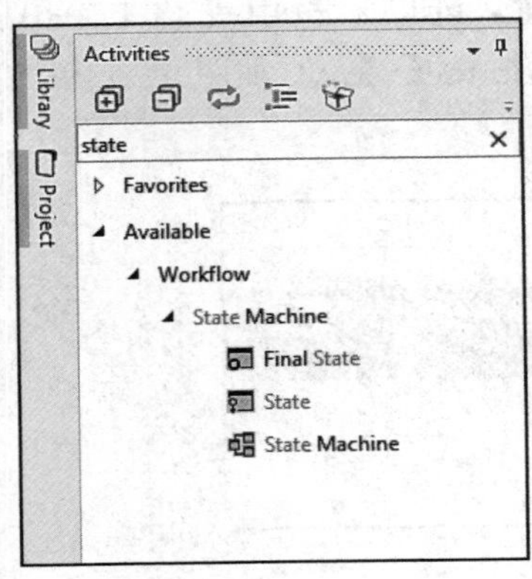

图 9-16

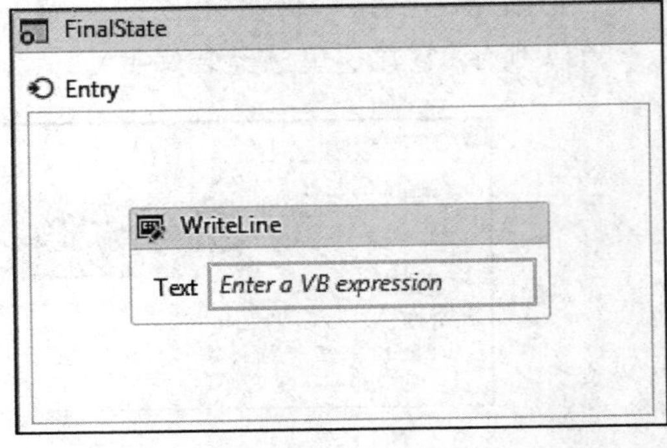

图 9-17

● State 活动:转移包含 Trigger(触发器)、Condition(条件)和 Action(动作)三个部分,可以添加下一个状态的触发器或者执行一个活动的条件,如图 9-18 所示。

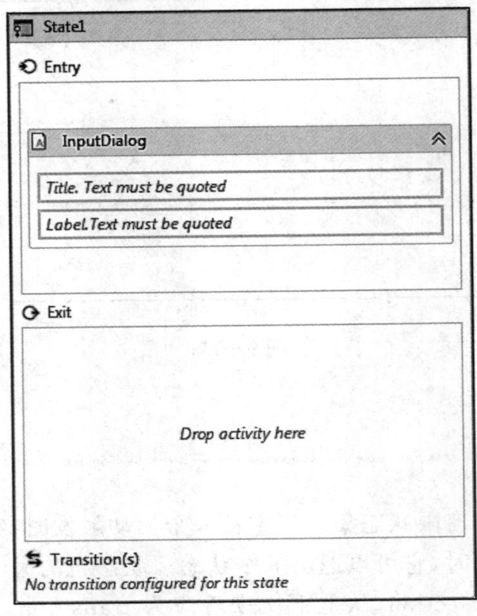

图 9-18

9.6 何时使用流程图、状态机或者顺序流

仅当我们通过一组简单直接的指令来创建工作流时才会使用顺序流。也就是说，我们不用做决策。在我们录制按顺序执行的步骤并创建简单的工作流时，顺序流就非常适合了，这种顺序流如图 9-19 所示。

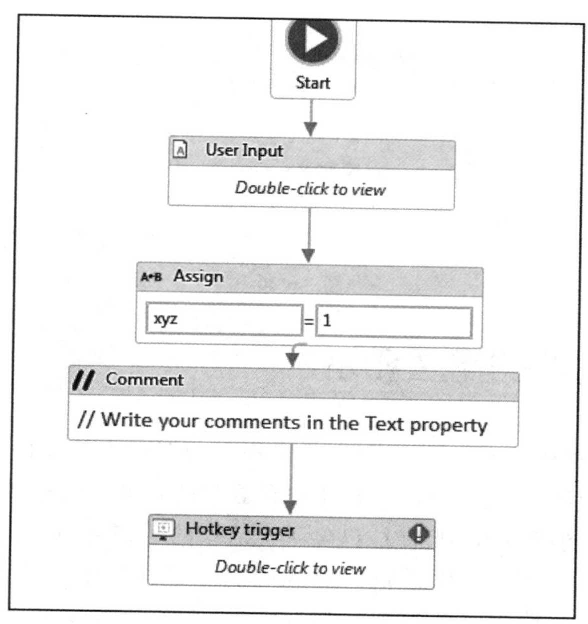

图 9-19

说到状态机和流程图，两个都可以用于复杂流程，而且都能很好地工作。它们的工作方式相同，但状态机相比流程图有以下优势：

- 复杂的转移在状态机中显得更加清晰，因为它们天生具有这样的工作流结构；
- 流程图本身没有等待某事发生的概念，但状态机有（直到触发器完成和条件满足才会发生转移）；
- 状态机天生可以封装动作分组，如图 9-20 所示。

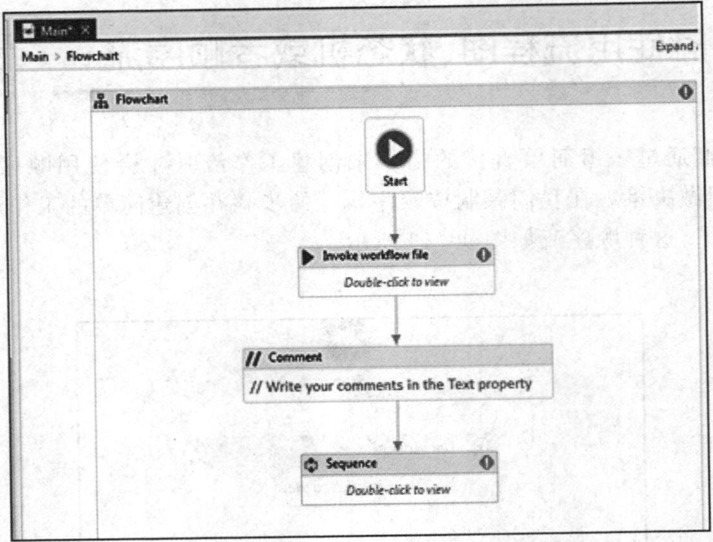

图 9 – 20

9.7 配置文件的用法和示例

说到配置,UiPath 不像 Visual Studio 那样有预置的配置文件,但我们可以创建一个。把环境设置放在配置文件里,让用户在需要的时候可以轻易修改,是其中一项最佳实践。当我们创建一个项目时,包含所有活动的 project. json 文件会自动创建。可以在项目保存的文件夹里找到 project. json。要访问这个文件夹,只需打开 Project 面板,然后复制路径,如图 9 – 21 所示,并粘贴到文件资源管理器(File Explorer)里。

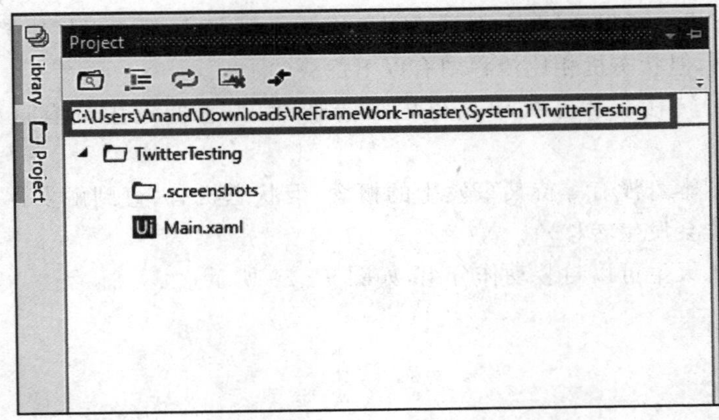

图 9 – 21

可以在文件资源管理器里看到 project. json 文件，如图 9－22 所示。

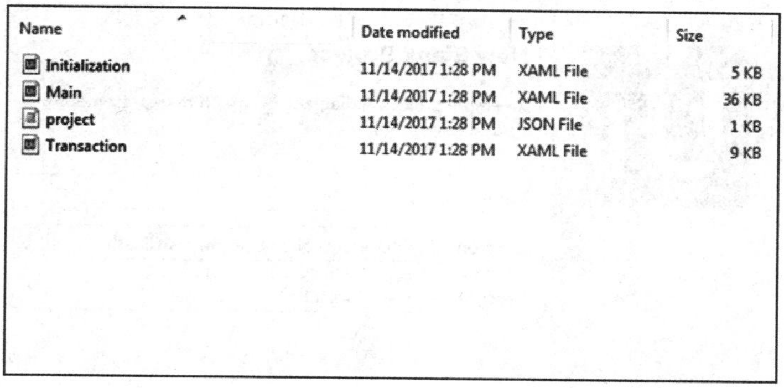

Name	Date modified	Type	Size
Initialization	11/14/2017 1:28 PM	XAML File	5 KB
Main	11/14/2017 1:28 PM	XAML File	36 KB
project	11/14/2017 1:28 PM	JSON File	1 KB
Transaction	11/14/2017 1:28 PM	XAML File	9 KB

图 9－22

在记事本里打开 project. json 文件时，里面的代码如图 9－23 所示。

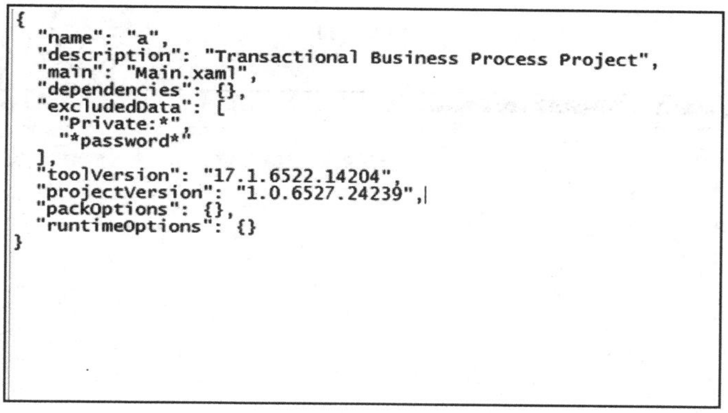

```
{
  "name": "a",
  "description": "Transactional Business Process Project",
  "main": "Main.xaml",
  "dependencies": {},
  "excludedData": [
    "Private:*",
    "*password*"
  ],
  "toolVersion": "17.1.6522.14204",
  "projectVersion": "1.0.6527.24239",
  "packOptions": {},
  "runtimeOptions": {}
}
```

图 9－23

也可以通过电子表格或者凭证保存你的设置。project. json 文件里包含各种参数，它们是：

- Name（名称）：这是在 Create New Project 窗口（译者注：原文不够准确，按图 9－24 应为 New Project 窗口，下同）里创建项目时提供的项目标题，如图 9－24 所示。
- Description（描述）：在创建项目时，描述也是必填的。可以在 Create New Project 窗口里添加描述，如图 9－24 所示。
- Main：这是项目的入口点。默认保存为 main. xml（译者注：原文有误，此处应为 mail. xaml），但可以从 Project 面板更改它的名称。另外，可以在一个项目里创建多个工作流，需要通过调用工作流文件活动把所有这些文件附加到 main 文件。否则，这些文件不会执行，如图 9－25 所示。

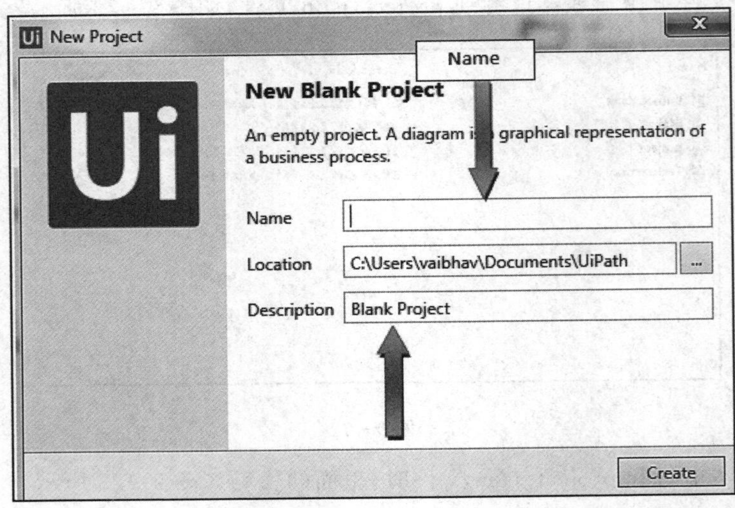

图 9-24

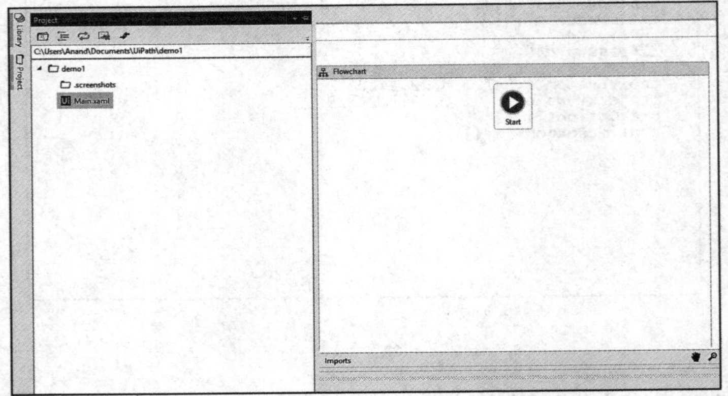

图 9-25

- Dependencies(依赖):这是项目里使用的活动包及其版本。
- Excluded data(排除数据):包含可以添加到活动名称的关键字,用来防止变量和参数值出现在详细级别的日志记录里。
- Tool version(工具版本):用来创建项目的 Studio 的版本。
- Adding Credential(添加凭证):可以添加日后使用的特殊设置。比如,我们可以保存日后使用的用户名和密码,这可以通过 Activities 面板找到的 Add Credential 活动来操作,如图 9-26 所示。

在添加凭证后,在 Properties 面板里输入所需的值,如图 9-27 所示。

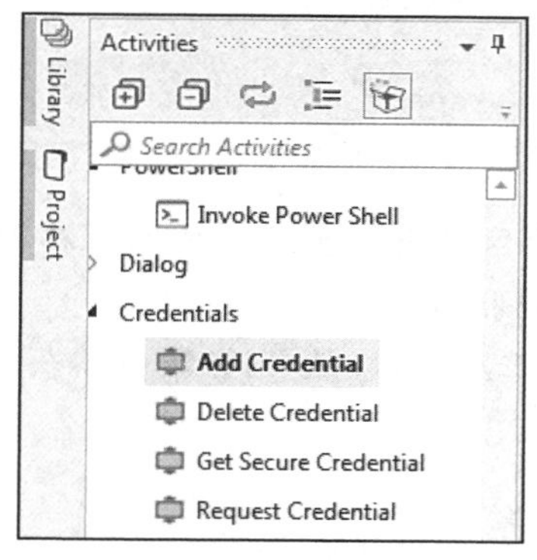

图 9－26

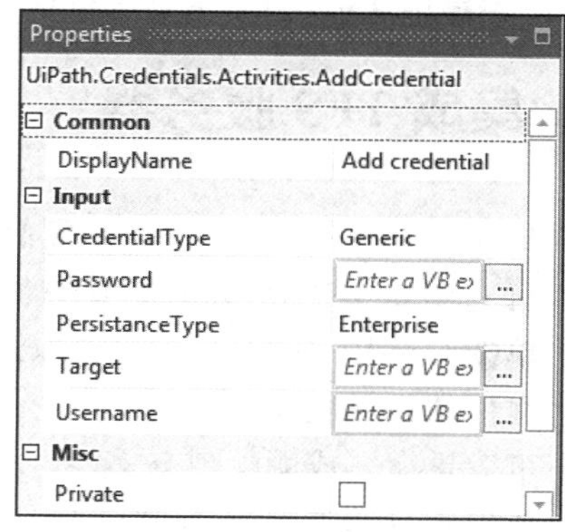

图 9－27

当凭证设置好后，可以按以下步骤删除、保护或者请求凭证：

(1) Delete Credential：如果想删除凭证，可以拖出 Delete Credential 活动，然后设置凭证的目标，如图 9－28 所示。

(2) Get Secure Credential：这个活动用来获取值，也就是在添加凭证时保存的用户名和密码。我们需要像前面那样设置目标，输出将是用户名和密码，如图 9－29 所示。

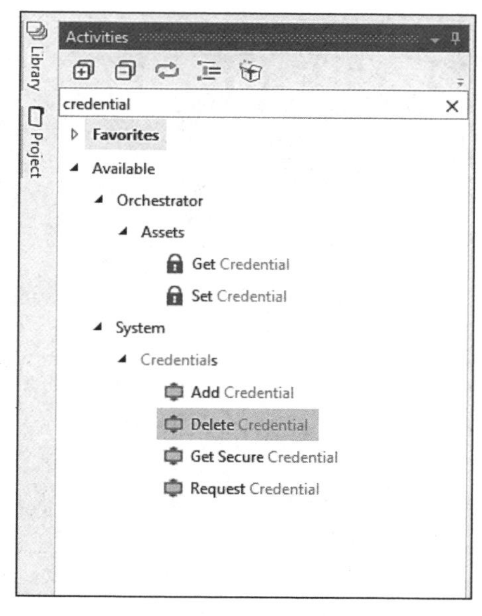

图 9－28

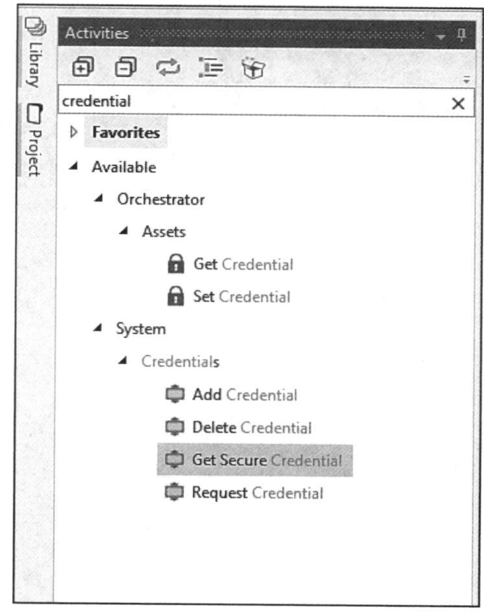

图 9－29

(3) Request Credential：这个活动可以让机器人显示一个消息对话框，请求用户提供用户名和密码，并把这些信息保存成字符串，然后在后续处理中使用。用户可以选择 OK 来提供凭证,如果不想提供凭证,也可以选择 Cancel。

9.8 集成 TFS 服务器

UiPath 集成了一系列操作,使我们能够在项目上进行更好的协作。在 Project 面板中,通过右击文件,可以看到其中包含的属性列表:

- 单击 Get Latest Version(获取最新版本)选项,可以从 TFS 服务器获取所选文件的最新版本。
- 可以重命名或删除现有文件。
- 要编辑只读工作流,可以选择 Check Out For Edit(签出并编辑)。
- 要签入更改,从菜单选择 Check In(签入)。

9.9 小　结

本章介绍了项目的组织、模块化技术、工作流嵌套以及使用 TFS 服务器来维护源代码的版本。在第 10 章将介绍如何使用 Orchestrator 部署和管理用户的机器人。

第10章

部署和维护机器人

完成自动化项目的设计后，使用 Orchestrator 来管理我们的机器人。在此之前，首先使用发布实用程序来发布我们的工作流。发布项目之后，程序包将上载到服务器，然后使用 Orchestrator 来管理机器人执行任务。Orchestrator 服务器还提供了调度机器人的工具，并根据用户的需要指定它们工作的时间间隔。

先来看一下本章将介绍的主题：

- 使用发布实用程序进行发布；
- Orchestrator 服务器概览；
- 使用 Orchestrator 控制机器人；
- 使用 Orchestrator 部署机器人；
- 许可证管理；
- 发布和管理更新。

10.1 使用发布实用程序发布工作流

我们为某些功能设计工作流，它可以减少我们的工作量和时间。当工作流成功完成时，不想浪费时间再打开 UiPath 来运行工作流。因此，为了从 UiPath Robot 直接运行工作流，要先发布工作流，然后通过 Orchestrator 来调度它。一旦工作流发布了，就可以从 Orchestrator 使用 UiPath Robot 直接运行工作流了。

如何在 UiPath 里发布工作流

以下步骤可以用来在 UiPath 里发布工作流：

(1) 打开 UiPath Studio，新建一个项目，给它一个合适的名称。

(2) 在 SETUP Ribbon 里单击 Publish 按钮。检查项目是否已经成功发布，如图 10－1 所示。

如果工作流已经成功发布，将显示一个对话框，包含从 Orchestrator 运行这个工作流所需的所有信息，如图 10－2 所示。

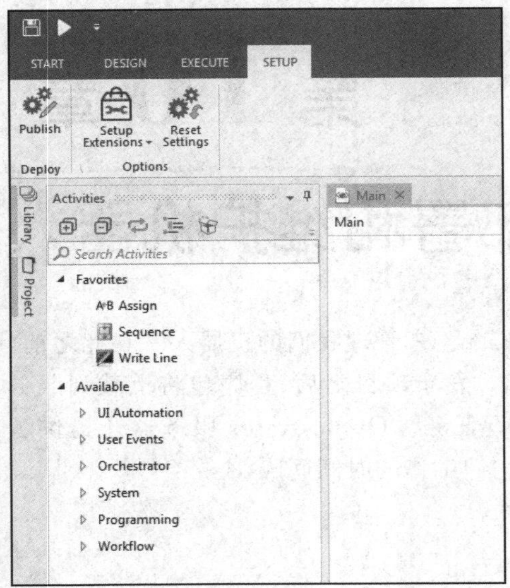

图 10－1

图 10－2

这个 Info 对话框显示了以下信息:

① 项目发布到哪个 Orchestrator 的 URL。

② 从 UiPath Studio 发布的包的名称。

③ 发布到 Orchestrator 的包的版本。在 UiPath Studio 里创建项目时,默认保存路径是 C:\Users\username\Documents\UiPath,但用户可以手动更改。创建项目后,将创建一个文件夹存放以下文件:

- “.screenshot”文件夹;
- 自动化的过程中自动创建的“.xaml”文件;
- project.json 这个项目文件包含项目的信息。

当把这个包发布到 Orchestrator 服务器时,它会自动到达服务器,并可以在 Packages 页面查看。但是,如果由于某种原因没有在 Orchestrator 服务器上找到这个包,也可以按照以下步骤手动添加它:

(1) 单击 Upload Package 选项,如图 10－3 所示。

(2) 单击 BROWSE,并导航至包在第一步里发布的位置。

(3) 单击 UPLOAD。

(4) 单击 Processes 搜索包,并在 Packages 页面上的空白搜索框里输入包的名称。

把已发布的包信息写入“.json”文件

“.json”文件可以在项目里找到。要编辑项目里的“.json”文件,可以执行以下

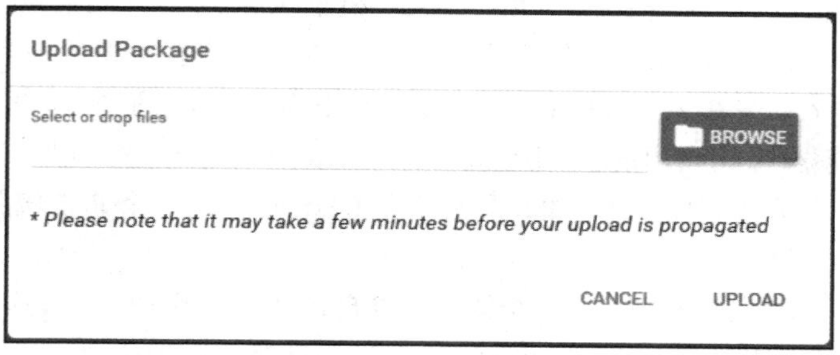

Upload Package

Select or drop files

BROWSE

* Please note that it may take a few minutes before your upload is propagated

CANCEL UPLOAD

图 10－3

步骤：

（1）打开项目目录。

（2）在任何编辑器里打开“.json”文件，如“Notepad＋＋”。

（3）编辑想在 Orchestrator 启动时执行的自动化项目的主要参数，如图 10－4 所示。

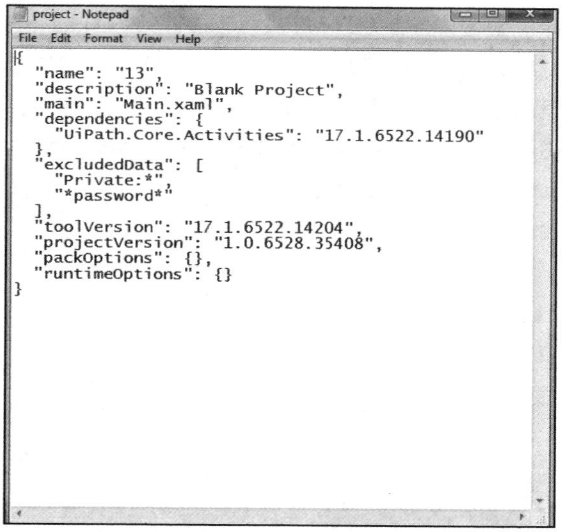

project - Notepad

File Edit Format View Help

```
{
  "name": "13",
  "description": "Blank Project",
  "main": "Main.xaml",
  "dependencies": {
    "UiPath.Core.Activities": "17.1.6522.14190"
  },
  "excludedData": [
    "Private:*",
    "*password*"
  ],
  "toolVersion": "17.1.6522.14204",
  "projectVersion": "1.0.6528.35408",
  "packOptions": {},
  "runtimeOptions": {}
}
```

图 10－4

（4）保存“.json”文件。

（5）在 Orchestrator 的 Processes 页面单击 Packages 按钮。

10.2 Orchestrator 服务器概览

机器人的使用从没像现在这么流行过，换句话说，机器人曾在有限的环境中工作。但今天,由于机器人流程自动化(RPA),机器人可以在不同的环境中工作。如今,它们的性能已不受限制。它们现在在自动化方面扮演着重要的角色,从辅助机器人到全能机器人。它们可以每周 7 天每天 24 小时工作,它们的运营可以通过 Orchestrator 服务器管理和调度。UiPath Orchestrator 是一个 Web 服务器,它为用户提供一个用于维护和调度机器人的环境。Orchestrator 是一个非常容易使用的 Web 服务器平台,可以快速部署一个或多个机器人。

在自治的自动化技术中,一个机器人可以自动化另一个机器人,这意味着机器人可以管理另一个类机器人流程的所有活动以及调度等。

机器人有两种类型:

① 前台机器人(辅助机器人);

② 后台机器人。

- 前台机器人(辅助机器人):前台机器人充当用户的助手,这些机器人在处理过程中需要与用户交互。前台机器人是代理助理,这意味着用户需要与流程交互。比如,机器人需要用户提供凭证,或者显示某个需要用户反应的消息或对话框,否则后续流程无法工作。一些业务流程需要通过触发器活动来执行,一旦任务被触发,机器人就可以在锁屏后运行自动化流程。
- 后台机器人:后台机器人可以登录 Windows 会话,并在无人值守的模式中运行自动化流程,它们可以通过 Orchestrator 启动。我们可以调度这些机器人,也可以使用 UiPath Robot 或者 UiPath Studio 手动运行它们。

UiPath Orchestrator 包含的几个逻辑组件如下:

① 用户界面层:

Web 应用程序。

② Web 服务层:

监控服务;

日志服务;

部署服务;

配置服务;

队列服务。

③ 持久化层:

SQL Server;

ElasticSearch。

10.2.1 队 列

队列可以用做存储需要实现的任务的容器。想象一下,一群人站在售票柜台前排队,其逻辑是先进去的人先出去,即先进先出(FIFO)。类似地,就机器人而言,当我们有许多要执行的操作并且服务器很忙时,任务就会移至队列中,并使用相同的先进先出(FIFO)逻辑来实现。

要创建新的队列,先在 Orchestrator 服务器页面左边找到 Queue 选项,接着可以在 Queue 页面中添加一个队列,允许访问已经创建的所有队列。队列包含任务的某些信息,如剩余时间、进度时间、平均时间和描述等,如图 10-5 所示。

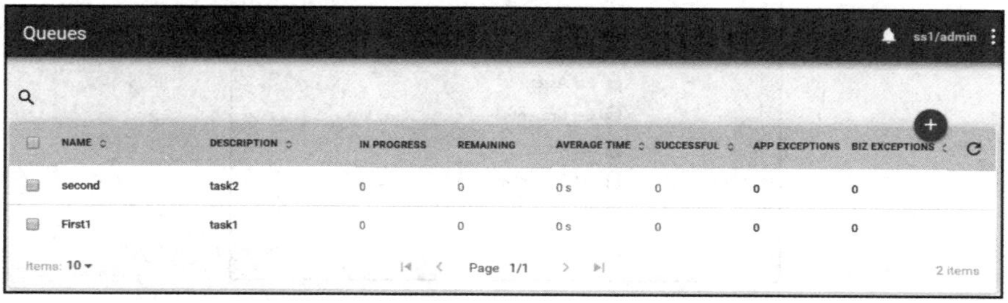

Queues ss1/admin

NAME	DESCRIPTION	IN PROGRESS	REMAINING	AVERAGE TIME	SUCCESSFUL	APP EXCEPTIONS	BIZ EXCEPTIONS
second	task2	0	0	0 s	0	0	0
First1	task1	0	0	0 s	0	0	0

Items: 10 Page 1/1 2 items

图 10-5

可以从 UiPath Studio 中添加队列项,有几个活动支持这个特性,详细如下:

- Add Queue Item(添加队列项):这个活动把一个新的项添加到 Orchestrator 的队列中,这个项的状态将是 New。
- Add Transaction Item(添加事务项):这个活动把一个项添加到队列来开始处理事务,并把这个项的状态设为 In Progress。这里可以给每个对应的事务添加自定义引用。
- Get Transaction Item(获取事务项):这个活动从队列获取一个项来处理事务,并把这个项的状态设为 In Progress。
- Postpone Transaction Item(推迟事务项):这个活动定义应该处理的事务之间的时间参数。基本上,我们将在这里指定进程开始之前的时间间隔。
- Set Transaction Progress(设置事务进度):为 In Progress 事务创建自定义进度状态,可以在流程崩溃时通知它的状态。这个活动在对流程进行故障排除的过程中起着重要作用。
- Set Transaction Status(设置事务状态):用来修改事务项的状态,不管失败还是成功。

10.2.2 资　产

资产可以用做变量或凭证,并在不同的自动化项目中使用。资产可以保存特定信息,这些信息可以很容易被机器人访问。资产活动可以从 Activities 面板找到,如图 10-6 所示。

此外,资产也可以出于安全目的用来保存凭证。我们知道,所有凭证都会以 AES 256 算法加密的形式保存。当 RPA 开发者设计流程时,它可以被这个开发者调用,但它的值仍是隐藏的。

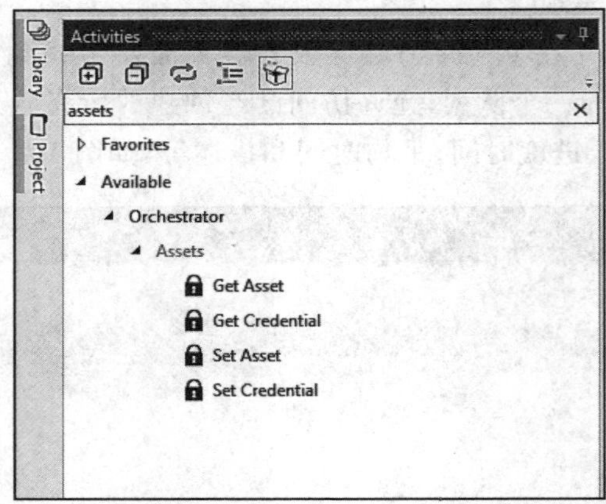

图 10 - 6

要在 Orchestrator 中创建一个新的资产,需要打开 Assets 页面。此页面也显示之前创建的所有资产,资产可以被移除或编辑,如图 10 - 7 所示。

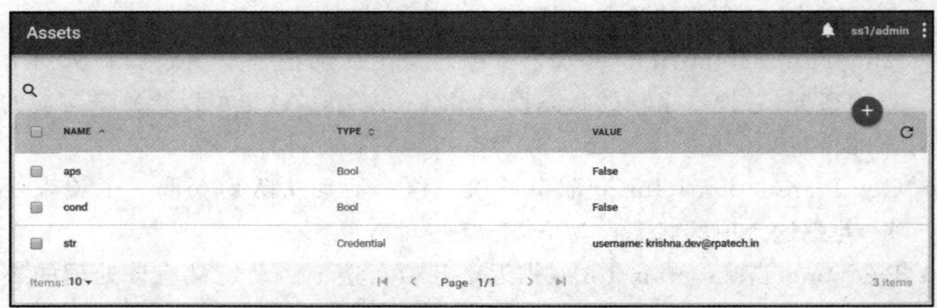

图 10 - 7

资产有两种类型:

① Get Asset(获取资产);

② Get Credential(获取凭证)。

Get Asset 和 Get Credential 活动可以用在 Studio 里,根据指定的 AssetName 从 Orchestrator 请求特定资产的信息。对于 Orchestrator 数据库中现存的资产,AssetName 是必需的,有了它机器人才能访问保存在资产中的信息。要做到这一点,机器人需要权限,从在自动化项目中使用的特定资产中获取信息。如前所述,可以通过 UiPath Studio 的 Activities 面板里的 Get Asset 活动获取资产。

资产的值有四种类型:

① Text(文本):保存字符串值;

② Boolean(布尔值):只支持 True 或 False 值;

③ Integer(整数):保存整数值;

④ Credential(凭证):保存机器人执行特定流程所需的用户名和密码,如登录信息。

此外,也有以下类型的资产:

- 全局:可以被所有机器人访问和使用;
- 特定机器人:只能被特定机器人访问。

10.2.3 流　程

流程负责把包部署和上传到 Orchestrator 环境中,以及部署已经创建的包。在 UiPath Studio 里,可以在 Activities 面板的 Orchestrator 选项中找到 Process,它包含一个 Should Stop 活动,可以在需要的时候停止流程,如图 10-8 所示。

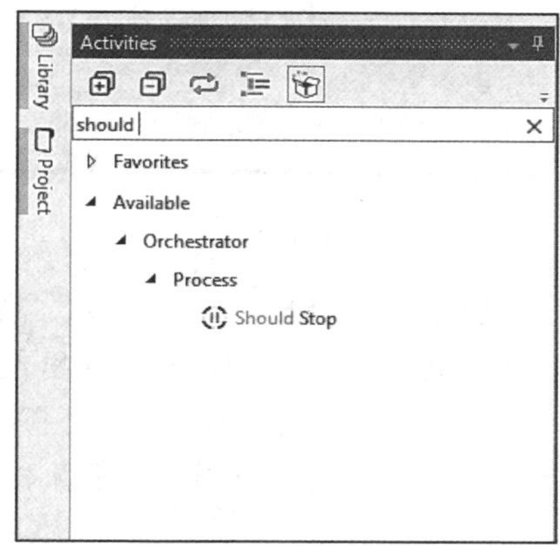

图 10-8

流程有助于在机器人的机器上分发所有包,从而加快执行速度。可以通过 Orchestrator 左下角的作业(Jobs)面板给这些流程指派作业,如图 10-9 所示。

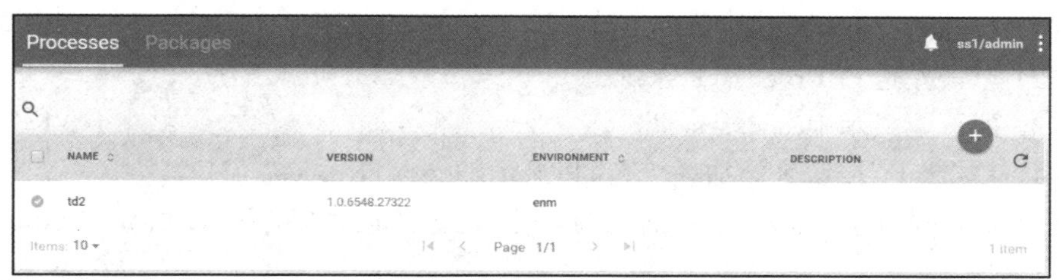

图 10-9

在每个阶段,包都是关联到环境的,并自动分发到属于特定环境的每个机器人的机器上。每当我们对之前创建的包做了更改并上传这些更改时,都会创建这个包的新版本。因此,要更新包,可以在这个包上找到 Manage versions 选项,并选择想使用这个包的版本,如图 10－10 所示。

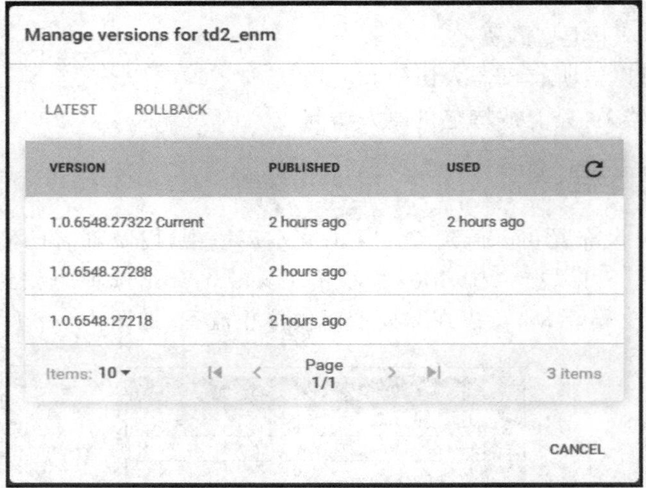

图 10－10

如果某个包的更新可用,这个包上会显示一个图标。当通过特定流程使用一个包的最新版本时,图标会显示在流程旁边,在 Studio 里使用的所有活动都储存在 Orchestrator 可以访问的 NuGet 订阅源里;当添加一个新的流程时,环境的名称应该和机器人的一致,这允许我们使用相应的机器人执行流程。

10.3 部署流程

部署流程基本上是指把包分发到可用的机器人。在成功从 UiPath Studio 发布项目之后,就像前面所说的那样,可以执行以下步骤来部署流程:

(1) 打开 Orchestrator 网页。

(2) 单击左边的 Processes 选项。

(3) 网页上显示 Processes 窗口。

(4) 单击"＋"按钮来添加一个包,将显示 Deploy Process 窗口。

(5) 从下拉列表中选择想要的包的名称(这里的包对应你从 UiPath Studio 发布的项目)。

(6) 这里的描述选项是可选的。

(7) 单击 CREATE 按钮来部署这个流程,如图 10－11 所示。

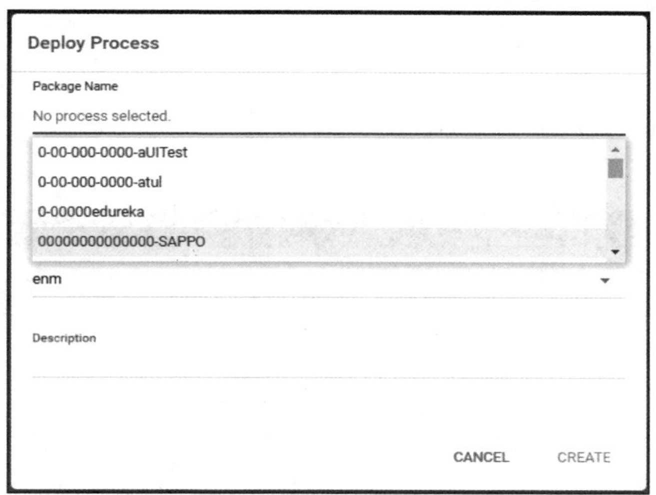

图 10-11

10.4　使用 Orchestrator 控制机器人

在控制机器人方面，Orchestrator 是最好的选择。Orchestrator 服务器可以用来调度机器人，让机器人在服务器指定的时间间隔里执行它们的作业。Orchestrator 可以控制的机器人没有数量上的限制，我们可以非常容易地根据用户的需要给机器人指派各种任务。此外，一个特定的任务也可以指派给多个机器人。Orchestrator 也给我们提供工具来维护机器人生成的所有日志。

10.4.1　机器人的状态

机器人的状态告诉我们它的可用性和连接性，我们可以知道机器人是可用、忙碌还是断开的。机器人可以有的状态如下：

- 可用(Available)：表示机器人没有执行任何任务，可以自由安排任务；
- 忙碌(Busy)：表示机器人正在执行某个任务无法另作他用；
- 断开(Disconnected)：表示机器人不再连接到 Orchestrator 服务器。

10.4.2　编辑机器人

有时可能需要在 Orchestrator 里编辑机器人，这通常是因为机器人不能正常工作或者我们想给机器人指派其他任务。要编辑机器人，从 Edit 窗口单击 Edit 按钮，并更改名称或以下必要字段：

- Name(名称)；

- Username(用户名);
- Password(密码);
- Type(类型);
- Description(描述)。

如图 10－12 所示。

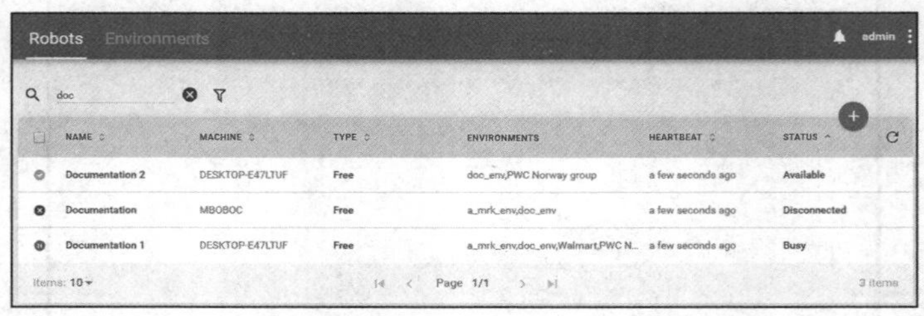

图 10－12

10.4.3 删除机器人

当机器人完全不能工作时就要删除它,可以选择以下操作之一:

- 要删除特定机器人,选择该机器人,并单击 Orchestrator 服务器窗口顶部的 admin 标记打开管理界面。接着,选择 More Actions(更多操作)按钮并删除这个机器人。
- 如果想从上述页面删除一个或多个机器人,可以从这个页面选择并删除它们。

10.4.4 显示机器人的日志

要查看机器人的日志,打开 Robots 页面并搜索想要查看的机器人,单击 More Actions,然后单击 View logs 来查看机器人的日志消息,如图 10－13 所示。

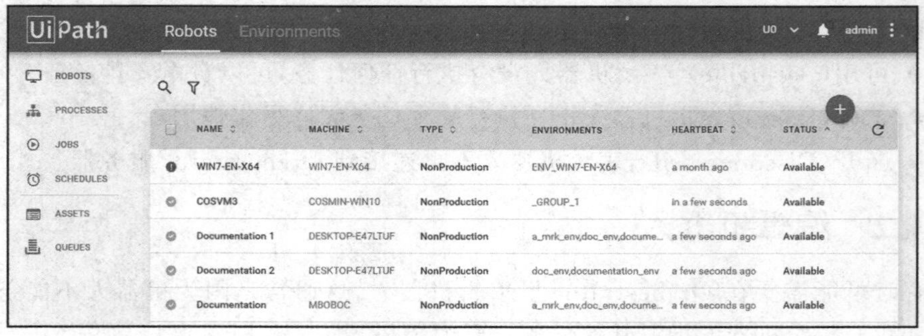

图 10－13

10.5 使用 Orchestrator 部署机器人

要把机器人部署到 Orchestrator，需要使用 Orchestrator 配置机器。要做到这一点，先要从 Orchestrator URL：https://platform.uipath.com 创建预置机器人。

创建预置机器人

用户需要权限来注册新的机器人，要有以下信息：

- 机器人的名称以及连接 Orchestrator 的键(key)。它们可以通过"控制面板 | 系统"找到，登录 Orchestrator URL，单击 ROBOTS 页面，然后单击"+"按钮，在显示的弹窗里可以看到键。"Security | System"和"User Settings | Deployment"提供了机器人的 API 键。
- 用于访问特定机器的用户名和密码。

(1) 单击 Orchestrator 页面左边的 Robots 选项。

(2) 在显示 Robots 页面之后，单击"+"按钮，将会显示一个小窗口来创建预置机器人，如图 10-14 所示。

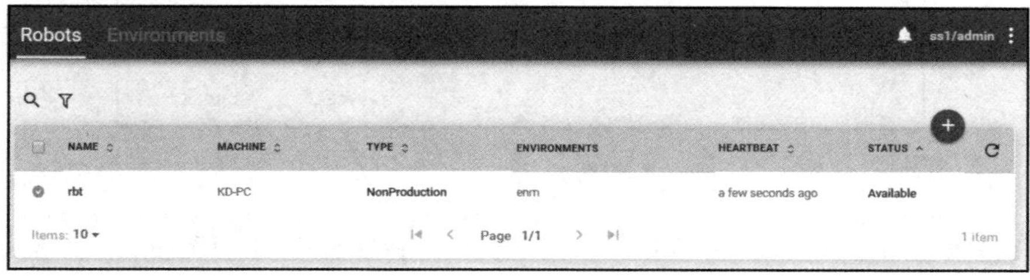

图 10-14

(3) 在窗口显示之后，填写连接机器人的所有必需信息：机器名、机器人的名称、用户名/域名、密码、类型和描述，如图 10-15 所示。

(4) 在"Machine *"字段里，输入连接到 Orchestrator 所需的机器名。

(5) 在"Name *"字段里，输入想要的机器人的名称。

(6) 在"Domain\Username *"字段里，输入用来登录指定机器的用户名。在这里，如果用户在域里，需要遵循"Domain/Username *"这个格式。我们需要选择一个简短的域名。

(7) Password 字段是可选的，它可以跳过。

(8) 可以从下拉列表中选择机器人的类型。

(9) Description 字段也是可选的，可以给机器人一个简短的描述。

(10) 复制机器人的"Key *"，并在配置机器人时把这个键粘贴到 UiPath Robot 里。

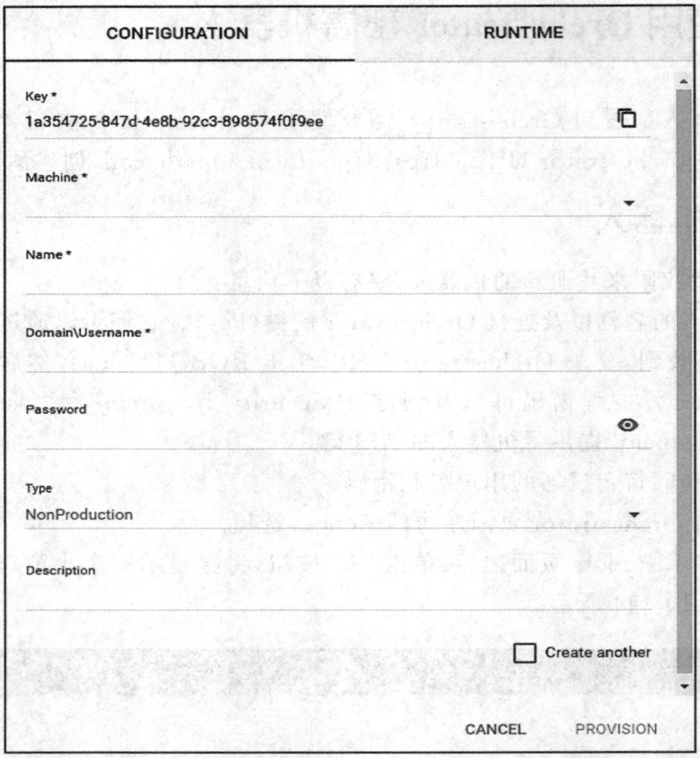

CONFIGURATION RUNTIME

Key *
1a354725-847d-4e8b-92c3-898574f0f9ee

Machine *

Name *

Domain\Username *

Password

Type
NonProduction

Description

Create another

CANCEL PROVISION

图 10-15

(11) 单击 PROVISION 按钮,机器人将会显示在 Robots 页面上。

1. 把机器人连接到 Orchestrator

当部署机器人到 Orchestrator 时,要有机器名和每个机器的键。要得到这些字段的值,可以在 Provisional Robot 窗口创建另一个机器人。如果想创建新的机器人,我们需要得到管理员的验证。默认情况下,管理员有权注册新的机器人。

要把机器人的机器连接到 Orchestrator,执行以下步骤:

(1) 在系统任务栏单击 UiPath Robot,弹出的 Robots 窗口如图 10-16 所示。

图 10-16

(2) 在 Options 列表选择“Settings…”,出现机器人设置的界面,如图 10-17 所示。

(3) 在 Robot Key 字段里,粘贴从 Orchestrator 中获得的预置机器人的键。

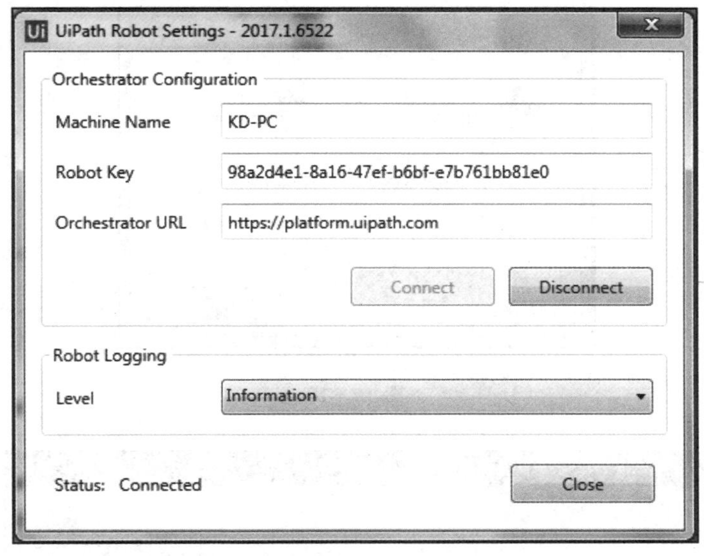

图 10-17

(4) 在 Orchestrator URL 字段里,输入 Orchestrator 的地址。

(5) 单击 Connect 按钮,机器人将连接到 Orchestrator。

2. 把机器人部署到 Orchestrator

要部署机器人,先要将其连接到 Orchestrator。确保机器人连接到 Orchestrator,然后执行以下步骤:

(1) 在机器上安装 UiPath。

(2) 创建机器人的机器,并从 Orchestrator 获取机器人的键。

(3) 在获取这个键之后,在机器人的配置面板输入该键。

(4) 需要输入机器人键的配置 URL,这可以在 Orchestrator 的管理员区域找到。

(5) 使用发布实用工具在 UiPath 里发布项目。若发布成功,将显示如图 10-18 所示的信息。

(6) 项目已经发布到 Orchestrator。

(7) 要创建环境,在主页单击 ROBOTS 选项,然后打开 Environments 选项卡,单击"+"按钮,如图 10-19 所示。

(8) 详细信息填写完毕,单击 Create,如图 10-20 所示。

(9) 在创建环境之后,显示一个小窗口,如图 10-21 所示,可以在这里管理环境里的机器人。

(10) 单击"+"按钮,弹出一个窗口,可以在这里选择已发布的包,如图 10-22

图 10－18

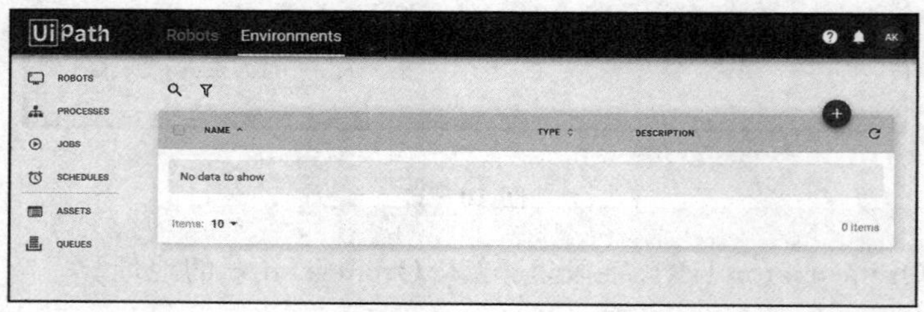

图 10－19

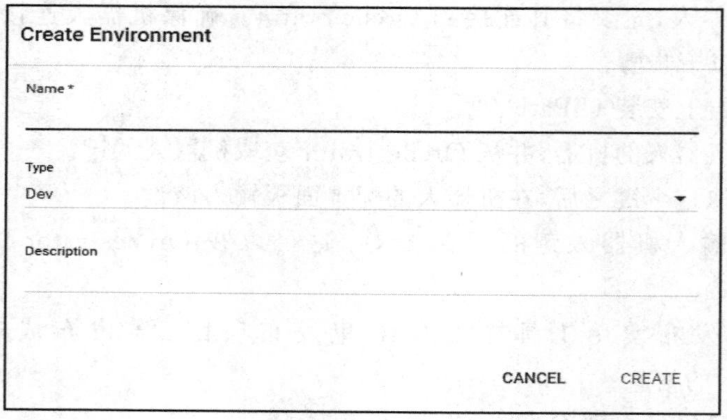

Create Environment

Name *

Type

Dev

Description

CANCEL　　CREATE

图 10－20

所示，然后单击 CREATE 按钮。

（11）单击 Deploy Process（部署流程），弹出一个窗口，可以在这里选择已发布的包，如图 10－23 所示，然后单击 CREATE 按钮。

（12）也可以从本地目录手动上传包，在单击 View Packages 选项，单击 Upload 按钮，如图 10－23 所示。

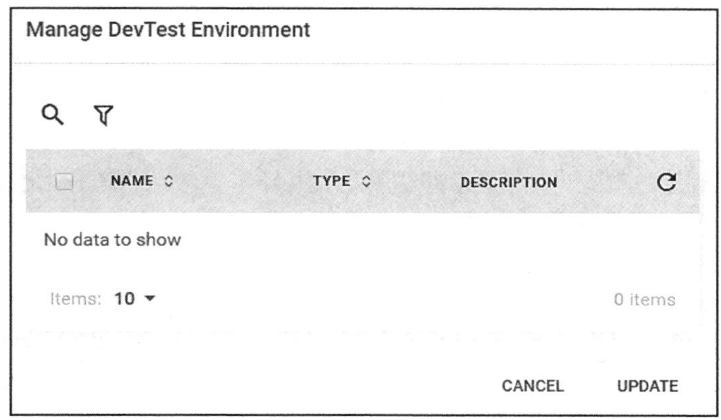

图 10-21

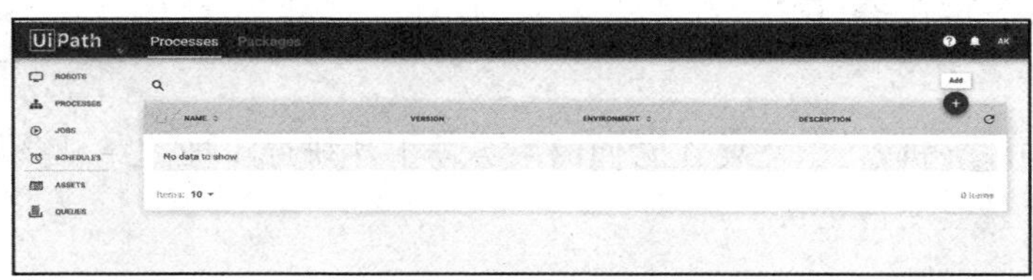

图 10-22

Deploy Process

Package Name

No process selected.

Package Version

No version selected.

Environment

DevTest

Description

CANCEL CREATE

图 10-23

(13) 现在包已部署到 Orchestrator,可以通过 Web 执行了。

(14) 单击 JOBS 选项开始执行,并单击 Start 图标,如图 10-24 所示。

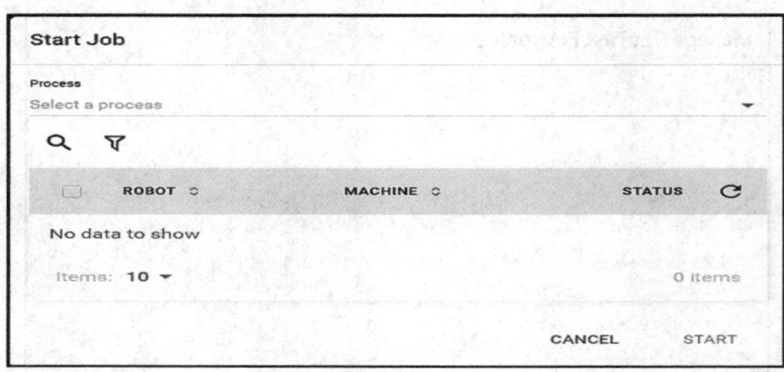

图 10 - 24

(15) 单击 Start Job 按钮后,机器人将经由 Orchestrator 执行。

10.6 许可证管理

要管理和部署机器人,需要在它们的服务器上注册许可证。一旦获取许可证,部署和维护流程就会变得更快。

激活并把许可证上传到 Orchestrator

从销售支持团队或者任何集中管理的地方获得许可证之后,需要执行以下步骤来激活许可证,并把它上传到 Orchestrator:

(1) 在本地机器上安装 UiPath Platform 是强制性的。

(2) 如果没有 UiPath Platform,就安装它。

(3) 从本地机器用管理员账号打开命令行界面。

(4) 在这里可以通过如下命令手动把当前目录改成安装路径:

cd C:\Program Files (x86)\UiPath Platform\UiPath

(5) 要激活许可证,需要 Regutil 工具。如果这个工具可用,就在命令行输入如下命令激活它:

regutil activate /email=emailaddress /code=licensecode

(6) 使用如下命令把许可证信息输出到文件:

regutil export - info /out_file=D:\license. txt

(7) 在 Orchestrator 页面单击 Admin 选项。从下拉列表中选择 Settings 页面,如图 10 - 25 所示。

(8) 在 Settings 页面,可以看到 License 选项卡,如图 10 - 25 所示。单击 License,接着在页面的 License 区域下,可以看到可用的许可证以及上传的选项;单击 Upload 选项。

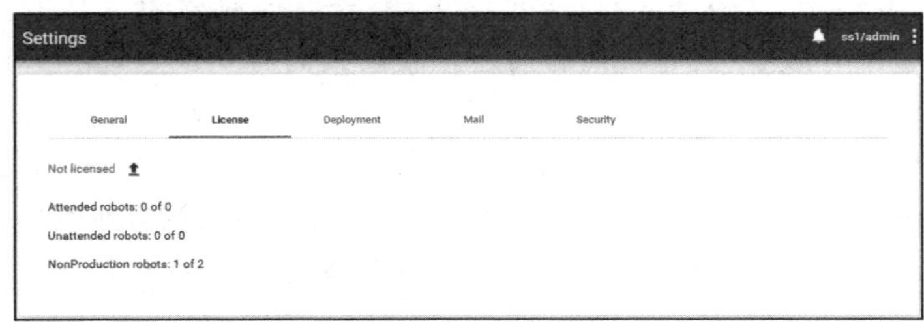

图 10－25

在成功上传许可证之后，导航至许可证信息，这是通过 Regutil 工具创建然后上传的。在这里，每个机器人的许可证到期日都可以查看。每当我们把一个新的机器人连接到 Orchestrator 时，它就会使用一个新的许可证。

10.7 发布和管理更新

当我们成功创建一个工作流来执行特定自动化流程时，就应该发布它。这是必需的，因为若每次我们需要它时，都要打开 UiPath Studio 并运行这个工作流，则会浪费大量的时间，也需要人类参与执行，这不是自动化的正确方案。因此，发布我们的工作流，这样就很容易使用 UiPath Robot 或 Orchestrator 来运行它。有时我们要对之前发布的工作流做一些更改，为此，我们需要在做完更改之后再次发布它，把最新的工作流放在 Orchestrator 上，这个工作流就会更新到最新版本。

本节将会介绍如何发布一个项目以及如何更新它。

10.7.1 包

当项目从 UiPath Studio 发布到 Orchestrator 时，它们就变成包了。这些包可以通过在 Processes 页面上单击 Packages 选项来找到。已发布的包如图 10－26 所示。

Processes Packages ss1/admin

Search

NAME	DESCRIPTION	PUBLISHED
Zeo_Demo	Blank Project	a month ago
Zero_hours	Blank Project	6 months ago
Zions_demo	Zions Bank demo	a month ago
ZohoBooks	Blank Project	4 days ago

图 10－26

Orchestrator 提供了在 Packages 页面更新、查看或删除包的功能。Orchestrator 里的每个包都有版本、发布日期和描述。假设我们有一个包,并想对这个包做更改,比如我们已经使 UiPath Studio 向这个包添加了某个新的功能并再次发布它。要使用这个已经上传的包的最新版本,可以在 Packages 页面查看,如图 10-26 所示,会显示这个包的所有可用版本,如图 10-27 所示。要更新当前版本,可以选择你想要的版本,或者单击 Get the latest version 来选择这个包的最新版本。

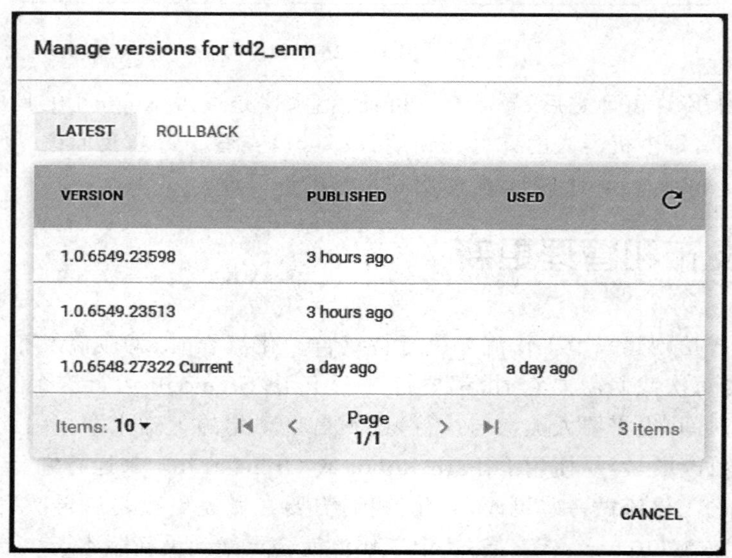

图 10-27

如图 10-27 所示,用户可以查看和删除已经发布到 Orchestrator 的所有包。

包的版本可以有两种状态:

① 活动(Active):如果一个包的版本是活动模式,就意味着这个版本目前在用;

② 非活动(Inactive):如果一个包的版本是非活动,那就意味着这个版本没有使用。

10.7.2 管理包

包在 Orchestrator 服务器上创建之后,我们可以很容易地在 Processes 页面上的 Packages 选项卡里查看它们。在这里,我们可以上传或删除包。

1. 上传包

当我们把项目发布到 Orchestrator 服务器上时,包将自动被发送到服务器;也可以手动上传这个包。为此,Orchestrator 提供从本地机器手动上传一个项目的功能。要上传包,需要执行以下步骤:

(1) 导航至 Processes 页面，选择 Packages 选项，然后单击 Upload 按钮来上传包。窗口会显示如图 10-28 所示的对话框。

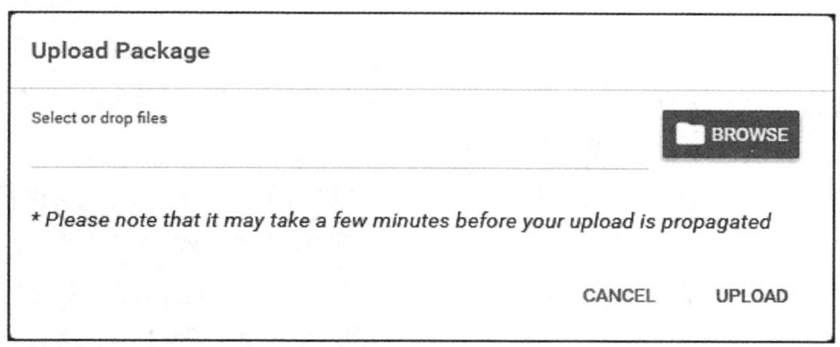

图 10-28

(2) 单击 BROWSE 按钮，并从本地机器通过上传文件的名称来选择包。

(3) 选择正确的包，单击 UPLOAD 按钮，这个包就和现有的包一样都能在 Packages 页面上找到。

2. 删除包

当我们不再需要某个包时，可以轻松地删除它，确保这个流程不在活动模式。只需选择不再需要的包，并单击 Remove 按钮；也可以通过从列表中选中一个或多个包同时删除它们，或者单击 REMOVE ALL INACTIVE 删除所有非活动的包，如图 10-29 所示。

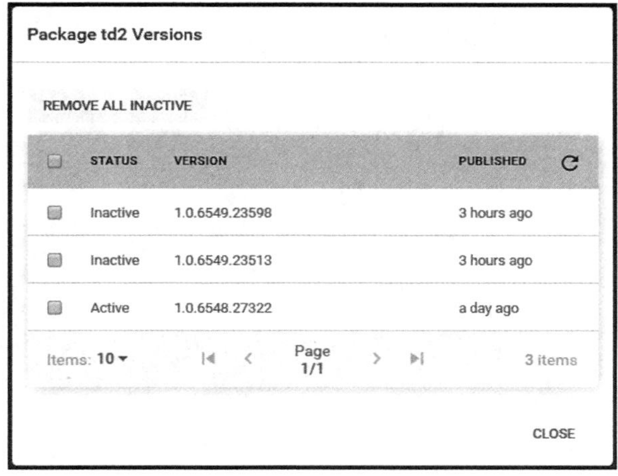

图 10-29

10.8 小 结

不知不觉已经来到本书的最后,让我们快速回顾一下学到了什么。我们一开始学习了 RPA 的范畴,以及 RPA 可以使用的一些工具。接着,深入了解了 UiPath 的组件,以及如何安装 UiPath Studio 来训练我们自己的机器人。在开始设计我们的第一个机器人时,还了解了 UiPath Studio 的用户界面。熟悉之后,我们探索了 UiPath 的一个极具吸引力的方面,也就是录制。在第 3 章"顺序流、流程图和控制流"中,我们看到了工作流的结构以及 UiPath 中可用的不同类型的项目:什么时候使用它们以及如何使用它们。在第 3 章"顺序流、流程图和控制流"中,我们学习了各种活动以及如何手动拖放这些活动来构建我们的工作流,一切都在 UiPath Studio 提供的用户友好的界面里完成。

从第 4 章到第 7 章,我们深入了解了 UiPath:录制、数据操作、UiPath 里的各种控件、数据提取、选择器、OCR 数据抓取和屏幕抓取等;也学习了各种可用的插件和辅助机器人。

除了这些,我们自动化之旅的一个重要方面是合理组织我们的项目,以及妥善处理异常。所有这些都在第 8 章"异常处理、调试和日志记录"和第 9 章"管理和维护代码"里讲述。最后,学习了如何部署我们的机器人。

在本书开始的时候,读者还是一个菜鸟,现在你已经有了足够的技能来开发和部署机器人了!你的自动化之旅也由此开始!